3D打印及CAD建模

实用教程

（第2版）

编著 邱志惠 李珂嘉 郑 帅 李素丽

西安交通大学出版社
XI'AN JIAOTONG UNIVERSITY PRESS

内容简介

本书主要为一些非专业人员、中小学生了解 3D 打印和学习 AutoCAD 三维建模功能及造型而编写。首先介绍了基本命令,并在实例中综合应用这些基本命令。实例简单易学,不仅涉及常用的命令,而且融通一些绘图技巧,通过对绘图过程的详细讲解,读者只要按部就班,即可轻而易举地学会和熟练掌握 AutoCAD 三维建模功能。本书实例技巧部分以生活中常见的用品为主,列举了各种物体造型的方法,举一反三,使学习者思路开阔,增加创新能力。

无论是 AutoCAD 2004 还是 AutoCAD 2014 或者版本再更新,本书以实例为主的方法,都能使读者快速掌握命令和绘图技巧。本书文字简洁明快,图幅在清晰的基础上尽可能小,减少篇幅,经济实惠。

图书在版编目(CIP)数据

3D 打印及 CAD 建模实用教程 / 邱志惠等编著. —2 版
. —西安:西安交通大学出版社,2025.1
　ISBN 978 - 7 - 5693 - 3673 - 3

　Ⅰ. ①3… Ⅱ. ①邱… Ⅲ. ①机械设计—模型—计算
机辅助设计—立体印刷—教材　Ⅳ. ①TH122

中国国家版本馆 CIP 数据核字(2024)第 045473 号

3D Dayin ji CAD Jianmo Shiyong Jiaocheng (Di 2 Ban)

书　　名	3D 打印及 CAD 建模实用教程(第 2 版)
编　　著	邱志惠　李珂嘉　郑　帅　李素丽
责任编辑	郭鹏飞　任振国
责任校对	王　娜
装帧设计	伍　胜
出版发行	西安交通大学出版社
	(西安市兴庆南路 1 号　邮政编码 710048)
网　　址	http://www.xjtupress.com
电　　话	(029)82668357　82667874(市场营销中心)
	(029)82668315(总编办)
传　　真	(029)82668280
印　　刷	西安五星印刷有限公司
开　　本	727mm×960mm　1/16　印张 25.625　字数 488 千字
版次印次	2025 年 1 月第 2 版　2025 年 1 月第 1 次印刷
书　　号	ISBN 978 - 7 - 5693 - 3673 - 3
定　　价	59.00 元

如发现印装质量问题,请与本社市场营销中心联系。
订购热线:(029)82665248　(029)82667874
投稿热线:(029)82669097

前　言

3D 建模是 3D 打印必备的工具,是开发青少年创新创意能力的一个工具。对于拓展青少年的空间思维能力、空间想象力具有巨大的帮助。

AutoCAD 是美国 Autodesk(欧特克)公司的奠基产品,是一个专门用于计算机绘图设计工作的软件,自 20 世纪 80 年代首次推出以来,由于其具有简便易学、精确无误、提高设计质量、缩短设计周期、提高经济效益等优点,所以一直深受广大工程设计人员的青睐。今天 AutoCAD 系列版本已广泛应用于机械、建筑、电子等工程设计领域,极大地提高了设计人员的工作效率,是大学生必备的基本工具。

AutoCAD 2022 是 Autodesk 公司 2021 年推出的版本,它的多处功能升级和崭新的应用特性,能使用户真正置身于一种轻松的设计环境。

本书是针对中小学生以及初学 AutoCAD 的学习者而编写的一本教材,适合多媒体教学及上机指导。本书采用以实例为主的教学和学习方法,这样做的目的是便于学习者快速掌握各种基本命令和绘图技巧。本书在编写安排中也较好地把握了入门与提高之间的关系,并始终以用户操作中的方法和绘图技巧为主线,循序渐进,深入浅出。因此无论是针对大学生、中小学生还是初学者,本书都是一本很好的教材。本书第一版非常受欢迎,所以现在修改部分实例,更新 AutoCAD 2022 软件版本,以新版本奉献给读者。

本书分为三大部分:第一部分为 CAD 制图基本命令(第 1—8 章),以 Auto-CAD 2022 软件为例,教授 AutoCAD 常见命令,包括基础命令、绘图命令、修改命令、设置命令、三维立体造型原理及概述、实体制作命令、实体修改命令。书中介绍了基本软件教学,还具有大量的实例教程,具体操作均有章可循,详细的操作步骤及配图一目了然,使得学习者可以依据这些常见实例的操作练习来学习和掌握软件的基本命令和绘图建模技巧。第二部分模型实例化教程(第 9—13 章),案例中设计了常见的小物体,包括乒乓球桌、小推车、水壶、风扇等生活常见模型,学习者可以根据案例提示逐一呈现出来。第三部分概述了 3D 打印(第 14 章),介绍了 3D 打印的起源、特点与应用、基本原理、常见的工艺方法、研究和发展现状,并对逆向工程和快速模具制造技术进行了阐述。

本书由西安交通大学邱志惠教授、李珂嘉工程师、郑帅教授和西安科技大学李素丽副教授编著,西安交通大学王宏明副教授、邱瀛宇、文洋等参编。由于时间紧促,疏漏和错误在所难免,望广大读者批评指正。

作者的 E-mail 地址:qzh@mail.xjtu.edu.cn。

编著者

2023-10-25

目　录

第1章 绪 论

1.1 概 述

计算机绘图技术是当今时代每个工程设计人员不可缺少的应用技术。随着现代科学及生产技术的发展,对绘图的精度和速度都提出了较高的要求,加上所绘图样越来越复杂,使得手工制图在绘图精度、绘图速度以及与此相关的产品的更新换代速度上,都显得相形见绌。而计算机、绘图机以及数控加工技术的相继问世,配合相关软件技术的发展,恰好适应了这些要求。计算机绘图的应用使得现代绘图技术水平达到了一个前所未有的高度。

Autodesk AutoCAD 是全球著名的专业计算机辅助设计软件,用于二维绘图、详细绘制、设计文档和基本三维设计,广泛应用于机械设计、工业制图、工程制图、土木建筑、装饰装潢、服装加工等多个行业领域。借助 AutoCAD 绘图程序软件可以准确地和客户共享设计数据,体验本地 DWG 格式所带来的强大优势。DWG 是业界使用最广泛的设计数据格式之一,支持演示图形、渲染工具和强大的绘图及三维打印功能。Autodesk AutoCAD 2022 正式版于 2021 年 3 月发布。AutoCAD 2022 的发布,极大地提高了设计人员的工作效率。

与传统的手工绘图相比,计算机绘图主要有如下一些优点:

(1)高速的数据处理能力,极大地提高了绘图的精度及速度;

(2)强大的图形处理能力,能够很好地完成设计与制造过程中二维及三维图形的处理,并能随意控制图形显示,平移、旋转和复制图样;

(3)良好的文字处理能力,能添加各类文字,特别是能直接输入汉字;

(4)快捷的尺寸自动测量标注和自动导航、捕捉等功能;

(5)具有实体造型、曲面造型、几何造型等功能,可实现渲染、真实感、虚拟现实等效果;

(6)友好的用户界面,方便的人机交互,准确自动的全作图过程记录;

(7)有效的数据管理、查询及系统标准化,同时具有很强的二次开发能力和接口;

(8)先进的网络技术,包括局域网、企业内联网和互联网传输共享等;

(9)与计算机辅助设计相结合,使设计周期更短,速度更快,方案更完美;

(10)在计算机上模拟装配,进行尺寸校验,避免经济损失,还可以预览效果。

1.2 计算机绘图系统的构成

计算机绘图系统主要包括两部分:硬件和软件。

1.2.1 硬件

计算机绘图系统的硬件由三大部分构成:输入部分→中心处理部分→输出部分,如图 1-1 所示。

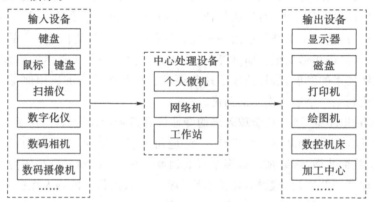

图 1-1 计算机绘图系统的硬件构成

计算机绘图系统的主要硬件设备包括计算机(主机、显示器、键盘和鼠标等)、绘图机或打印机。绘图机按纸张的放置形式可分为平板式和滚筒式两种,按"笔"的形式可分为笔式、喷墨式、静电光栅式等多种。应用广泛的激光打印机,其出图效果也很好,在所绘图样不是很大的情况下,可以作为首选的方案。

Windows 系统运行 AutoCAD 2022 的基本配置如下:

操作系统要求:Windows 10 和 Windows 11(仅限 64 位);

CPU 要求:最低 2.5~2.9 GHz 处理器;

内存要求:最低 8 GB;

显示器分辨率要求:最低 1920×1080 分辨率;

显卡要求:最低 1 GB GPU,具有 29 GB/s 带宽,与 DirectX 11 兼容;

磁盘空间要求:10.0 GB 可用硬盘空间;

其他要求:.NET Framework 版本 4.8 及以上。

1.2.2　软件

1. 计算机绘图系统软件的基本构成

一层:操作系统——控制计算机工作最基本的系统软件,如 DOS、Mac、Windows 等。

二层:高级语言——我们统称的算法语言,如 C、Basic、Fortran 等。

三层:通用软件——可以服务于大众或某个行业的应用软件,如 Microsoft Word 是通用的文字处理软件,AutoCAD 是通用的绘图软件。

四层:专用软件——用高级语言编写或在通用软件基础上制作的专门用于某一行业或某一具体工作的应用软件,如专用的机械设计软件或装潢设计软件等。

计算机绘图的专用软件很多,常与计算机辅助设计结合在一起,例如,建筑 CAD、机械 CAD、服装 CAD 等。在机械 CAD 中,又有许多专用的 CAD,如机床设计 CAD、注塑模具 CAD、化工机械 CAD 等。这些专用的绘图软件是在通用绘图软件的基础上,经过再次开发而形成的适合各个专业使用的专用软件。它们使用方便,操作简单。例如,在机械 CAD 中,已将螺栓、轴承等标准件及齿轮等常用零件制作成图库,甚至将《机械设计手册》输入,供机械设计人员随时调用,从而节省了大量时间,深受机械设计人员的欢迎。

2. 软件的分类

目前,计算机绘图的方法及软件种类很多。按人机关系,主要分为以下两种。

(1)非交互式软件:如 C 语言等编程软件(被动式),用户使用该软件绘图时需要一定的基础知识,一般的绘图应用人员很少采用。

(2)交互式软件:通用绘图软件多为交互式,如 AutoCAD,用户可按交互对话方式指挥计算机。这种软件简单易学,不需要太多的其他基础知识。目前,计算机绘图的通用软件很多,使用方式大同小异,这里仅以目前应用最为广泛的 AutoCAD 通用绘图软件为例举几个简单例子,如图 1-2 所示。AutoCAD 的交互方式是在提示行处于命令(Command:)状态时,用户输入一个命令,计算机即提示输入坐标点等,例如:

画一段线:

计算机提示　　　　　　　　　　　　用户输入

命令:　　　　　　　　　　　　　　Line ↵(画线)

指定第一点:　　　　　　　　　　　0,0 ↵(绝对坐标点)

指定下一点或[放弃(U)]:　　　　　15,15 ↵(绝对坐标点)

指定下一点或[放弃(U)]:　　　　　@10,0 ↵(相对坐标)

指定下一点或[放弃(U)]:　　　　　@15〈-45 ↵(极坐标)

指定下一点或［放弃（U）］：   ↵（回车结束）

画一个圆：

命令：   Circle（画圆）

指定圆的圆心或［三点（3P）/

两点（2P）/切点、切点、半径（T）］：   5,3 ↵（圆心 5,3）

指定圆的半径或［直径（D）］：   10 ↵（半径 10）

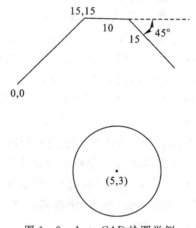

图 1-2   Auto CAD 绘图举例

1.3   AutoCAD 绘图系统的主界面

AutoCAD 2022 提供了"二维草图与注释"（图 1-3）、"三维建模"（图 1-4）和"AutoCAD 经典"（图 1-5）三种工作空间模式。用户可在三种工作空间模式中切换：单击菜单浏览器图标▲，选择"工具"→"工作空间"，在弹出的子菜单中或者在最下面的状态行 初始设置工作空间 里，选择要选用的工作空间（本书以"AutoCAD 经典"空间为叙述主体）。

AutoCAD 2022 的主界面如图 1-5 所示，包括标题条、主菜单、图形工具条、绘图区、命令提示区及状态行。

1. 标题条

一般基于 Windows 环境下的应用程序中都有标题条，如图 1-6 所示。标题条位于主界面的左上角，显示当前正在工作的软件名及文件名。在标题条的左端是常用的快捷图标，包括新建、打开、保存、另存为、输入、输出、打印等，右端为搜索窗口。

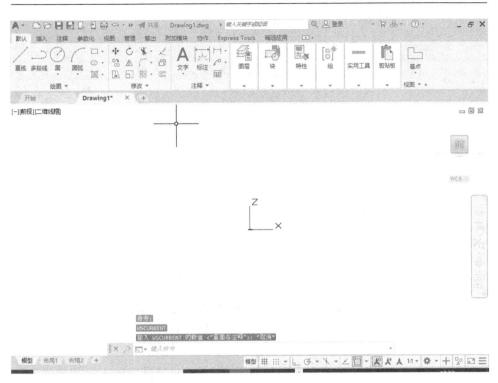

图 1-3 "二维草图与注释"的主界面

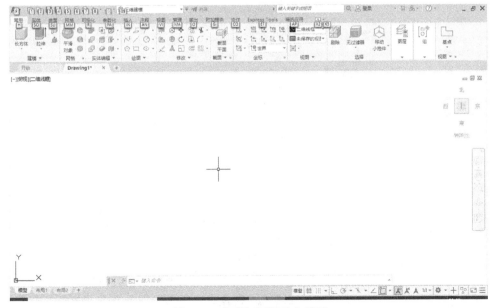

图 1-4 "三维建模"的主界面

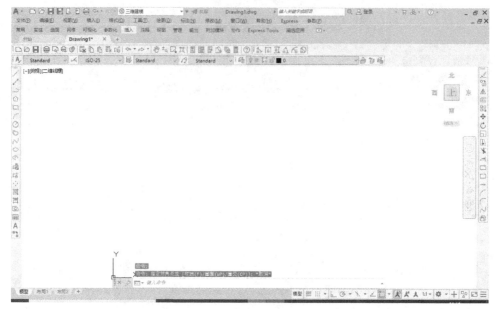

图 1-5   "AutoCAD 经典"的主界面

图 1-6   标题条

2. 主菜单

在 AutoCAD 2022 的主界面中,第二行是主菜单,如图 1-7 所示。主菜单包括文件(File)、编辑(Edit)、视图(View)、插入(Insert)、格式(Format)、工具(Tools)、绘图(Draw)、标注(Dimension)、修改(Modify)、参数(Parameter)、窗口(Window)、帮助(Help)、Express 等 13 个菜单项,每个菜单项下都有下拉菜单,用鼠标点选主菜单项,即展出相应的下拉菜单,如图 1-8 所示。

文件(F) 编辑(E) 视图(V) 插入(I) 格式(O) 工具(T) 绘图(D) 标注(N) 修改(M) 窗口(W) 帮助(H) Express 参数(P)

图 1-7 主菜单

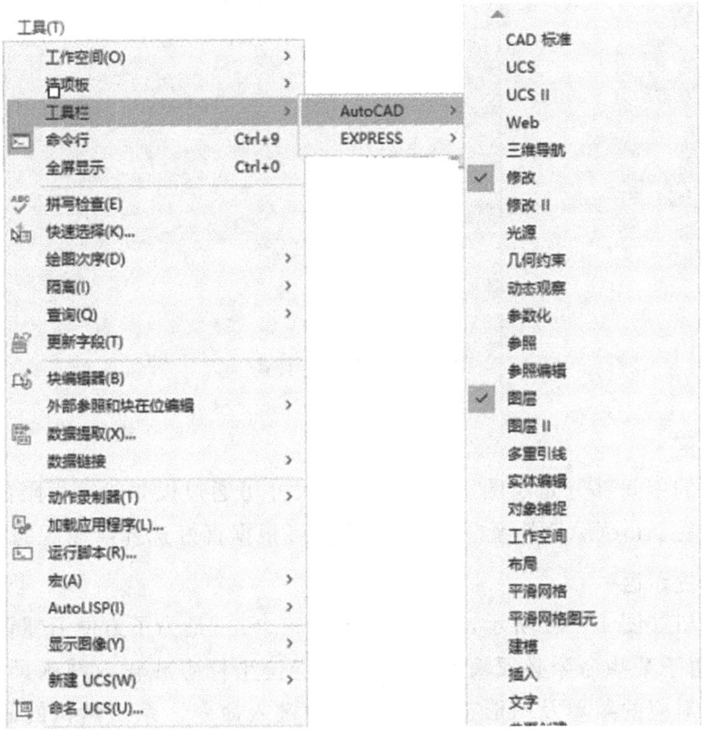

图 1-8 "工具"菜单的下拉菜单

3. 图形工具条

点击主菜单工具(Tools)→工具栏→AutoCAD 打开工具条下拉菜单,并进行选择。用鼠标点住图形工具条的边框,可以将其拖至主界面中任意合适的位置,如图 1-9 所示。把鼠标放在任意一个已经打开的图形工具条上点击鼠标右键,也可以打开工具条下拉菜单。

图 1-9 图形工具条

4. 绘图区

主界面的中间部分是绘图区。绘图区的尺寸可通过设置绘图界限命令 Limits 自由设置。在 AutoCAD 的系统配置中,用户可根据喜好选择绘图区的背景色。

5. 命令提示区

命令窗口如图 1-10 所示,其作用主要有三个:一是为了方便习惯键入命令的用户;二是由于某些命令必须输入参数、准确定位坐标点或输入精确尺寸;三是一些命令没有对应的菜单及图形工具,此时只能键入命令。系统默认的命令提示区有三行文字,用鼠标点住其上边框,可任意拉大提示区。按 F2 功能键,可全屏显示命令文本窗口,展示作图过程;再按 F2 功能键,可恢复窗口尺寸。

6. 状态行

状态行在主界面最下部,如图 1-11 所示,包括坐标提示、捕捉模式、栅格显示、正交模式、极轴追踪、对象捕捉追踪、动态 UCS、动态输入、线宽、快捷特性等功能的打开及关闭。用鼠标点击功能块,AutoCAD 2022 将使其变亮,打开并显示该功能块。

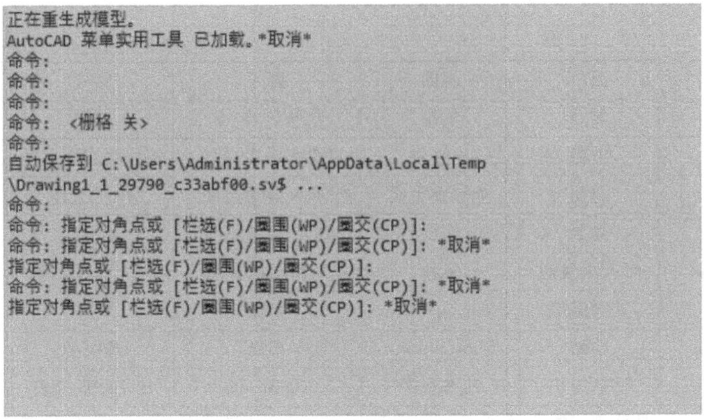

图 1-10 命令文本窗口

图 1-11 状态行

1.4 AutoCAD 绘图系统的命令输入方式

1. 下拉菜单

用鼠标点击主菜单项,每个主菜单项都对应一个下拉菜单。在下拉菜单中包含了一些常用命令,用鼠标选取命令即可。表 1-1 中列出了 AutoCAD 2022 下拉菜单的中文命令。在下拉菜单中,凡命令后有"..."的,即有下一级对话框;凡命令后有箭头"▶"的,沿箭头所指方向有下一级菜单。

注意:本书使用命令一般以下拉菜单及图形菜单为主,表示命令输入的方式如下,例如用三点法画一个圆:绘图(Draw)→圆(Circle)→三点圆(3 Point)(主菜单→下拉菜单→下一级菜单)。

2. 图形菜单(图形工具条)

在 AutoCAD 系统默认状态下有四个打开的图形菜单:标准工具条、物体特性工具条、绘制工具条和修改工具条。此外,用户还可根据需要打开其他的图形工具条,如图 1-9 所示。每个图形工具条中有一组图形,只要用鼠标点取即可。图形工具条与对应的下拉菜单不完全相同,其具体内容将在后面各章分别介绍。

3. 键入命令

所有命令均可通过键盘键入,而无论是图形工具条还是下拉菜单,都不包含所有命令。特别是一些系统变量,必须键入。

表 1 - 1　　　AutoCAD 2022

文件	编辑	视图	插入	格式	工具
新建	放弃	重画	DWG 参照	图层	工作空间
新建图纸集	重做	重生成	DWF 参考底图	图层状态管理器	选项板
打开	剪切	全部重生成	DGN 参考底图	图层工具	工具栏
打开图纸集	复制	缩放	PDF 参考底图	颜色	命令行
加载标记集	带基点复制	平移	光栅图像参照	线型	全屏显示
关闭	复制链接	SteeringWheels	字段	线宽	拼写检查
局部加载	粘贴	ShowMotion	布局	透明度	快速选择
输入	粘贴为块	动态观察	3D Studio	比例缩放列表	绘图次序
附着	粘贴为超链接	相机	ACIS 文件	文字样式	隔离
保存	粘贴到原坐标	漫游和飞行	二进制图形交换	标注样式	查询
另存为	选择性粘贴	全屏显示	Windows 图元文件	表格样式	更新字段
输出	删除	视口	OLE 对象	多重引线样式	块编辑器
将布局输出到模型	全部选择	命名视图	块选项板	打印样式	外部参照和块在位编辑
DWG 转换	OLE 链接	三维视图	外部参照	点样式	数据提取
电子传递	查找	创建相机	超链接	多线样式	数据连接
发送		显示注释性对象		单位	动作录制器
页面设置管理器		消隐		厚度	加载应用程序
绘图仪器管理器		视觉样式		图形界限	运行脚本
打印样式管理器		渲染		重命名	宏
打印预览		运用路径动画			AutoLISP
打印		显示			显示图像
发布		工具栏			新建 UCS
查看打印和发布详细信息					命名 UCS
图形实用工具					地理位置
图形特性					CAD 标准
绘图历史					向导
退出					绘图设置
					组
					解除编组
					数字化仪
					自定义
					选项

下拉菜单列表

绘图	标注	修改	参数	窗口	帮助
建模	快速标注	特性	几何约束	关闭	帮助
直线	线性	特性匹配	自动约束	全部关闭	下载脱机帮助
射线	对齐	更改为 ByLayer	约束栏	锁定位置	其他资源
构造线	弧长	对象	标注约束	层叠	发送反馈
多线	坐标	剪裁	动态标注	水平平铺	桌面分析
多段线	半径	注释性对象比例	删除约束	垂直平铺	关于 AutoCAD2022
三维多段线	折弯	删除	约束设置	排列图标	
多边形	直径	复制	参数管理器		
矩形	角度	镜像			
螺旋	基线	偏移			
圆弧	连续	阵列			
圆	标注间距	删除重复对象			
圆环	标注打断	移动			
样条曲线	多重引线	旋转			
椭圆	公差	缩放			
块	圆心标记	拉伸			
表格	检验	拉长			
点	折弯线性	修剪			
图案填充	倾斜	延伸			
渐变色	对齐文字	打断			
边界	标注样式	合并			
面域	替代	倒角			
区域覆盖	更新	圆角			
修订云线	重新关联标注	光顺曲线			
文字		三维操作			
		实体编辑			
		曲面编辑			
		网格编辑			
		点云编辑			
		更改空间			
		分解			

4. 重复命令

使用完一个命令，如果要连续重复使用该命令，只要按回车键(或鼠标右键)即可。当然，在屏幕菜单中选取也可。可以在系统配置中关闭屏幕菜单，以加快绘图速度。

5. 快捷键

快捷键常用来代替一些常用命令的操作，只要键入命令的第一个字母或前两三个字母即可，如表 1－2 所示，字母大小写均可。

表 1－2　常用命令的快捷键

快捷键	命令	快捷键	命令
A	Arc　　　(弧)	ML	Mline(多重线)
AR	Array　　(阵列)	N	New　　(新建)
B	Block　　(块)	O	Offset　　(偏移)
BO	Boundary(边界)	P	Pan　　(平移)
BR	Break　　(断开)	PO	Point　　(点)
C	Circle　　(圆)	POL	Polygon(多边形)
Ch	Properties(修改属性)	R	Redraw　　(重画)
CP(CO)	Copy　　(复制)	RE	Regen　　(刷新)
D	Dimstyle(尺寸式样)	REC	Rectang　(矩形)
E	Erase　　(删除)	REG	Region　(面域)
EX	Extend　　(延长)	RO	Rotate　　(旋转)
F	Fillet　　(圆角)	S	Stretch　　(伸展)
G	Group　　(项目组)	SC	Scale　　(比例)
H	Hatch　　(剖面线)	SPL	Spline　　(多义线)
I	Insert　　(插入)	ST	Style　(字型)
J	Join　　(多对象合并)	T	Mtext　　(多行文字)
K	Hatch　　(捡取内部点)	TR	Trim　　(修剪)
L	Line　　(线)	U	Undo　　(取消)
Len	Lengthen(拉长)	V	View　　(视图)
LA	Layer　　(层)	W	Wblock　(块存盘)
LT	Linetype　(线型)	X	Explode　(分解)
M	Move　　(移动)	Z	Zoom　　(缩放)
MI	Mirror　　(镜像)		

实际上,AutoCAD 提供的工具条、下拉菜单和命令窗口在功能上都是一致的,在实际操作中,用户可根据自己的习惯选择。

1.5　如何自定义图形工具条

AutoCAD 2022 的默认标准工具条中去掉了以前版本中一些三维绘制常用的弹出图形工具条,给三维图制作带来不便,用户可按自己绘图的习惯,自行定义一些常用的图形工具条及弹出图形工具条。这样既方便使用,又不会打开许多图形工具条占用绘图区。

在主菜单中选择"视图"中的"工具栏"项,打开自定义用户界面,如图 1 - 12 所

图 1 - 12　自定义用户界面

示,单击"所有文件中的自定义设置",在"工具栏"处单击右键,选择"新建工具栏",此时可在工具栏的最下方看到待输入名称的新工具栏,输入名称后在"命令列表"中将用户需要的命令拖入新建的工具栏,设置完毕后单击"确定",即可看到绘图区中新生成的工具条,如图 1-13 所示,用户可根据自己的需要将其拖到适当的位置。

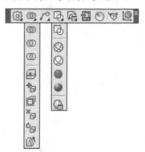

图 1-13 用户自建工具条

　　用户还可在"所有文件的自定义设置"中"工具栏"的各个工具条中拖动命令,更改命令在工具条中的位置。

　　在添加命令进入新建的工具栏时,也可以将现有的工具栏拖入,这样就插入了子工具栏。在工具条中显示的命令,凡右下角带小三角的,在使用时(在命令上按住左键不放)可弹出下拉图形的所有工具条,如图 1-14 所示。

图 1-14 可弹出子工具条的工具条

1.6　AutoCAD 绘图系统中的坐标输入方式

　　AutoCAD 在绘图中使用笛卡儿世界通用坐标系统来确定点的位置,并允许运用两种坐标系统:世界通用坐标系统(WCS)和用户自定义的用户坐标系统(UCS)。用户坐标系统将在三维部分介绍。

　　工程制图要求精确作图,因此输入准确的坐标点是必须的。坐标点的输入方式有以下四种。

1. 绝对坐标

　　一个点的绝对坐标的格式为(X,Y,Z),即输入其 X、Y、Z 三个方向的值,每个值中间用逗号分开,注意最后一个值后面无符号。系统默认状态下,在绘图区的左下角有一个坐标系统图标,在二维图形中,可省略 Z 坐标。

2. 相对坐标

一个点的相对坐标的格式为（@ΔX,ΔY,ΔZ），即输入其 X、Y、Z 三个方向相对前一点坐标的增量，在前面加符号@，中间用逗号分开。相对的增量可正、可负或为零。在二维图形中，可省略 ΔZ。

3. 极坐标

一个点的极坐标的格式为（@R<θ<φ），R 为线长，θ为相对 X 轴的角度，φ为相对 XY 平面的角度，在二维图形中，可省略φ。

4. 长度与方向

打开正交或极轴，用鼠标确定方向，输入一个长度即可，格式为（R），R 为线长。

1.7 AutoCAD 绘图系统中选取图素的方式

在 AutoCAD 中，所有的编辑及修改命令均要选择已绘制好的图素，其常用的选择方式有以下几种。

1. 点选

当需要选取图素（Select Objects）时，鼠标变成一个小方块，用鼠标直接点取目标图素，图素变虚则表示选中。

2. 窗选

在"Select Objects"后键入"W（Window）"，或用鼠标在目标图素外部对角上点两下，打开一个窗口，将所需选取的多个图素一次选中。键入"W"只能选取窗口内的图素，不键入"W"可选到窗口外部的图素。

3. 选取最近图素

在"Select Objects"后键入"L（Last）"，表示所选取的是最近一次绘制的图素。

4. 选取多边形内图素

在"Select Objects"后键入"Cp"，用鼠标点多边形，选取多边形窗口内的图素。

5. 全选

在"Select Objects"后键入"All"，表示所需选取的是全部图素（冻结层除外）。

6. 移去

当要移去所选的图素时，可在"Select Objects"后键入"R（Remove）"，再用鼠标直接点取相应图素即可将其移去。

7. 取消

对于最后选取的图素，可在"Select Objects"后键入"U（Undo）"将其移去。可连续键入"U",取消全部选取。

其余选择方式应用较少,此处不再赘述。

1.8　AutoCAD 绘图系统中功能键的作用

AutoCAD 的功能键的作用如表 1 - 3 所示,熟练使用功能键可以加快绘图速度。

表 1 - 3　功能键的作用

功能键	作用	状态行
ESC	取消所有操作	
F1	打开帮助系统	
F2	图、文视窗切换开关	
F3	对象捕捉方式开关	OSNAP
F4	控制数字化仪开关	
F5	控制等轴测平面方位	
F6	控制动态坐标显示开关	
F7	控制栅格开关	GRID
F8	控制正交开关	ORTHO
F9	控制栅格捕捉开关	SNAP
F10	控制极轴开关	POLAR
F11	控制对象捕捉追踪开关	OTRACK

1.9　AutoCAD 2022 绘图系统中部分常用功能

AutoCAD 有许多配置功能,此处仅介绍部分常用功能。在主菜单工具(Tools)中,选择下拉菜单中的最后一个菜单项,或在绘图区的任意地方单击鼠标右键选择最后一个菜单项,打开选项(Options)对话框。

注意:初学者不宜随意进行系统配置,配置不当,在使用中将会造成不必要的麻烦。

工具(Tools)→选项(Options)

1. 文件

用于指定文件夹,供 AutoCAD 搜索不在当前文件夹中的文字、菜单、模块、图形、线型和图案等,如图 1 - 15 所示。

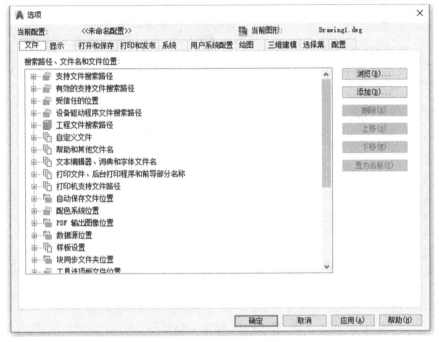

图 1 - 15　选项—文件

2. 显示

打开选项中的显示对话框,如图 1 - 16 所示。设置绘图区底色、字体、圆及立体的平滑度等。

(1)点击颜色按钮,显示对话框,如图 1 - 17 所示。在这里可以设置模型空间的背景和光标的颜色、图纸空间的背景和光标的颜色、命令显示区的背景和文字的颜色,以及自动追踪矢量的颜色和打印预览背景的颜色。可以选取恢复传统颜色按钮,使用以前版本的颜色。

(2)点击字体按钮,显示对话框,如图 1 - 18 所示,可以设置命令行窗口的文字形式。

(3)取消"在新布局中创建视口"前的小钩,则在布局中不创建视口。

(4)取消在"应用实体填充"前的小钩,则用环、多段线命令绘制的图线不填充。

(5)拖动游标,可以调整十字光标的大小。

3. 打开和保存

打开选项中的打开和保存对话框,如图 1 - 19 所示。主要设置文件保存的格式及自动保存的间隔时间等,并可设置安全选项。

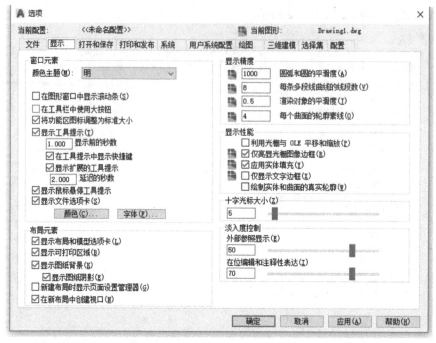

图 1-16　选项—显示

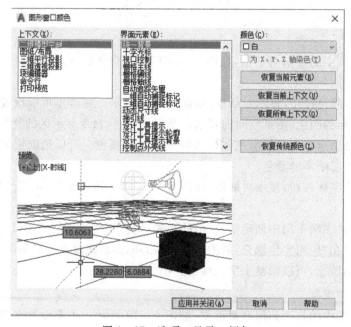

图 1-17　选项—显示—颜色

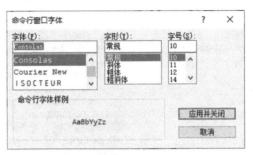

图 1-18 选项—显示—字体

图 1-19 选项—打开和保存

4. 打印和发布

打开选项中打印和发布对话框,如图 1-20 所示。打印设置在打印一节中详述。

5. 系统

打开选项中系统对话框,如图 1-21 所示。可以进行性能设置和消息设置。

6. 用户系统配置

打开选项中用户系统配置对话框,如图 1-22 所示。将"绘图区域中使用快捷菜单"前面的钩去掉,即不使用快捷菜单,可加快重复命令的使用。可以根据个人

图 1-20　选项—打印和发布

图 1-21　选项—系统

习惯设置。

图1-22 选项—用户系统配置

7.绘图

打开选项中绘图对话框,如图1-23所示。设置捕捉标记的颜色、大小及靶框的大小等。

8.选择集

打开选项中的选择集对话框,如图1-24所示。主要设置绘制新图夹点的颜色、大小等。

9.配置

打开选项中的配置对话框,如图1-25所示。主要设置绘制新图时的配置。

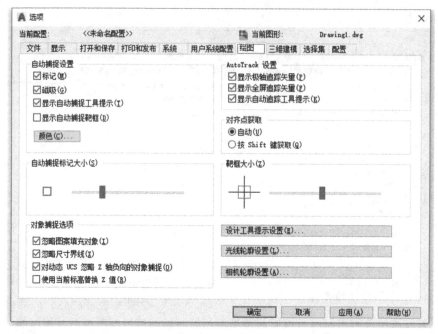

图 1-23　选项—绘图

图 1-24　选项—选择集

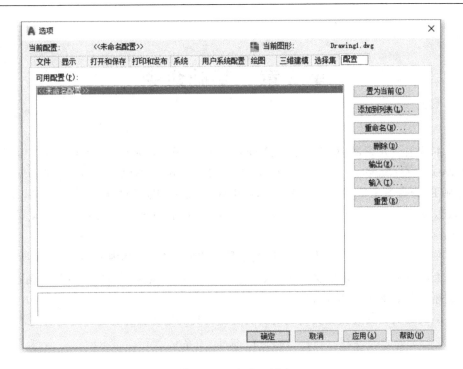

图 1-25 选项—配置

第2章　基础命令

本章主要介绍的基础命令为新建(New)、打开(Open)、关闭(Close)、保存(Save)、另存(Save as)、退出(Exit)、绘图界限(Limits)、缩放(Zoom)、平移(Pan)、重画(Redraw)、重生成(Regen)、全部重生成(Regen all)、图层(Layer)、颜色(Color)、线型(Linetype)、线型比例(Ltscale)、线型宽度(Lineweight)和单位(Units)等。

在 AutoCAD 界面中,标准工具条是最常用的工具条,其内容如图 2-1 所示。标准工具条中包含常用的文件命令、一些功能命令、工具选项功能命令和视窗控制命令等。本章将介绍部分常用命令。

图 2-1　标准工具条

2.1　新建(New)

文件→打开(File→New)□

命令:_new

每次绘新图时使用此命令,便会出现如图 2-2 所示的对话框。点击使用的样板,选取库存的样板图样,点击"打开"按钮,在样板的基础上再行作图。由于库存的标准样板图与我国现行的绘图标准不完全相符,因此用户应学会修改或自制符合我国制图标准的样板图,并将一些常用的图块、尺寸变量等设置在样板图中,以提高绘图效率。

2.2　打开(Open)

文件→打开(File→Open)□

命令:_open

该命令用于打开已存储的图。图 2-3 所示为 AutoCAD 2022 使用此命令后的对话框。

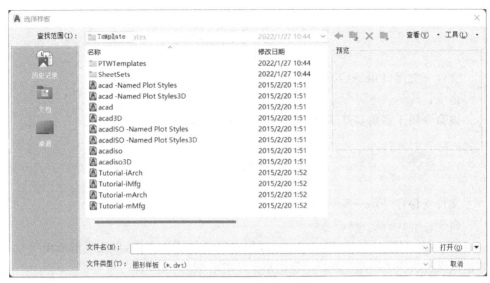

图 2-2 绘新图并选择样板对话框

图 2-3 打开对话框

2.3　关闭(Close)

文件→关闭(File→Close)
命令:_close
该命令用于多窗口显示时,关闭已打开的某个图。

2.4　保存(Save)

文件→保存(File→Save)🖫
命令:_qsave 或_save
将绘制的图形文件存盘。在绘图过程中应经常进行存储,以免出现断电等故障造成文件丢失。一般 AutoCAD 图形文件的后缀为".dwg"。

2.5　另存为(Save as)

文件→另存为(File→Save as)🖫
命令:_saveas
将文件另起名后存成一个新文件,利用此方法可将已有图形修改后迅速得到另一个类似的图形。并可制作样板图样,样板图的文件名后缀为".dwt"。
选择文件类型存盘,如图 2-4 所示。

2.6　退出(Exit)

文件→退出(File→Exit)❌
命令:_exit
退出 AutoCAD,结束工作。

2.7　绘图界限(Limits)

格式→绘图界限(Format→Limits)▦
命令:'_limits
重新设置模型空间界限:
指定左下角点或[开(ON)/关(OFF)]〈0.0,0.0〉:-9,-9 ↵(屏幕左下角)

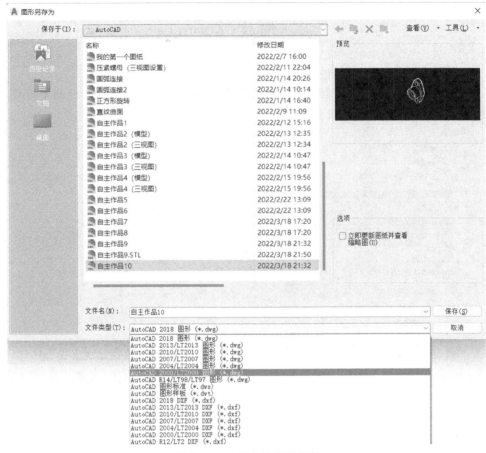

图 2-4 选择文件类型存盘

指定右上角点〈420.0,297.0〉:300,220 ↵(屏幕右上角)

计算机的屏幕是不变的,但所绘图纸的大小是可变的。绘图界限的功能是限定一个绘图区域,便于控制绘图及出图。软件提供的网点等服务,只限定在绘图界限内。

> **注意**:方括号中用斜杠分开的部分都表示一种选项,输入时一般键入选项内的字母即可,也可以直接用鼠标点击该选项。尖括号中的值是系统默认值,只要键入黑体字部分即可部分进行修改。"↵"表示回车,即后面命令与上一个命令相同。在命令前有"′"时表示该命令是透明命令,即可以在执行当前命令过程中暂时执行此命令,执行完透明命令后再执行当前命令。特别说明的是,在输入黑体字内容或是选项字母时可以直接键入,不用点击下面的对话框,然后输入的内容就会呈现在光标旁边的白色框内。但要输入命令时就需要点击下面的对话框。另外,想要查看历史命令记录时,可以按"F2"键进行查看。

2.8　缩放(Zoom)

视图→缩放→……(View→Zoom→…)

通过缩放命令,可在屏幕上任意地设置可见视窗的大小。缩放命令的下拉菜单如图2-5所示,缩放工具条如图2-6所示。

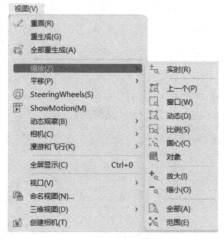

图2-5　缩放下拉菜单图

注意:图形的实际尺寸大小不变

图2-6　缩放工具条图

1. 按绘图界限设置可见视窗的大小

视图→缩放→全部(View→Zoom→All)

命令:′_zoom

指定窗口的角点,输入比例因子(nX 或 nXP),或者[全部(A)/中心(C)/动态(D)/范围(E)/上一个(P)/比例(S)/窗口(W)/对象(O)]〈实时〉:_all↵

2. 按窗口设置可见视窗的大小

视图→缩放→窗口(View→Zoom→Window)

命令:′_zoom

指定窗口的角点,输入比例因子(nX 或 nXP),或者[全部(A)/中心(C)/动态(D)/范围(E)/上一个(P)/比例(S)/窗口(W)/对象(O)]〈实时〉:_w↵

指定第一个角点:0,0↵

指定对角点:400,400↵

3. 回到上一窗口

视图→缩放→上一个(View→Zoom→Previous)

命令:'_zoom

指定窗口的角点,输入比例因子(nX 或 nXP),或者[全部(A)/中心(C)/动态(D)/范围(E)/上一个(P)/比例(S)/窗口(W)/对象(O)]〈实时〉:_p↵

4. 按比例放大

视图→缩放→比例(View→Zoom→Scale)⌕

命令:'_zoom

指定窗口的角点,输入比例因子(nX 或 nXP),或者[全部(A)/中心(C)/动态(D)/范围(E)/上一个(P)/比例(S)/窗口(W)/对象(O)]〈实时〉:_s↵

输入比例因子(nX 或 nXP):2↵

5. 中心点放大(用于三维)

视图→缩放→中心(View→Zoom→Center)⌕

命令:'_zoom

指定窗口的角点,输入比例因子(nX 或 nXP),或者[全部(A)/中心(C)/动态(D)/范围(E)/上一个(P)/比例(S)/窗口(W)/对象(O)]〈实时〉:_c↵

指定中心点:0,0↵

输入比例或高度〈159.0〉:100↵

6. 将图形区放大至全屏

视图→缩放→最大(View→Zoom→Extents)⌕

命令:'_zoom

指定窗口的角点,输入比例因子(nX 或 nXP),或者[全部(A)/中心(C)/动态(D)/范围(E)/上一个(P)/比例(S)/窗口(W)/对象(O)]〈实时〉:_e↵

2.9　平移(Pan)

视图→平移(View→Pan)

命令:'_pan(用鼠标拖动屏幕移动)

按 Esc 或 Enter 键退出,或单击右键显示快捷菜单。

不改变视窗内图形大小及图形坐标,移动观察屏幕上不同位置的图形。平移命令的下拉菜单如图 2-7 所示。

图 2-7　平移下拉菜单

2.10　重画（Redraw）

视图→重画（View→Redraw）

命令：′_redrawall

刷新屏幕，将屏幕上作图遗留的痕迹擦去。

2.11　重生成（Regen）

视图→重生成（View→Regen）

命令：_regen

正在重生成模型。

刷新屏幕并重新进行几何计算。当圆在屏幕上显示成多边形时，使用该命令即可恢复光滑度。

2.12　全部重生成（Regen all）

视图→全部重生成（View→Regen all）

命令：_regenall

正在重生成模型。

多窗口同时刷新屏幕，并重新进行几何计算。

2.13　图层（Layer）

格式→层（Format→Layer）

命令：′_layer

为了便于绘图，AutoCAD 2022 提供图层设置，如图 2-8 所示，最多可设置 256 层，相当于在多层透明纸上将绘制的图形重叠在一起。在图 2-8 所示对话框中，可以设置当前图层，把新图层添加到图层名列表或重命名现有图层。可以指定图层特性，打开或关闭图层，全局或按视口解冻和冻结图层、锁定和解锁图层，设置图层的打印样式，以及打开或关闭图层打印。只要用鼠标点击图标，即可设置不同的状态，如将某层设置为关闭（不可见）、冻结（不可见且不可修改）、锁定（可见但不可修改）。绘制复杂图形时，还可以给每层设置不同的颜色和线型，点击颜色或线型时，会出现下一级颜色或线型对话框，可以选择颜色或线型。

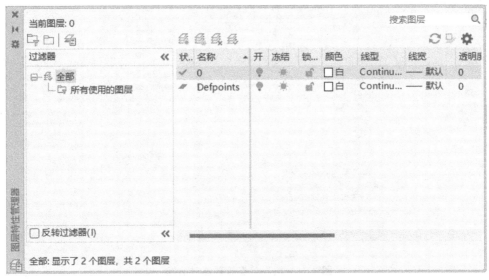

图 2-8　图层特性管理器对话框

　　从图形文件定义中清除选定的图层。只有那些没有以任何方式参照的图层才能被清除。参照图层包括 0 图层和 Defpoints 图层、包含对象(包括块定义中的对象)的图层、当前图层和依赖外部参照的图层,所有这些图层均不能被清除。

　　打开图层设置对话框,可对图层进行操作。

　　例如要创建一个新图层,可选择"新建","图层 1"即显示在列表中,此时可以立即对它进行编辑,并可选定为当前图层。

　　格式→图层状态管理器

　　命令:_layerstate

　　在图 2-9 所示的图层状态管理器中,可以保存新建图、编辑图层或重命名现有图层,还可以保存图层状态。

　　格式→图层工具

　　在图 2-10 所示的图层工具的下拉菜单中,可以对图层进行各种编辑及保持图层状态。

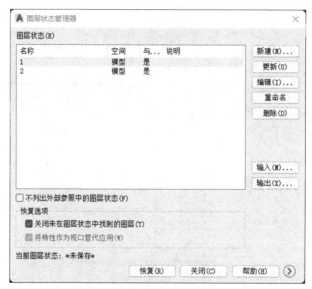

图 2-9　图层状态管理器对话框

图 2-10　图层工具下拉菜单

2.14　颜色(Color)

格式→颜色(Format→Color)

命令：'_color

为了便于绘图，AutoCAD 提供颜色设置。在图 2-11(a)所示的选择颜色对话框中可设置 255 种颜色。在图 2-11(b)所示的选择颜色对话框中可以使用调色板自行调色。

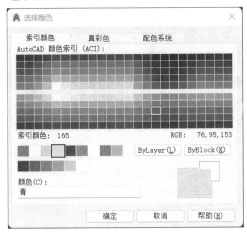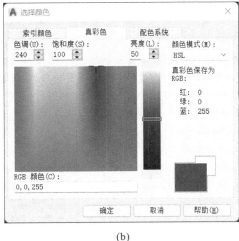

　　　　　　　　(a)　　　　　　　　　　　　　　　　　　　(b)

图 2-11　选择颜色对话框

　　用鼠标点击所需颜色，则绘制的图即为该颜色。一般不单独设置颜色，而是将颜色设为随层，即在层中设置颜色，让颜色随层而变，这样使用起来较为方便，还可以在出图时按颜色设置线宽。常用颜色尽量选用标准颜色[即图 2-11(b)下面单列的 9 种颜色]，便于观察。

2.15　线型(Linetype)

格式→线型(Format→Linetype)

　　在图 2-12 所示的线型管理器对话框中，系统默认的线型只有"随层""随块"和"实线"。点击"加载"按钮，出现图 2-13 所示的加载或重载线型对话框，通过点击即可选取加载线型。与颜色设置一样，一般不单独设置线型。用户可将线型设为随层，在层中设置线型，让线型随层及颜色而变。当绘制一幅较大的图样时，虚线等线型会聚拢,在屏幕上难以分辨,而颜色在屏幕上极易区分。国家标准中规定了不同线型所对应的不同颜色。

图2-12　线型管理器对话框

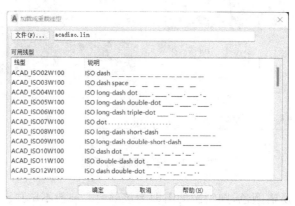

图2-13　加载或重载线型对话框

2.16　线型比例(Ltscale)

格式→线性比例(Fomat→Ltscala)

命令:_ltscale

输入新线型比例因子〈1.00〉:2 ↙

正在重生成模型。

设置绘图线型的比例系数可改变点划线等线型的长度比例。用户可在图2-12所示的线型管理器对话框中点击"显示细节"按钮(点击"隐藏细节"按钮后会变为"显示细节"按钮),通过修改全局比例因子来设置线型比例。

2.17 线型宽度(Lineweight)

格式→线型宽度(Format→Lineweight)

命令:_lweight

线宽设置对话框如图 2-14 所示,用户在该对话框中可设置当前线宽、线宽单位、默认线宽值,控制线宽设置选项卡中线宽的显示及其显示比例。注意勾选"显示线宽",或在状态行中按下线宽,即可在屏幕上看出宽度。

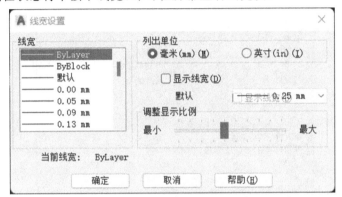

图 2-14 线宽设置对话框

在 AutoCAD 中,图层、线型和颜色被统称为特性,其工具条如图 2-15 所示。

图 2-15 特性工具条

绘图时要经常变换图层及颜色等,常用的方法有:

(1)点击图层工具条层状态显示框后的∨,在下拉菜单中选一层,并点击相应图标,改变层的状态。

(2)若想改变物体所在的图层,可以先选中物体,然后再点击图层工具条层状态显示框后的∨,在下拉菜单中选定其他的图层。

(3)若想改变物体线框的颜色、线型及线宽,可以点击特性工具条中的颜色、线型及线宽后的∨,选一种作为当前的颜色、线型或线宽。

2.18　单位(Units)

格式→单位(Format→Units)

命令:′_units

为了方便使用,系统提供了图形单位及其精度的设置方法,如图 2 - 16 所示。我们可以设置分数、工程、建筑、科学、小数等进制(默认为十进制)。同时可设置图形单位和精度。

图 2 - 16　图形单位对话框

2.19　AutoCAD 2022 界面的多窗口功能

用户可将多个文件同时打开,在不同的窗口中显示,并可在主菜单窗口(Windows)的下拉菜单中选取窗口的排列方式:层叠、水平平铺和垂直平铺。

窗口→层叠(Window→Stack-up)

层叠效果如图 2-17 所示。

窗口→水平平铺(Window→Tile horizontal)

水平平铺效果如图 2-18 所示。

窗口→垂直平铺(Window→Tile vertical)

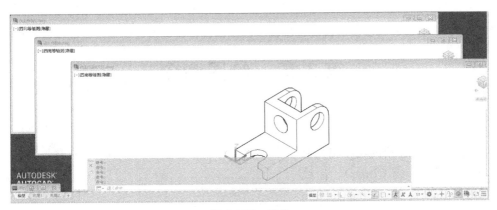

图 2-17　层叠

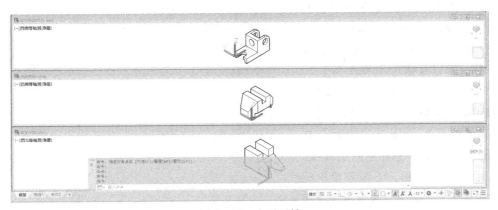

图 2-18　水平平铺

垂直平铺效果如图 2-19 所示。

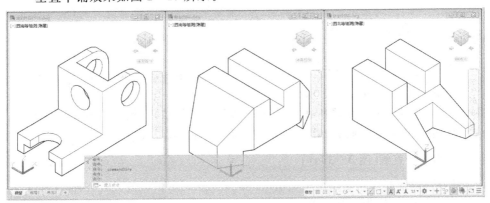

图 2-19　垂直平铺

第3章　绘图命令

本章主要介绍的绘图相关命令为绘制直线（Line）、射线（Ray）、构造线（Construction Line）、矩形（Rectangle）、正多边形（Polygon）、圆弧（Arc）、圆（Circle）、圆环（Donut）、椭圆（Ellipse）、螺旋（Helix）、块（Block）以及插入（Insert）等。

在 AutoCAD 的主菜单中，选取绘图（Draw）菜单项，可打开其下拉菜单，如图 3-1 所示。在图形工具条中也有绘图工具条，如图 3-2 所示。下拉菜单中的内容与工具条中的内容不完全相同，有些命令在默认的图形工具条中没有图标，可以自制。

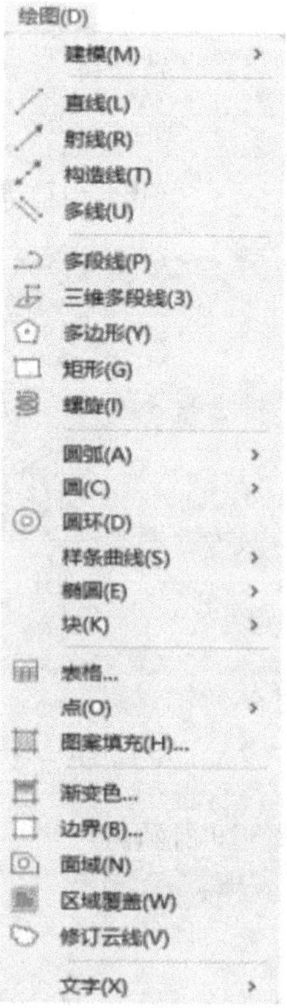

3.1　直线（Line）

绘图→直线（Draw→Line）

先指定起点，再给出一个或

图 3-1　绘图下拉菜单　　图 3-2　绘图工具条

几个终点，即可画出直线或折线。任何点均可用鼠标点出，给出准确的坐标或长度，结束时按回车键，画错时键入 U 放弃，与起点闭合输入 C。

1.画一条直线[图 3-3(a)]

命令：_line

指定第一个点：10,30 ↵（坐标）

指定下一点或[放弃（U）]：@0,20 ↵

指定下一点或[放弃(U)]:↵

2.画一条水平线[图 3-3(b)]

命令:_line

指定第一个点:22,78 ↵

指定下一点或[放弃(U)]:@20,0 ↵

指定下一点或[放弃(U)]:↵

3.画一条斜线[图 3-3(c)]

命令:↵(重复命令)

LINE 指定第一个点:(鼠标点出)

指定下一点或[放弃(U)]:@20<45 ↵

指定下一点或[放弃(U)]:↵

4.画一条连续的折线[图 3-3(d)]

命令:↵

LINE 指定第一个点:90,210 ↵

指定下一点或[放弃(U)]:@20<75 ↵

指定下一点或[放弃(U)]:@0,10 ↵

指定下一点或[闭合(C)/放弃(U)]:u ↵

指定下一点或[放弃(U)]:@10,0 ↵

指定下一点或[闭合(C)/放弃(U)]:@5<330 ↵

指定下一点或[闭合(C)/放弃(U)]:@0,-20 ↵

指定下一点或[闭合(C)/放弃(U)]:↵

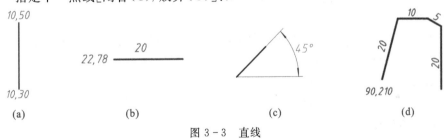

图 3-3　直线

3.2　射线(Ray)

绘图→射线(Draw→Ray)

以某一点为起点,通过第二点确定方向,画出一条或几条无限长的线(图 3-4)。

射线一般用作辅助线。无用时,将其所在层关闭。

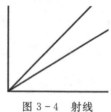

图 3-4　射线

命令:_ray

指定起点:(任意点)

指定通过点:@20,0 ↵(水平射线)

指定通过点:@0,20 ↵(垂直射线)

指定通过点:@5,5 ↵(45°射线)

指定通过点:@5,3 ↵(过任意点的射线)

指定通过点:↵

3.3　构造线(Construction Line)

绘图→构造线(Draw→Construction Line)✐

通过某一点,画出一条或几条无限长的线。构造线一般用作辅助线。因构造线无限长故删除时不能窗选,每次只能选一条。

1. 过点绘制构造线[图 3-5(a)]

命令:_xline

指定点或[水平(H)/垂直(V)/角度(A)/二等分(B)/偏移(O)]:45,100 ↵

指定通过点:50,100 ↵

指定通过点:45,110 ↵

指定通过点:100,200 ↵

指定通过点:↵

2. 绘制一条或几条水平的构造线[图 3-5(b)]

命令:_xline

指定点或[水平(H)/垂直(V)/角度(A)/二等分(B)/偏移(O)]:h ↵

指定通过点:(任选一点)

指定通过点:(任选一点)

指定通过点:↵

3.绘制一条或几条垂直的构造线[图 3－5(c)]

命令：_xline ↵

指定点或[水平(H)/垂直(V)/角度(A)/二等分(B)/偏移(O)]：v↵

指定通过点：(任选一点)

指定通过点：(任选一点)

指定通过点：↵

4.绘制一条或几条已知角度的构造线[图 3－5(d)]

命令：_xline

指定点或[水平(H)/垂直(V)/角度(A)/二等分(B)/偏移(O)]：a↵

输入构造线的角度(O)或[参照(R)]：45 ↵

指定通过点：(任选一点)

指定通过点：(任选一点)

指定通过点：↵

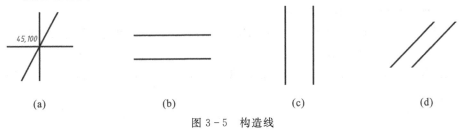

(a)　　　　　　　　(b)　　　　　　　(c)　　　　　　　(d)

图 3－5　构造线

3.4　矩形(Rectangle)

绘图→矩形(Draw→Rectangle)▢

指定两个对角点绘出矩形。通过选项设置,可以绘制带有倒角或圆角的矩形。

1.绘制一般矩形[图 3－6(a)]

命令：_rectang

指定第一个角点或[倒角(C)/标高(E)/圆角(F)/厚度(T)/宽度(W)]：(任选一点)

指定另一个角点或[面积(A)/尺寸(D)/旋转(R)]：@50,25 ↵(或用鼠标点)

2.绘制正方形[如图 3－6(b)]

命令：_rectang

指定第一个角点或[倒角(C)/标高(E)/圆角(F)/厚度(T)/宽度(W)]：(任选

一点)

指定另一个角点或[面积(A)/尺寸(D)/旋转(R)]:@40,40 ↵(X、Y 的值相等为正方形)

3. 绘制具有倒角的矩形[图 3 - 6(c)]

命令:_rectang

指定第一个角点或[倒角(C)/标高(E)/圆角(F)/厚度(T)/宽度(W)]:c ↵(倒角)

指定矩形的第一个倒角距离〈0.0〉:6 ↵

指定矩形的第二个倒角距离〈6.0〉:↵

指定第一个角点或[倒角(C)/标高(E)/圆角(F)/厚度(T)/宽度(W)]:(任选一点)

指定另一个角点或[面积(A)/尺寸(D)/旋转(R)]:@40,30 ↵

4. 绘制具有圆角的矩形[图 3 - 6(d)]

命令:_rectang

当前矩形模式:倒角＝6.0×6.0

指定第一个角点或[倒角(C)/标高(E)/圆角(F)/厚度(T)/宽度(W)]:f ↵(圆角)

指定矩形的圆角半径〈6.0〉:↵

指定第一个角点或[倒角(C)/标高(E)/圆角(F)/厚度(T)/宽度(W)]:(任选一点)

指定另一个角点或[面积(A)/尺寸(D)/旋转(R)]:@40,30 ↵

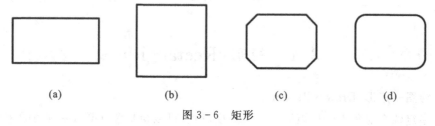

(a)　　　　　　　(b)　　　　　　　(c)　　　　　　　(d)

图 3 - 6　矩形

3.5　正多边形(Polygon)

绘图→正多边形(Draw→Polygon)

此命令用来绘制各种正多边形。

1. 已知外接圆半径绘制正多边形[图 3 - 7(a)]

命令:_polygon

输入侧面数〈4〉:6 ↵

指定正多边形的中心点或［边(E)］:(任选一点)

输入选项［内接于圆(I)/外切于圆(C)］〈I〉:↵(默认内接正多边形)

指定圆的半径:10 ↵

2.已知内切圆半径绘制正多边形［图 3-7(b)］

命令:_polygon

输入侧面数〈6〉:↵

指定正多边形的中心点或［边(E)］:(任选一点)

输入选项［内接于圆(I)/外切于圆(C)］〈I〉:c↵(外切正多边形)

指定圆的半径:10 ↵

3.已知正多边形的边长绘制正多边形［图 3-7(c)］

命令:_polygon

输入侧面数〈6〉:↵

指定正多边形的中心点或［边(E)］:e↵(边长)

指定边的第一个端点:(任选一点)

指定边的第二个端点:@10,0 ↵

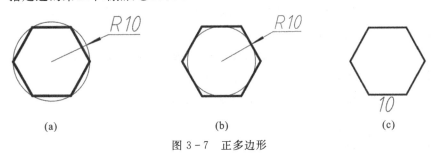

(a)　　　　　　　　　　(b)　　　　　　　　　　(c)

图 3-7　正多边形

3.6　圆弧(Arc)

绘图→圆弧(Draw→Arc)

在绘制圆弧的下拉菜单中,按照不同的已知条件,有十一种绘制圆弧的方法可供用户选择,如图 3-8 所示。下面介绍几种常用的绘制圆弧的方法。

1.已知三点绘制圆弧［图 3-9(a)］

命令:_arc

指定圆弧的起点或［圆心(C)］:(用鼠标任选一点)

指定圆弧的第二个点或［圆心(C)/端点(E)］:(用鼠标任选第二点)

图 3-8　绘制圆弧下拉菜单

指定圆弧的端点：（选择第三点）

2. 已知起点、中心和角度绘制圆弧［图 3-9(b)］

命令：_arc

指定圆弧的起点或［圆心（C）］：（任选一点）

指定圆弧的第二个点或［圆心（C）/端点（E）］：_c

指定圆弧的圆心：（选弧心点）

指定圆弧的端点（按住 Ctrl 键以切换方向）或［角度（A）/弦长（L）］：_a

指定夹角（按住 Ctrl 键以切换方向）：90 ↲

3. 已知起点、终点和半径绘制圆弧［图 3-9(c)］

命令：_arc

指定圆弧的起点或［圆心（C）］：（任选一点）

指定圆弧的第二个点或［圆心（C）/端点（E）］：_e

指定圆弧的端点：（选端点）

指定圆弧的中心点（按住 Ctrl 键以切换方向）或［角度（A）/方向（D）/半径（R）］：_r

指定圆弧的半径（按住 Ctrl 键以切换方向）：20 ↲

(a)　　　　　　　　　　(b)　　　　　　　　　　(c)

图 3-9　圆弧

3.7　圆（Circle）

绘图→圆（Draw→Circle）⊙

在绘制圆的下拉菜单中，按照不同的已知条件，有六种绘制圆的方法可供用户选择，如图 3－10 所示。以下介绍几种常用的方法。

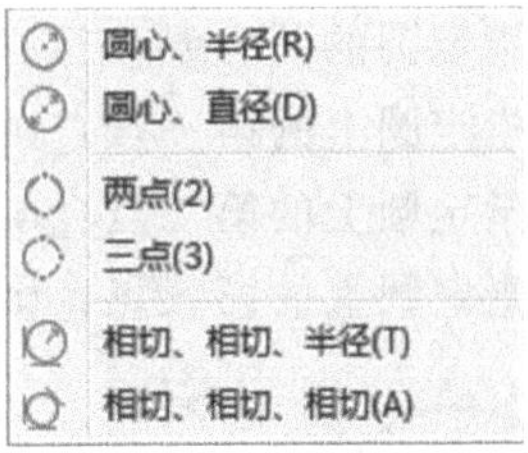

⊙	圆心、半径(R)
⊙	圆心、直径(D)
○	两点(2)
○	三点(3)
⊘	相切、相切、半径(T)
⊘	相切、相切、相切(A)

图 3－10　绘制圆下拉菜单

1. 已知中心、半径绘制圆[默认的画圆方法，如图 3－11(a)所示]

绘图→圆→圆心、半径（Draw→Circle→Center,Radius）

命令:_circle

指定圆的圆心或[三点(3P)/两点(2P)/切点、切点、半径(T)]:20,20 ↵

指定圆的半径或[直径(D)]:10 ↵

2. 已知中心、直径绘制圆[图 3－11(b)]

绘图→圆→圆心、直径（Draw→Circle→Center,Diameter）⊙

命令:_circle

指定圆的圆心或[三点(3P)/两点(2P)/切点、切点、半径(T)]:(任选一点)

指定圆的半径或[直径(D)]:_d

指定圆的直径:12 ↵

3. 已知两点绘制圆[图 3－11(c)]

绘图→圆→两点（Draw→Circle→2Points）○

命令:_circle

指定圆的圆心或[三点(3P)/两点(2P)/切点、切点、半径(T)]:_2p

指定圆直径的第一个端点:(任选一点)

指定圆直径的第二个端点:(任选第二点)

4. 与两线相切且已知半径绘制圆[图 3－11(d)]

绘图→圆→相切、相切、半径（Draw→Circle→Tan,Tan,Radius）⊙

命令:_circle

指定圆的圆心或[三点(3P)/两点(2P)/切点、切点、半径(T)]:_ttr

指定对象与圆的第一个切点:(用鼠标自动捕捉第一条线的切点)

指定对象与圆的第二个切点:(用鼠标自动捕捉第二条线的切点)

指定圆的半径〈60.0〉:8

5. 与三线相切绘制圆[图3-11(e)]

绘图→圆→相切、相切、相切(Draw→Circle→Tan,Tan,Tan)

命令:_circle

指定圆的圆心或[三点(3P)/两点(2P)/切点、切点、半径(T)]:_3p

指定圆上的第一点:_tan 到(捕捉切点)

指定圆上的第二点:_tan 到(捕捉切点)

指定圆上的第三点:_tan 到(捕捉切点)

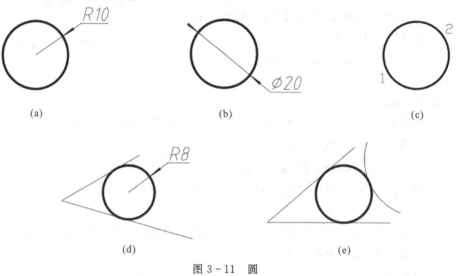

图3-11　圆

3.8　圆环(Donut)

绘图→圆环(Draw→Donut)

该命令用于绘制填充的环、有宽度的圆及实心的圆。

1. 绘制一般圆环[图3-12(a)]

命令:_donut

指定圆环的内径⟨10⟩:16 ↵

指定圆环的外径⟨20⟩:26 ↵

指定圆环的中心点⟨退出⟩:(任选一点)

指定圆环的中心点⟨退出⟩:↵

2. 绘制实心圆并且复制两个[图3-12(b)]

命令:_donut

指定圆环的内径〈2.0〉:0 ↵

指定圆环的外径〈6.0〉:8 ↵

指定圆环的中心点〈退出〉:(任选一点)

指定圆环的中心点〈退出〉:(任选一点)

指定圆环的中心点〈退出〉:↵

(a)　　　　　　　　　　　　(b)

图 3-12　圆环

3.9　椭圆(Ellipse)

绘图→椭圆(Draw→Ellipse)

根据椭圆的长短轴及中心等条件绘制椭圆或椭
圆弧。在绘制椭圆的下拉菜单中,按照不同的已知条
件,有三种绘制椭圆(弧)的方法,如图 3-13 所示。

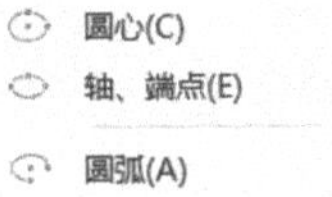

⊙ 圆心(C)
◡ 轴、端点(E)
⊙ 圆弧(A)

图 3-13　绘制椭圆下拉菜单

1.已知椭圆的两个端点绘制椭圆[图 3-14(a)]

绘图→椭圆→轴、端点(Draw→Ellipse→Axis,Endpoint)◡

命令:_ellipse

指定椭圆的轴端点或[圆弧(A)/中心点(C)]:(用鼠标任选一点)

指定轴的另一个端点:@26,0 ↵

指定另一条半轴长度或[旋转(R)]:@0,6 ↵

2.已知圆心及一个端点绘制椭圆[图 3-14(a)]

绘图→椭圆→圆心(Draw→Ellipse→Center)⊙

命令:_ellipse

指定椭圆的轴端点或[圆弧(A)/中心点(C)]:_c(用鼠标任选一点)

指定椭圆的中心点:(任选一点)

指定轴的端点:@13,0 ↵

指定另一条半轴长度或[旋转(R)]:@0,6 ↵

3. 绘制椭圆弧[图 3 - 14(b)]

绘图→椭圆→圆弧(Draw→Ellipse→Arc)☉

命令:_ellipse

指定椭圆的轴端点或[圆弧(A)/中心点(C)]:_a

指定椭圆弧的轴端点或[中心点(C)]:(任选一点)

指定轴的另一个端点:@26,0 ↵

指定另一条半轴长度或[旋转(R)]:@0,6 ↵

指定起点角度或[参数(P)]:120 ↵

指定端点角度或[参数(P)/夹角(I)]:290 ↵

(a)　　　　　　　　　　　　　　　　　(b)

图 3 - 14　椭圆

3.10　螺 旋(Helix)

绘图→螺旋(Draw→Helix)🌀

1. 已知中心点、直径绘制螺旋线[图 3 - 15(a)]

命令:_helix

圈数＝3.0000　　　扭曲＝CCW

指定底面的中心点:(任选一点)

指定底面半径或[直径(D)]〈1.00〉:20 ↵

指定顶面半径或[直径(D)]〈20.00〉:5 ↵

指定螺旋高度或[轴端点(A)/圈数(T)/圈高(H)/扭曲(W)]〈1.00〉:40 ↵

2. 已知中心点、修改圈数、螺距绘制螺旋线[图 3 - 15(b)]

命令:_helix

圈数＝3.0000　　　扭曲＝CCW

指定底面的中心点:

指定底面半径或[直径(D)]〈20.00〉:↵

指定顶面半径或[直径(D)]〈20.00〉:↵

指定螺旋高度或[轴端点(A)/圈数(T)/圈高(H)/扭曲(W)]〈40.00〉:t ↵

输入圈数〈3.00〉:8 ↵

指定螺旋高度或[轴端点(A)/圈数(T)/圈高(H)/扭曲(W)]〈40.00〉:h↵

指定圈间距〈13.33〉:5 ↵

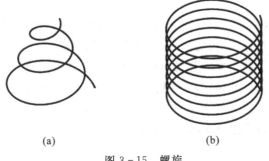

(a) (b)

图 3 - 15 螺旋

3.11 块(Block)

绘图→块→创建(Draw→Block→Make)

该命令用于将一些常用的图形制作成块。使用时,在插入命令中选择插入块,即可重复使用所定义的块。块定义对话框如图 3 - 16 所示。块只能在当前图中使用,要想在其他图形中使用,需将其制作成文件,或通过设计中心,可以相互复制图块。

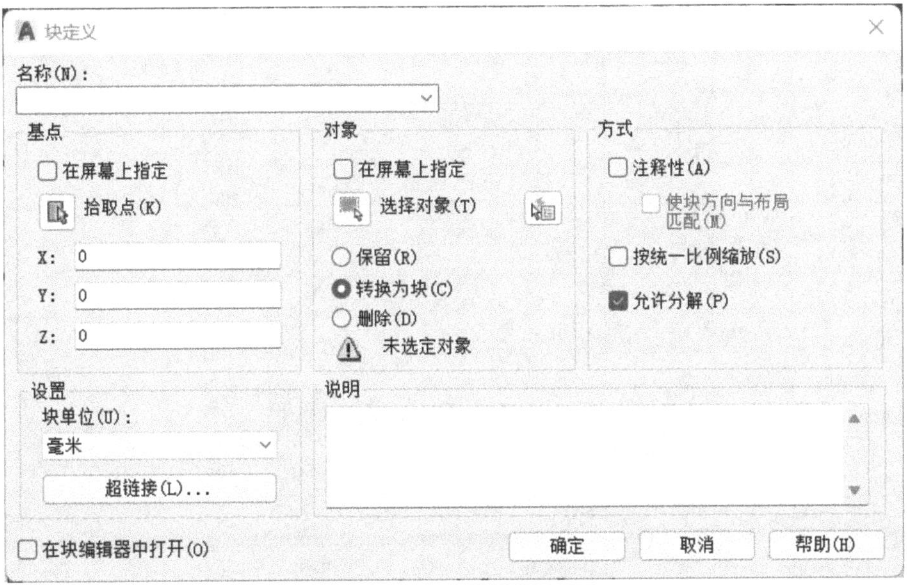

图 3 - 16 块定义对话框

说明:(1)"基点"作定位基准。若插入块时以鼠标点出的方式选定插入点,则基点即光标所在处。若选择以输入坐标的方式确定插入点,则输入的坐标即基点所在的坐标。

(2)若点击"拾取点"或"选择对象"按钮,则立刻进入作图区进行选定。若勾选"在屏幕上指定",则在点击"确定"后退回作图区进行选定。

(3)基点的选取可在下面的三维坐标中输入坐标进行确定。

在对话框中先起名,并指定插入基点,然后全选欲做块的物体。

命令:_block

选择对象:指定对角点:(全选物体)找到一个

选择对象:↵

3.12　插入(Insert)

插入→块选项板(Insert→Block)

为了便于快速绘图,可利用插入命令,将绘制好的图或图块插入。输入插入命令后会出现如图 3-17 所示的对话框。若取消"插入点"前的小钩,就可以准确地

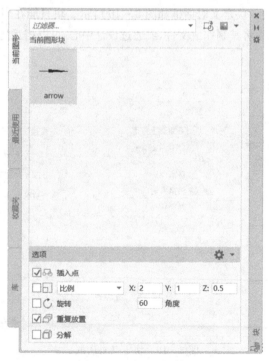

图 3-17　插入对话框

设置插入点的坐标。同时在对话框中还可以改变在 X、Y、Z 三个方向上的比例因子,设定图块旋转角度,以及插入时自动分解图形等,效果如图 3-18 所示。

命令:_insert

指定插入点或[比例(S)/X/Y/Z/旋转(R)/预览比例(PS)/PX/PY/PZ/预览旋转(PR)]:

图 3-18　插入效果

第4章　修改命令

本章主要介绍编辑修改命令删除（Erase）、复制（Copy）、镜像（Mirror）、偏移（Offset）、阵列（Array）、移动（Move）、旋转（Rotate）、比例缩放（Scale）、拉伸（Stretch）、拉长（Length-en）、修剪（Trim）、延伸（Extend）、打断（Break）、倒角（Chamfer）、圆角（Fillet）、特性（Properties）、特性匹配（Properties Match）和分解（Explode）等。

在 AutoCAD 的主菜单中，选取修改（Modify）菜单项，就可打开其下拉菜单，如图4-1所示。在图形工具条中也有修改工具条，如图4-2所示。两者的内容不完全相同。所有编辑修改命令均是对已绘制图素进行修改。因此，首先要选择对象（Select objects），即用鼠标（此时光标变成一个小方块）在要选的目标图素上点击选择。图素可以单选，也

图4-1　修改的下拉菜单　　图4-2　修改的工具条

可以多选，还可以用开窗口的办法一次多选。在一些命令中要求相对基准点，可用鼠标点选，也可以给出准确的坐标点，还可以利用目标捕捉找出所需的准确位置。

4.1　删除(Erase)

修改→删除(Modify→Erase)✐

该命令用于将不需要的图形删除。

命令:_erase

选择对象:找到 1 个(鼠标选取图素)

选择对象:找到 1 个,总计 2 个

选择对象:↵(不再选时,回车)

4.2　复制(Copy)

修改→复制(Modify→Copy)✸

该命令用于将图形复制一个或多个。

1.复制一个[图 4 - 3(a)]

命令:_copy

选择对象:找到 1 个

选择对象:↵(可连续选取,不选时,回车)

指定基点或[位移(D)/格式(O)]〈位移〉:

指定第二个点或阵列(A)〈使用第一点作为位移〉:(复制图素的第二点:鼠标点击 2)

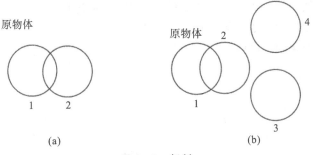

图 4 - 3　复制

2.多次连续复制[图 4 - 3(b)]

命令:_copy

选择对象:找到 1 个

选择对象:↵(可连续选取,不再选时,回车)

指定基点或[位移(D)/格式(O)]〈位移〉:

指定基点:(鼠标点击 1)

指定的第二个点或阵列(A)〈使用第一点作为位移〉:(第一个复制图素的位置 2 点)

指定的第二个点或阵列(A)〈使用第一点作为位移〉:(第二个复制图素的位置 3 点)

指定的第二个点或阵列(A)〈使用第一点作为位移〉:(第三个复制图素的位置 4 点)

指定的第二个点或阵列(A)〈使用第一点作为位移〉:↵(不再复制,回车)

4.3　镜像(Mirror)

修改→镜像(Modify→Mirror)

设定两点的连线为对称轴,将所选图形对称复制或翻转。

1. 对称复制已有图形[图 4 - 4(a)]

命令:_mirror

选择对象:找到 1 个

选择对象:找到 1 个,总计 2 个

选择对象:找到 1 个,总计 3 个

选择对象:↵

指定镜像线的第一点:(对称轴上的第一点:鼠标点击 1)

指定镜像线的第二点:(第二点:点击 2)

要删除源对象吗?[是(Y)/否(N)]〈N〉:↵

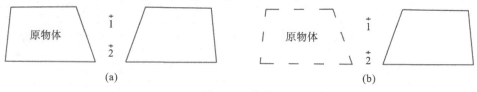

图 4 - 4　镜像

2. 将已有图形翻转方向[图 4 - 4(b)]

命令:_mirror

选择对象:指定对角点:找到 3 个(窗选)

选择对象:↵

指定镜像线的第一点:(对称轴上的第一点:鼠标点击 1)

指定镜像线的第二点:(对称轴上的第二点:鼠标点击 2)

要删除源对象吗?［是(Y)/否(N)］〈N〉:Y ↲(原图是否删除:是)

4.4　偏移(Offset)

修改→偏移(Modify→Offset)◖

　　将所选图形按设定的点或距离再等距地复制一个,复制的图形可以和原图形一样,也可以放大或缩小,复制图形是原图形的相似形。

1.通过点偏移[图 4 - 5(a)]

命令:_offset

指定偏移距离或[通过(T)/删除(E)/图层(L)]〈1.0〉:t ↲(通过给定的点)

选择要偏移的对象,或[退出(E)/放弃(U)]〈退出〉:(选图形)

指定通过点或[退出(E)/多个(M)/放弃(U)]〈退出〉:

选择要偏移的对象,或[退出(E)/放弃(U)]〈退出〉:↲(不选,回车)

2.设置距离偏移[图 4 - 5(b)]

命令:_offset

指定偏移距离或[通过(T)/删除(E)/图层(L)]〈1.0〉:5 ↲(距离)

选择要偏移的对象,或[退出(E)/放弃(U)]〈退出〉:(选取直线)

指定要偏移的那一侧上的点,或[退出(E)/多个(M)/放弃(U)]〈退出〉:(鼠标点击 2)

选择要偏移的对象,或[退出(E)/放弃(U)]〈退出〉:↲

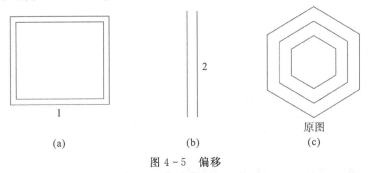

(a)　　　　　　　　(b)　　　　　　　　(c)

图 4 - 5　偏移

3.可连续复制距离相同的图形[图 4 - 5(c)]

命令:_offset

指定偏移距离或[通过(T)/删除(E)/图层(L)]〈1.0〉:6↵

选择要偏移的对象,或[退出(E)/放弃(U)]〈退出〉:(选取中间原有的六边形)

指定要偏移的那一侧上的点,或[退出(E)/多个(M)/放弃(U)]〈退出〉:(偏距的方向:向里点得到里边的小六边形)

选择要偏移的对象,或[退出(E)/放弃(U)]〈退出〉:(选取中间原有的六边形)

指定要偏移的那一侧上的点,或[退出(E)/多个(M)/放弃(U)]〈退出〉:(偏距的方向:向外点得到外边的大六边形)

选择要偏移的对象,或[退出(E)/放弃(U)]〈退出〉:(选取中间原有的直线)

指定要偏移的那一侧上的点,或[退出(E)/多个(M)/放弃(U)]〈退出〉:(向上点)

选择要偏移的对象,或[退出(E)/放弃(U)]〈退出〉:(选取中间原有的直线)

指定要偏移的那一侧上的点,或[退出(E)/多个(M)/放弃(U)]〈退出〉:(向下点)

选择要偏移的对象,或[退出(E)/放弃(U)]〈退出〉:

4.5 阵列(Array)

修改→阵列(Modify→Array)

将所选图形按设定的数目和距离一次复制多个。矩形阵列复制的图形和原图形一样,按行列排列整齐。环形阵列复制的图形可以和原图形一样,也可以改变方向。用户可选择矩形阵列或环形阵列,并填写相应数据,选择对象,进行阵列复制。

1. 给定行数和列数按矩形阵列复制多个图形(图 4 - 6)

命令:_array

选择对象:找到 1 个

选择对象:↵

图 4 - 6   矩形阵列对话框

2. 给定数目按极轴阵列复制多个图形(图 4 - 7)

命令:_array

选择对象:找到 1 个

选择对象:↵

输入阵列类型［矩形（R）/路径（PA）/极轴（PO）］〈极轴〉:po

类型＝极轴　关联＝是

指定阵列的中心点或［基点（B）/旋转轴（A）］:选择一点

图 4－7　极轴阵列对话框

3.给定数目按环形阵列复制多个图形且不改变图形方向（图 4－8）

命令:_array

选择对象:找到 1 个

选择对象:↵

选择对象:输入阵列类型［矩形（R）/路径（PA）/极轴（PO）］〈路径〉:pa

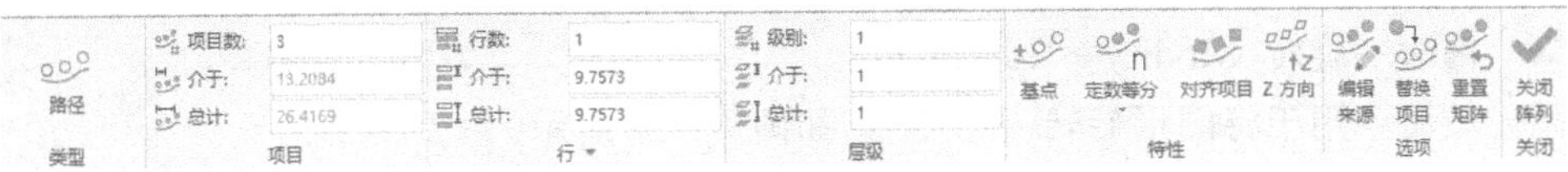

图 4－8　路径阵列对话框

阵列结果如图 4－9 所示。

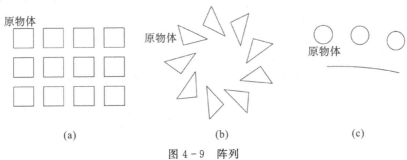

图 4－9　阵列

4.6　移动（Move）

修改→移动（Modify→Move）

该命令用于将图形移动到新位置,如图 4－10 所示。

命令:_move

选择对象:找到 1 个

选择对象:↵

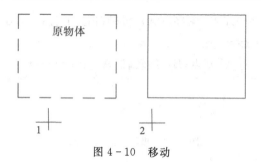

图 4 - 10　移动

指定基点或[位移(D)]〈位移〉:(鼠标点击 1)
指定第二个点或〈使用第一个点作为位移〉:(鼠标点击 2)

4.7　旋转(Rotate)

修改→旋转(Modify→Rotate)◎
该命令用于将图形旋转一个角度,如图 4 - 11 所示。
命令:_rotate
UCS 当前的正角方向:ANGDIR = 逆时针 ANGBASE
=0

图 4 - 11　旋转

选择对象:指定对角点:找到 3 个
选择对象:↵
指定基点:(图形转动的圆心点:1)
指定旋转角度,或[复制(C)/参照(R)]:90 ↵(图形转动的角度)

4.8　比例缩放(Scale)

修改→比例(缩放)(Modify→Scale)▭
该命令用于将图形放大或缩小,如图 4 - 12 所示。
命令:_scale
选择对象:找到 1 个
选择对象:↵
指定基点:0.5 ↵(比例系数:大于 1 为放大,小于 1 为缩小)

图 4 - 12　比例缩放

4.9 拉伸(Stretch)

修改→拉伸(Modify→Stretch)📐

该命令用于将图形拉伸变形,如图 4 - 13 所示。

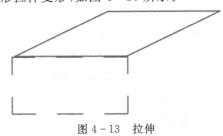

图 4 - 13 拉伸

命令:_stretch

以交叉窗口或交叉多边形选择要拉伸的对象...

选择对象:找到 1 个(先选取图形)

选择对象:(再用窗口选取图形上要改变的一个或几个点)

指定对角点:找到 0 个(必须用交叉窗口选择图形来拉伸变形)

选择对象:↵

指定基点或位移:(基准点:1 点)

指定第二个点:(图形被移到的第二点:2 点)

4.10 拉长(Lengthen)

修改→拉长(Modify→Lengthen)📏

该命令用于将一段线的长度加长或缩短。注意选线的位置就是线要改变的
一端。

1. 任意改变长度(图 4 - 14)

命令:_lengthen

选择要测量的对象或[增量(DE)/百分数(P)/全部(T)/动态(DY)]:dy ↵

选择要修改的对象或[放弃(U)]:(点取要加长的线段并拖动)

指定新端点:(到新位置后点左键)

选择要修改的对象或[放弃(U)]:↵

2. 按线段总长加长或缩短

命令:_lengthen

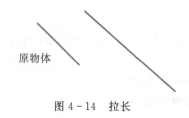

原物体

图 4-14　拉长

选择要测量的对象或[增量(DE)/百分数(P)/全部(T)/动态(DY)]:t↵
指定总长度或[角度(A)]⟨1.0⟩:20 ↵(将线段总长改为 20)
选择要修改的对象或[放弃(U)]:(点取要改变的线段)
选择要修改的对象或[放弃(U)]:↵

3. 按总长的百分比加长或缩短

命令:_lengthen
选择要测量的对象或[增量(DE)/百分数(P)/全部(T)/动态(DY)]:p↵
输入长度百分数⟨100.0⟩:150 ↵(大于 100 为加长,小于 100 为减少)
选择要修改的对象或[放弃(U)]:(点取要改变的线段)
选择要修改的对象或[放弃(U)]:↵

4. 按增量加长或缩短

命令:_lengthen
选择要测量的对象或[增量(DE)/百分数(P)/全部(T)/动态(DY)]:de↵
输入长度增量或[角度(A)]⟨0.0⟩:10 ↵
选择要修改的对象或[放弃(U)]:(点取要改变的线段)
选择要修改的对象或[放弃(U)]:↵

4.11　修剪(Trim)

修改→修剪(Modify→Trim)
用一条线或几条线作剪刀,将与其相交的一条线或几条线剪去一部分,如图
4-15 所示。
重复命令,剪不同的图形。
命令:_trim
当前设置:投影=UCS,边=无,模式=快速
选择剪切边…
选择对象:(先选取作剪刀图素)找到 1 个
选择对象:找到 1 个,共 2 个

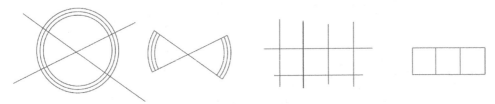

图 4 - 15　修剪

选择对象:找到 1 个,共 3 个

选择对象:找到 1 个,共 4 个

选择对象:找到 1 个,共 5 个

选择对象:找到 1 个,共 6 个

选择要修剪的对象,或按住 Shift 键选择要延伸的对象或[剪切边(T)/窗交(C)/模式(O)/投影(P)/删除(R)]:(选取被剪切的图素)

选择要修剪的对象,或按住 Shift 键选择要延伸的对象或[剪切边(T)/窗交(C)/模式(O)/投影(P)/删除(R)/放弃(U)]:(选取被剪切的图素)

选择要修剪的对象,或按住 Shift 键选择要延伸的对象或[剪切边(T)/窗交(C)/模式(O)/投影(P)/删除(R)/放弃(U)]:(选取被剪切的图素)

选择要修剪的对象,或按住 Shift 键选择要延伸的对象或[剪切边(T)/窗交(C)/模式(O)/投影(P)/删除(R)/放弃(U)]:(选取被剪切的图素)

选择要修剪的对象,或按住 Shift 键选择要延伸的对象或[剪切边(T)/窗交(C)/模式(O)/投影(P)/删除(R)/放弃(U)]:(选取被剪切的图素)

选择要修剪的对象,或按住 Shift 键选择要延伸的对象或[剪切边(T)/窗交(C)/模式(O)/投影(P)/删除(R)/放弃(U)]:(选取被剪切的图素)

选择要修剪的对象,或按住 Shift 键选择要延伸的对象或[剪切边(T)/窗交(C)/模式(O)/投影(P)/删除(R)/放弃(U)]:*取消*

↵

4.12　延伸(Extend)

修改→延伸(Modify→Extend)↵

用一条线或几条线作边界,将一条线或几条线延伸至该边界,如图 4 - 16 所示。

命令:_extend

当前设置:投影=UCS,边=无,模式=快速

图4-16　延伸

选择边界的边...

选择对象:找到1个(选取作边界图素)

选择对象:↵

选择要延伸的对象,或按住 Shift 键选择修剪的对象或[投影(P)/边(E)/放弃(U)]:(选取被延长的图素)

选择要延伸的对象,或按住 Shift 键选择修剪的对象或[投影(P)/边(E)/放弃(U)]:(选取被延长的图素)

选择要延伸的对象,或按住 Shift 键选择修剪的对象或[投影(P)/边(E)/放弃(U)]:↵

4.13　打断(Break)

修改→打断(Modify→Break)

该命令用于将图线通过选两点断开,去掉中间部分。

1. 两选断开[图4-17(a)]

命令:_break

选择对象:(先选取图素要被去除的起始点:1点)

指定第二个打断点或[第一点(F)]:(再选取图素要被去除的终止点:2点)

2. 三选断开[图4-17(b)]

命令:_break

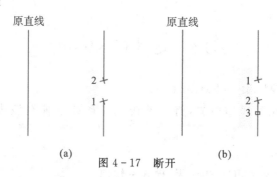

(a)　　　图4-17　断开　　　(b)

选择对象:(选取要断开的图素:如 1 点选线)

指定第二个打断点或[第一点(F)]:f↵

指定第一个打断点:(选取图素要被去除的起始点:2 点)

指定第二个打断点:(选取图素要被去除的终止点:3 点)

3. 点一次将线段断开,不去除线段□

命令:_break

选择对象:(选取图素要被断开的点)

指定第二个打断点或[第一点(F)]:@↵(再键入@)

4.14　倒角(Chamfer)

修改→倒角(Modify→Chamfer)

该命令用于将两条处于相交位置的线段倒角。

注意:当设定的倒角距离或圆角的半径大于线段时,命令无法执行;当设定的倒角距离或圆角的半径很小、线段很长时,屏幕上看不出倒角或圆角。

1. 按距离倒角[图 4 - 18(a)]

命令:_chamfer

("修剪"模式)当前倒角　距离 1=0.0,距离 2=0.0

选择第一条直线或[放弃(U)/多段线(P)/距离(D)/角度(A)/修剪(T)/方式(E)/多个(M)]:d↵

指定第一个倒角距离〈0.0〉:5 ↵

指定第二个倒角距离〈5.0〉:↵(第二条边倒角距离:可不相等)

选择第一条直线或[放弃(U)/多段线(P)/距离(D)/角度(A)/修剪(T)/方式(E)/多个(M)]:

选择第二条直线,或按住 Shift 键选择直线以应用角点或[距离(D)/角度(A)/方法(M)]:

2. 按角度倒角[图 4 - 18(b)]

命令:_chamfer

("修剪"模式)当前倒角距离 1=5.0,距离 2=5.0

选择第一条直线或[放弃(U)/多段线(P)/距离(D)/角度(A)/修剪(T)/方式(E)/多个(M)]:a↵(角度)

指定第一条直线的倒角长度〈30.0〉:6 ↵

指定第一条直线的倒角角度〈0〉:30 ↵

选择第一条直线或［放弃(U)/多段线(P)/距离(D)/角度(A)/修剪(T)/方式(E)/多个(M)］:

选择第二条直线,或按住 Shift 键选择直线以应用角点或［距离(D)/角度(A)/方法(M)］:

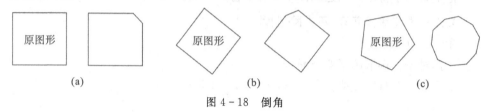

图 4 - 18　倒角

3. 给复合线倒多个角［图 4 - 18(c)］

命令:_chamfer

("修剪"模式)当前倒角长度＝6.0,角度＝30

选择第一条直线或［放弃(U)/多段线(P)/距离(D)/角度(A)/修剪(T)/方式(E)/多个(M)］:p↵(复合线)

选择二维多段线或［距离(D)/角度(A)/方法(M)］:5 条直线已被倒角

4.15　圆角(Fillet)

修改→圆角(Modify→Fillet)

该命令用于将两条处于相交位置的线段倒圆角。

1. 给线倒圆角［4 - 19(a)］

命令:_fillet

当前模式:模式＝修剪,半径＝0.0

选择第一个对象或［多段线(P)/半径(R)/修剪(T)］:r↵(设置圆角半径)

指定圆角半径⟨0.0⟩:6↵

选择第一个对象或［多段线(P)/半径(R)/修剪(T)］:(选取第一条边)

选择第二个对象:(选取第二条边)

2. 不修剪圆角［图 4 - 19(b)］

命令:_fillet

当前设置:模式＝修剪,半径＝6.0

选择第一个对象或［放弃(U)/多段线(P)/半径(R)/修剪(T)/多个(M)］:t↵

输入修剪模式选项［修剪(T)/不修剪(N)］⟨修剪⟩:n↵

选择第一个对象或［放弃(U)/多段线(P)/半径(R)/修剪(T)/多个(M)］:

选择第二个对象：

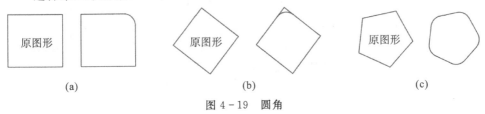

图 4 - 19　圆角

3.给复合线倒多个圆角[图 4 - 19(c)]

命令：_fillet

当前设置：模式＝不修剪，半径＝6.0

选择第一个对象或[放弃(U)/多段线(P)/半径(R)/修剪(T)/多个(M)]:t↵

输入修剪模式选项[修剪(T)/不修剪(N)]〈修剪〉:t↵

选择第一个对象或[放弃(U)/多段线(P)/半径(R)/修剪(T)/多个(M)]:p↵

(将 Pline 线倒多个圆角)

选择二维多段线或[半径(R)]:5 条直线已被修剪为圆角

4.16　特性(Properties)

修改→特性(Modify→Properties) 🖿

选取该命令后,出现如图 4 - 20 所示的对话框。在此我们可以改变图素的层、颜色、线型或点等特性。还可以更改尺寸的数值及公差等,根据所选图素的属性不同,可改变的参数也不同。

命令：_properties

选取要修改的图素,对话框调入,然后选择特性进行修改,结束修改后可按"ESC"键取消所选对象。

4.17　特性匹配(Properties Match)

修改→匹配　(Modify→Properties Match) 🖿

利用已有图素的特性,改变图形的层、颜色、线型,使后选取的图素属性改成与先选取的图素一致。

命令：_matchprop

选择源对象：

当前活动设置：颜色　图层　线型　线形比例　线宽　透明度　厚度

图 4-20　特性对话框

打印样式　文字　标注　图案　填充

　　选择目标对象或[设置(S)]：(选取要改变的图素,可多选)

　　选择目标对象或[设置(S)]：↵

4.18　分解(Explode)

　　修改→分解(Modify→Explode)

　　该命令用于将图形分解。可分解的图形有多段线、矩形、多边形、块、填充的图案、尺寸块及插入的图形等。用该命令点击图形后,图形即各自独立。

　　命令：_explode

　　选择对象：找到 1 个(选取要分解的图形)

　　选择对象：↵

第5章　设置命令

本章主要介绍需要进行相关设置的绘图命令及设置命令：文字样式（Text Style）、多行文字（Multiline Text）、单行文字（Single Text）、修改文字（Text Edit）、点的样式（Point Style）、绘制点（Point）、定数等分（Divide）、定距等分（Measure）、多线样式（Multiline Style）、绘制多线（Multilines）、修改多线（Multilines Edit）、样条曲线（Spline）、修改样条曲线（Spline Edit）、多线段（Polyline）、修改多线段（Polyline Edit）、图案填充（Hatch）、修改图案填充（Hatch Edit）等。

在 AutoCAD 的主菜单中，选取格式（Format）菜单项，可打开下拉菜单如图 5-1 所示，进行格式设置。选取修改（Modify）菜单项，打开其下拉菜单，点击对象的下一级菜单，如图 5-2(a)所示，可选取修改命令。在图形工具条中也有修改Ⅱ（ModifyⅡ）工具条，如图 5-2(b)所示。两者的内容不完全相同。

图 5-1　格式下拉菜单

(a)　　　　　　　　　　　　　　　(b)

图 5-2　修改对象下拉菜单及工具条

5.1　文字样式(Text Style)

格式→文字样式(Format→Text Style)

在一幅图中常常要用多种字体,系统默认的标准字体是"txt. shx",但这种字体不支持输入汉字。输入汉字等其他字体时必须首先更换字体,打开字体样式对话框,如图 5-3 所示,点击"新建"按钮并起新名,再点字体名下的"⌄",在其中选取所需字体即可。同时可设置字体的方位、方向、宽度比例系数等。设置结束时点击"应用"按钮。

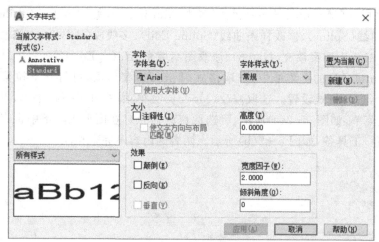

图 5-3　文字样式对话框

常用的字体有:

(1)长仿宋体:点击"新字体"按钮,起名"长仿宋",再点字体名下的"⌄",选取字体"仿宋 GB2312",将宽度比例系数改为 0.8(或 0.7),点击"应用"按钮,最后点击"关闭"按钮。一般图纸上的汉字用长仿宋体,但不能标"Φ"等符号。

(2)Isocp. shx 字体:点击"新字体"按钮,起名,再点字体名下的"⌄",选取字体"Isocp. shx",点击"应用"按钮,最后点击"关闭"按钮。一般图纸上的数字用Isocp. shx 字体,与我国的国标字体相似,但不能写汉字。

(3)工程字体:点击"新字体"按钮,起名"国标",再点字体名下的"⌄",选取字体"Gbeitc. shx",勾选使用大字体,再点字体名下的"⌄",选取字体"Gbcbig. shx"点击"应用"按钮,最后点击"关闭"按钮。这是 Autodesk 公司专为中国用户设置的符合中国国标的字体,可同时书写汉字、数字、Φ 等符号。

命令:_style

5.2　多行文字（Multiline Text）

绘图→文字→多行文字（Draw→Text→Multiline Text…）**A**

　　该命令主要用于在表格或方框中打字,先选定要书写文字范围的两对角点,出现文字格式对话框,如图 5-4 所示,在输入汉字前注意更改输入法。AutoCAD 2022 与 Word 一样可设置文字在书写时的位置,如图 5-5 所示。

图 5-4　文字格式对话框

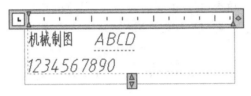

图 5-5　字体的位置和不同字体

命令:_mtext
当前文字样式:"Standard",
文字高度:2.5
注释性:否
指定第一角点:
指定对角点或[高度(H)/对正(J)/行距(L)/旋转(R)/样式(S)/宽度(W)/栏,(c)]:2.5

5.3　单行文字（Single Text）

书写位置较灵活,所点位置即为书写位置。
绘图→文字→单行文字（Draw→Text→Single Text）
命令:_dtext
当前文字样式:"Standard 1",文字高度:2.5000　　注释性:否　　对正:左
指定文字的起点或[对正(J)/样式(S)]:
指定高度〈2.5〉:3 ↵(文字高度)

指定文字的旋转角度〈0〉：↵

输入文字：1234　ABCD↵

输入文字：制图标准↵（打开汉字输入）

输入义字：↵（结束时，一定要按回车）

5.4　修改文字（Text Edit）

修改→文字（Modify→Text）

修改文字的对话框如同书写多行文字和单行文字的对话框，可改变文字或其位置，也可以在属性对话框中修改或编辑文字。

命令：_ddedit

选择注释对象或［放弃（U）/模式（M）］：（选要改的字）

选择注释对象或［放弃（U）/模式（M）］：↵

5.5　点的样式（Point Style）

格式→点的样式（Format→Point Style）

AutoCAD 提供点的设置。可根据需要，在对话框中选取不同的点的样式，并可按屏幕或绝对比例设置其大小，如图 5-6 所示。

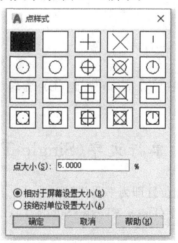

图 5-6　点样式对话框

命令：_ddptype

正在初始化...已加载 DDPTYPE

5.6　绘制点(Point)

绘图→点→单点(Draw→Point→Point)

按设置的类型画点。

命令:_point

当前点模式:PDMODE=66　 PDSIZE=0.0000

指定点:

5.7　定数等分(Divide)

绘图→点→定数等分(Draw→Point→Divide)

可用设置后点的类型、等分线、圆等一次绘制图形,如图 5-7 所示。此外还可用块等分。

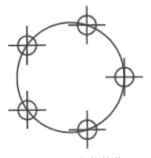

图 5-7　定数等分

命令:_divide

选择要定数等分的对象:

输入线段数目或[块(B)]:5 ↵

5.8　定距等分(测量)(Measure)

绘图→点→定距等分(Draw→Point→Measure)

与定数等分类似,定距等分是按长度测量等分。

用点按长度测量等分(图 5-8)。

命令:_measure

选择要定距等分的对象:

图 5-8　定距等分

指定线段长度或[块(B)]:10↵

5.9　多线样式(Multilines Style)

格式→多线样式(Format→Multilines Style)

　　AutoCAD 提供多线样式设置,通过多线样式设置可改变平行结构线的线数、间距及线型。用户不能修改 STANDARD 多线或其他已经使用的多线。其对话框如图 5-9 所示。

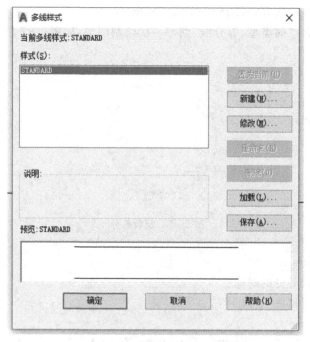

图 5-9　多线样式设置对话框

命令:_mlstyle

多线样式设置的步骤:

(1)选择"新建",输入名称,如图 5-10 所示;

(2)选择"继续",出现新建多线样式对话框,如图 5-11 所示;

(3)设置"偏移"、"线型"、"颜色"、多重线封头形式等。

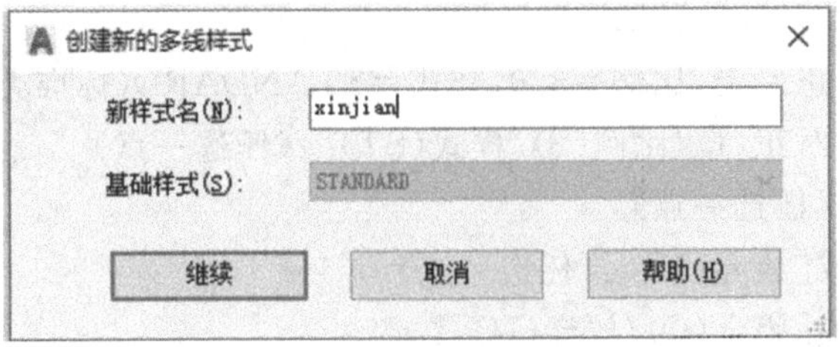

图 5-10　新建多线样式

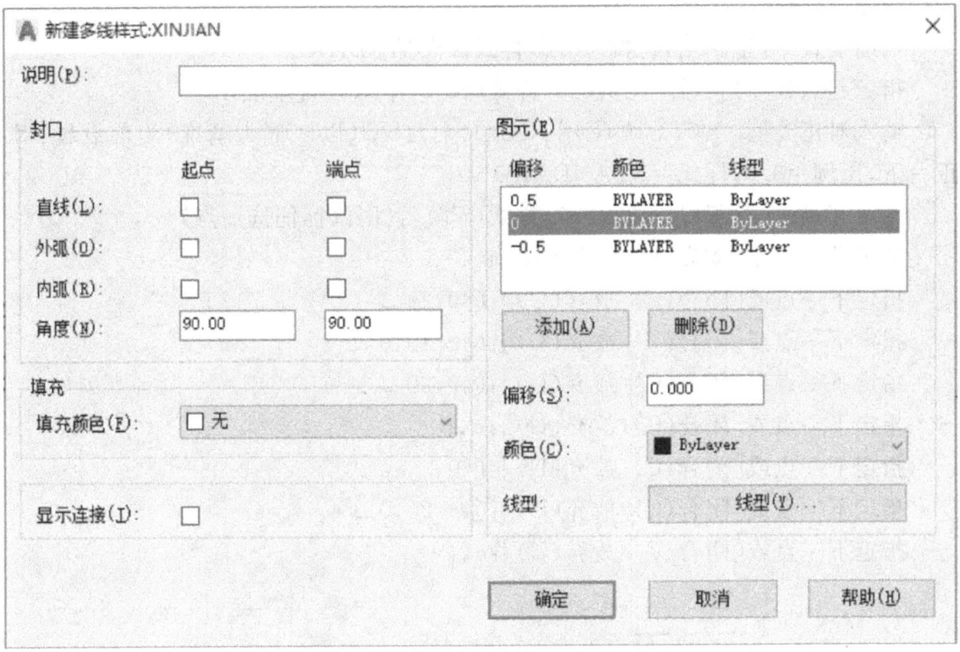

图 5-11　新建多线样式对话框

5.10　绘制多线(Multilines)

绘图→多线(Draw→Multiline)✎

系统默认值为双结构线,多用于画建筑结构图。

1.设置双线间距,绘制一条结构线[图 5-12(a)]

命令:_mline

当前设置:对正=上,比例=20.0,样式=STANDARD

指定起点或[对正(J)/比例(S)/样式(ST)]:s↵(设置双线间距)

输入多线比例〈20.0〉:3 ↵

当前设置:对正＝上,比例＝3.0,样式＝STANDARD(标准类型)

指定起点或[对正(J)/比例(S)/样式(ST)]:(任选一点)

指定下一点:(任选一点)

指定下一点或[放弃(U)]:(任选一点)

指定下一点或[闭合(C)/放弃(U)]:↵

2.设置基准绘制一条闭合结构线[图5-12(b)]

命令:_mline

当前设置:对正＝上,比例＝3.0,样式＝STANDARD

指定起点或[对正(J)/比例(S)/样式(ST)]:j ↵(设置基准)

输入对正类型[上(T)/无(Z)/下(B)]〈上〉:b ↵(以底部为基准)当前设置:对正＝下,比例＝3.0,样式＝STANDARD

指定起点或[对正(J)/比例(S)/样式(ST)]:(用鼠标任选一点)

指定下一点或[放弃(U)]:@30,0 ↵

指定下一点或[闭合(C)/放弃(U)]:@0,25 ↵

指定下一点或[闭合(C)/放弃(U)]:@-10,0 ↵

指定下一点或[闭合(C)/放弃(U)]:@0,20 ↵

指定下一点或[闭合(C)/放弃(U)]:u ↵

指定下一点或[闭合(C)/放弃(U)]:@0,-10 ↵

指定下一点或[闭合(C)/放弃(U)]:@-20,0 ↵

指定下一点或[闭合(C)/放弃(U)]:c ↵

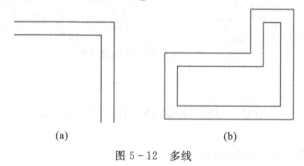

(a)　　　　　　　　　　(b)

图5-12　多线

5.11　修改多线(Multilines Edit)

修改→对象→多线(Modify→Objects→Multilines)

　　选取命令后,出现如图 5－13 所示对话框。更改两条多线的相交情况,更改一条多线的节点或断开情况。

图 5－13　多线编辑工具

在对话框中选取要修改的形式,再选线,如图 5－14 所示。

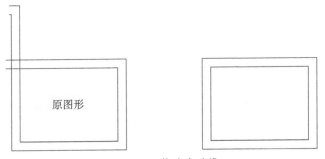

图 5－14　修改多重线

命令:_mledit
选择多线:(选择一条)
选择多线或[放弃(U)]:(选择第二条)
选择多线或[放弃(U)]:↵

5.12　样条曲线(Spline)

绘图→样条曲线(Draw→Spline)

此命令用来绘制样条曲线。

1. 用鼠标绘制一条样条曲线[图 5‒15(a)]

命令:_spline

指定第一个点或[方式(M)/节点(K)/对象(O)]:(任选一点)

输入下一个点或[起点切向(T)/公差(L)]:

输入下一个点或[端点相切(T)/公差(L)/放弃(U)]:

输入下一个点或[端点相切(T)/公差(L)/放弃(U)/闭合(C)]:

2. 绘制一条闭合的样条曲线[图 5‒15(b)]

命令:_spline

指定第一个点或[方式(M)/节点(K)/对象(O)]:(任选一点)

输入下一个点或[起点切向(T)/公差(L)]:(任选一点)

输入下一个点或[端点相切(T)/公差(L)/放弃(U)]:(任选一点)

输入下一个点或[端点相切(T)/公差(L)/放弃(U)/闭合(C)]:

输入下一个点或[端点相切(T)/公差(L)/放弃(U)/闭合(C)]:c↵

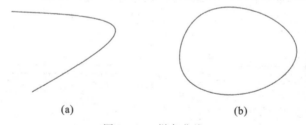

(a)　　　　　　　　　　　　　　(b)

图 5‒15　样条曲线

5.13　修改样条曲线(Spline Edit)

修改→对象→样条曲线(Modify→Objects→Spline)

选取已绘制的样条曲线,键入选项,更改其图形。用户可将样条曲线闭合或改变节点。以下为移动样条曲线节点的例子。

命令:_splinedit

选择样条曲线:

输入选项[闭合(C)/合并(J)/拟合数据(F)/编辑顶点(E)/转换为多段线(P)/反转(R)/放弃(U)/退出(X)]〈退出〉:E↵

输入顶点编辑选项[添加(A)/删除(D)/提高阶数(E)/移动(M)/权值(W)/退出(X)]〈退出〉:m↵

指定新位置或[下一个(N)/上一个(P)/选择点(S)/退出(X)]〈下一个〉:↵

指定新位置或[下一个(N)/上一个(P)/选择点(S)/退出(X)]〈下一个〉:(新位置)↵

指定新位置或[下一个(N)/上一个(P)/选择点(S)/退出(X)]〈下一个〉:x↵

输入选项[闭合(C)/移动顶点(M)/精度(R)/反转(E)/放弃(U)/退出(X)]〈退出〉:↵

5.14　多段线(Polyline)

绘图→多段线(Draw→Polyline)

多段线用来绘制有宽度的线或圆弧,其绘制的几段线是连成一体的。

1.绘制宽度不同的线或圆弧[图 5 - 16(a)]

命令:_pline

指定起点:(任选一点)

当前线宽为 0.0

指定下一点或[圆弧(A)/半宽(H)/长度(L)/放弃(U)/宽度(W)]:w↵

指定起点宽度〈0.0〉:3↵

指定端点宽度〈3.0〉:↵

指定下一点或[圆弧(A)/半宽(H)/长度(L)/放弃(U)/宽度(W)]:@15,0↵

指定下一点或[圆弧(A)/闭合(C)/半宽(H)/长度(L)/放弃(U)/宽度(W)]:w↵

指定起点宽度〈3.0〉:↵

指定端点宽度〈3.0〉:0↵

指定下一点或[圆弧(A)/闭合(C)/半宽(H)/长度(L)/放弃(U)/宽度(W)]:@15,0↵

指定下一点或[圆弧(A)/闭合(C)/半宽(H)/长度(L)/放弃(U)/宽度(W)]:↵

2.绘制有宽度的圆弧线[图 5 - 16(b)]

命令:_pline

指定起点:(任选一点)

当前线宽为 0.0

指定下一点或[圆弧(A)/半宽(H)/长度(L)/放弃(U)/宽度(W)]:w↵

指定起点宽度〈0.0〉:1 ↵

指定端点宽度〈1.0〉:↵

指定下一点或[圆弧(A)/半宽(H)/长度(L)/放弃(U)/宽度(W)]:@15,0 ↵

指定下一点或[圆弧(A)/闭合(C)/半宽(H)/长度(L)/放弃(U)/宽度(W)]:a ↵

指定圆弧的端点或[角度(A)/圆心(CE)/闭合(CL)/方向(D)/半宽(H)/直线(L)/半径(R)/第二个点(S)/放弃(U)/宽度(W)]:(任选一点)

指定圆弧的端点或[角度(A)/圆心(CE)/闭合(CL)/方向(D)/半宽(H)/直线(L)/半径(R)/第二个点(S)/放弃(U)/宽度(W)]:(任选一点)

指定圆弧的端点或[角度(A)/圆心(CE)/闭合(CL)/方向(D)/半宽(H)/直线(L)/半径(R)/第二个点(S)/放弃(U)/宽度(W)]:↵

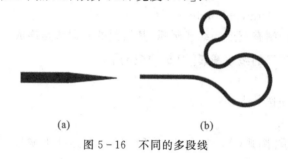

(a)　　　　　　　　(b)

图 5-16　不同的多段线

5.15　修改多段线(Polyline Edit)

修改→对象→多段线(Modify→Objects→Polyline)

选取已绘制的多段线,键入选项,更改其图形。可将多段线闭合或打开;将两条或多条头尾相接的多段线连接成一条;改变多段线的宽度或节点;将多段线圆弧拟合或 B 样条拟合;将拟合的多段线恢复成直线等。

1.多段线连接

将三条头尾相接的多段线连接成一条。

命令:_pedit

选择多段线或[多条(M)]:(先选取第一条线)

输入选项[闭合(C)/合并(J)/宽度(W)/编辑顶点(E)/拟合(F)/样条曲线(S)/非曲线化(D)/线型生成(L)/放弃(U)]:j ↵(多段线连接)

选择对象:找到 1 个(再选取第二条线)

选择对象:找到 1 个,总计 2 个(再选取第三条线)

选择对象:↵

2 段线加入了多段线。

输入选项[闭合(C)/合并(J)/宽度(W)/编辑顶点(E)/拟合(F)/样条曲线(S)/非曲线化(D)/线型生成(L)/放弃(U)]:↵

2. 拟合

将多段线 B 样条拟合,如图 5 - 17 所示。

图 5 - 17 多段线样条拟合

命令:_pedit

选择多段线或[多条(M)]:

输入选项[闭合(C)/合并(J)/宽度(W)/编辑顶点(E)/拟合(F)/样条曲线(S)/非曲线化(D)/线型生成(L)/放弃(U)]:s ↵

输入选项[闭合(C)/合并(J)/宽度(W)/编辑顶点(E)/拟合(F)/样条曲线(S)/非曲线化(D)/线型生成(L)/放弃(U)]:↵

5.16 图案填充(Hatch)

绘图→图案填充(Draw→Hatch)

图案填充是用于填充各种剖面图案、剖面线的命令。边界图案填充对话框如图 5 - 18 所示,包括了设置图案类型、图案的比例和方向、用户自定义图案的间距、要填充图案的区域、确定区域的选择方式(可点选或选择物体)等。点选边界可交叉,但必须封闭。选择物体时,将在封闭的物体内填充。

图 5 - 18 图案填充对话框

图案选取的方法如下：

（1）在类型后选取预定义库存图案：点击对话框中的图案库按钮，打开库存图案，如图 5-19 所示，拖动滚动条在其中选取所需图案后，再设置图案的比例和角度。注意：比例太大，区域小，可能填不下一个图案；比例太小，可能填得过密以至于看不出图案。

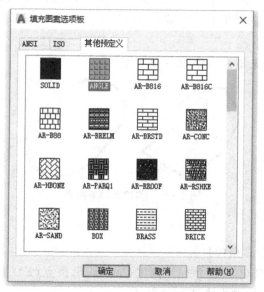

图 5-19　库存图案对话框

（2）在类型后选取用户定义图案：可设置平行线的间距和角度。在填充非金属零件时，可勾选双向（Double）选项。

1. 选择库存图案填充

如图 5-20 所示。

命令：_bhatch（剖面线对话框载入）

拾取内部点或［选择对象（S）/放弃（U）/设置（T）］：（在要填充的区域内点一下）

正在选择所有对象……（自动计算边界）

正在选择所有可见对象……

正在分析所选数据……

正在分析内部孤岛……

选择内部点或［选择对象（S）/放弃（U）/设置（T）］：↵

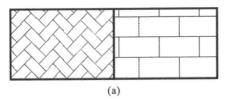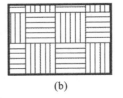

图 5-20　库存图案填剖面线示例

2. 自定义填充

如图 5-21 所示。

在类型后选取用户定义图案或键入命令：

命令：hatch ↵（键入命令）

输入图案名或［? /实体(S)/用户定义(U)]〈ANGLE〉：u ↵

指定填充线的角度〈0〉：45 ↵

指定行距〈1.0〉：3 ↵

是否双向填充区域？［是(Y)/否(N)]〈N〉：↵

选择定义填充边界的对象或〈直接填充〉，

选择对象：找到 1 个（选择区域）

选择对象：↵

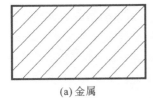

(a)金属　　　　　　(b)非金属(勾选双向)

图 5-21　用户填剖面线图案示例

5.17　修改图案填充（Hatch Edit）

修改→对象→图案填充(Modify→Object→Hatch)

执行该命令后，选取已绘制的剖面图案，出现图案填充编辑对话框如图 5-22 所示。可更改其图案、间距等参数，以下为更改上图绘制的剖面图案的间距的例子，如图 5-23 所示。

命令：_hatchedit

选择关联填充对象：（选取已绘制的图案）

图 5-22 修改图案对话框

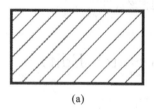

(a)

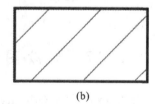

(b)

图 5-23 修改图案

第6章 三维立体造型原理及概述

本章主要介绍三维原理及三维的一些常用命令。

学习命令：水平厚度（Elev）、厚度（Thickness）、三维多段复合线（3D Polyline）、着色（Shade）、渲染（Render）、消隐（Hide）、坐标系变换（UCS）、三维动态观察器（3D Orbit）、模型空间（Model Space）、布局（Layout）/图纸空间（Paper Space）、模型兼容空间（Model Space（Floating））、视口变换（Viewports）、三维视图变换（3D Viewpoint）等。

6.1 原理及概述

在工程图学中常把一般的物体称为组合体。组合体是由一些基本几何体组合而成的。组合就是将基本几何体通过布尔运算求并（叠加）、求差（挖切）、求交而构成形体。基本几何体是形成各种复杂形体的最基本形体，如立方体、圆柱体、圆锥体、球体和环体等。基本几何体的形成有两种方式：一是先画一个底面特征图，再给一个高度，就形成一个拉伸柱体，如底面是一个六边形，拉伸一个高度，就是一个六棱柱；二是画一个封闭的断面图形，将其绕一个轴旋转，从而形成一个回转体。

在 AutoCAD 中，提供了常见的基本几何体，并提供了布尔运算以及形成基本几何体的两种方式：生成拉伸体和回转体。但其绘制基本几何体的高度方向均为 Z 轴方向，拉伸体的拉伸方向也为平面图形的垂直法线方向。所以要想制作各个方向的几何形体，就必须进行坐标系变换。AutoCAD 提供了方便的用户坐标系。如图 6-1 所示，要在一个立体中挖去一个垂直的圆柱体很容易，而要挖一个正面或侧面的圆柱体，就必须先将坐标系绕 X 轴或 Y 轴转90°，再画圆柱体，这样才能达到目的。如果要在任意方向挖孔，就必须先建立任意方向的用户坐标系，所以要学习三维造型，首先要学习 AutoCAD 中的坐标系变换。

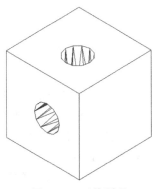

图 6-1 三维原理

对于一个复杂的立体，从一个方向观看，不可能观察清楚，所以在 AutoCAD

中提供了三维视点,可方便地从任意方向观察立体。AutoCAD 同时提供了多窗口操作,将视窗任意分割,从而可以同时通过多窗口操作来观察立体的各个方向。AutoCAD 提供了多种效果:消隐、着色和渲染,其中有多种不同的着色效果。本章主要介绍坐标系变换、视窗变换和视点变换,以及各种效果和各种空间。

6.2 水平厚度(Elev)

在设置水平,即 Z 向的起点及厚度后,用二维绘制命令就可以绘制一些有高度的三维图形(二维半图形)。

命令:elev ↵(键入命令)

指定新的默认标高〈0.0000〉:↵()

指定新的默认厚度〈0.0000〉:5 ↵

用二维绘图命令绘制线、圆、弧、多边形和复合线等,如图 6-2 所示。注意:此命令对结构线、多义线、椭圆和矩形等不起作用。用户可以通过命令中的选项设置矩形的水平和厚度。如果需继续绘制平面图形,要将水平和厚度重新设置为 0。

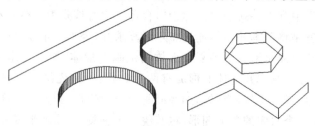

图 6-2 有厚度的图形

6.3 厚度(Thickness)

格式→厚度(Format→Thickness)

在设置厚度后,用二维绘制命令就可以绘制一些有高度的三维图形。与命令 elev 不同的是不能指定标高(设置水平),只能指定厚度。

命令:_thickness

输入 THICKNESS 的新值〈0.0〉:5 ↵

6.4 三维多段复合线(3D Polyline)

绘图→三维多段线(Draw→3D Polyline)

　　3D 多段复合线与 2D 多段复合线的绘制方法一样,不同的是 3D 多段复合线可以给出 Z 坐标,但是不能绘制弧线。3D 多段复合线的绘制为主菜单项“绘制”(Draw)的下拉菜单中的“三维多段线”(3D Polyline)菜单命令。默认工具条中没有此命令。在东南视点下绘制一条 3D 多段复合线,如图 6-3 所示。

图 6-3　三维复合线

命令:_3dpoly
指定多段线的起点:0,0,0↵
指定直线的端点或[放弃(U)]:@0,0,30↵
指定直线的端点或[闭合(C)/放弃(U)]:@40,0↵
指定直线的端点或[闭合(C)/放弃(U)]:@0,50↵
指定直线的端点或[闭合(C)/放弃(U)]:@20,20↵
指定直线的端点或[闭合(C)/放弃(U)]:@0,0,-30↵
指定直线的端点或[闭合(C)/放弃(U)]:↵

6.5　着色(Shade)

视图→视觉样式(View→Shade)

　　着色命令在“视图”(View)主菜单项的下拉菜单中,它有下一级菜单及图形工具条,如图 6-4 所示,其中包括多种着色效果。点击即可在屏幕上呈现着色效果。

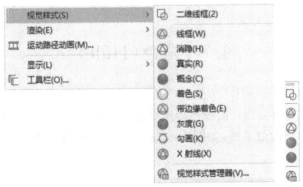

图 6-4　着色下拉菜单及图形工具条

命令：_shademode

VSCURRENT

输入选项[二维线框(2)/线框(W)/消隐(H)/真实(R)/概念(C)/着色(S)/带边缘着色(E)/灰度(G)/勾画(SK)/X 射线(X)/其他(O)]〈二维线框〉：_f↵

6.6　渲染(Render)

视图→渲染(View→Render)

渲染命令在"视图"(View)主菜单项的下拉菜单中，有下一级菜单及图形工具条，如图 6-5 所示，其中包括多种渲染效果，如图 6-6(b)所示。因渲染效果涉及到光学、美感、色彩和背景等多方面的知识，而且 AutoCAD 的渲染效果不如3DSMAX 的渲染效果，所以在此不作详细介绍。渲染下拉菜单及图形如图 6-5所示。

图 6-5　渲染下拉菜单及图形工具条

命令：_render

加载配景对象模式。

正在初始化 Render...

初始化系统配置...已完成。

使用当前视图。

已选择缺省场景。

6.7　消隐(Hide)

视图→消隐(View→Hide)

消隐效果就是将被挡住的线自动隐藏起来，使图形看起来简单明了。本书的大部分立体图为消隐效果图，如图 6-6(c)所示。消隐命令在主菜单视窗(View)的下拉菜单中。

命令：_hide

正在重生成模型。

(a)　　　　　　　　　　(b)　　　　　　　　　　(c)

图 6-6　效果图

6.8　坐标系变换(UCS)

坐标系变换即使用用户坐标系统。坐标系变换命令在"工具"(Tools)主菜单项的下拉菜单中,点击"新建 UCS",即打开其下一级菜单,如图 6-7 所示。坐标系变换 UCS 的图形工具条如图 6-8 所示。点击命名 UCS 选项卡,显示如图 6-9所示的对话框。

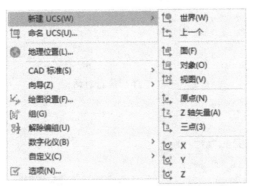

图 6-7　新建及正交 UCS 下拉菜单

图 6-8　新建 UCS 图形工具条

用户可在对话框中直观地选取已命名的 UCS。点击详细信息按钮,显示当前坐标点原点,如图 6-10 所示。点击如图 6-11 所示的"正交 UCS"选项卡,可方便地选取六个基本视图的坐标系。系统默认的坐标系为世界坐标系(World),用户可方便地将坐标系绕轴旋转来变换坐标系,或任选三点确定任意平面,设置平行于

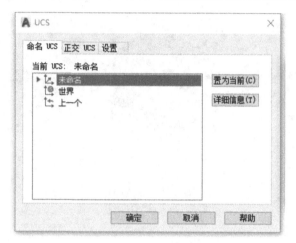

图 6 - 9　命名(Named UCS)对话框

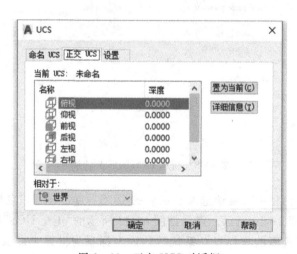

图 6 - 10　详细信息对话框

图 6 - 11　正交 UCS 对话框

该任意平面的 UCS,并可将 UCS 存储、移动、取出或删除。

命令:_ucs

用户通过下面坐标系变换实例,可以容易地学会坐标系变换。

1.3D 视点

视图→三维视图→东南等轴测(View→3D Views→SE Isometric)

设置一个三维视点,才可以观看三维效果。

命令:_- view

输入选项[?/删除(D)/正交(O)/恢复(R)/保存(S)/设置(E)/窗口(W)]:_seiso

2. 缩放

视图→缩放→圆心(View→zoom→Center)

三维作图时,选用中心点缩放,便于确定屏幕的中心。

命令:_zoom

指定窗口的角点,输入比例因子(nX 或 nXP),或者[全部(A)/中心(C)/动态(D)/范围(E)/上一个(P)/比例(S)/窗口(W)/对象(O)]〈实时〉:_c

指定中心点:20,20 ↵(屏幕中心点位置)

输入比例或高度〈25〉:60 ↵(高度)

3. 视觉样式

视图→视觉样式→灰度(View→visual styles →gray scale)

命令:_shademode

当前模式:二维线框

输入选项[二维线框(2)/线框(W)/隐藏(H)/真实(R)/概念(C)/着色(S)/带边缘着色(E)/灰度(G)/勾画(SK)/X 射线(X)/其他(O)]〈二维线框〉:G

4. 楔体

绘图→建模→楔体(Draw→Modeling→Wedge)

绘制楔形作为参考体,如图 6-12 所示。

命令:_wedge

指定第一个角点或[中心(C)]〈0,0,0〉:20,20 ↵

指定其他角点或[立方体(C)/长度(L)]:@30,30,30

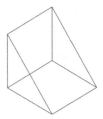

图 6-12　楔形

5. 设置捕捉

工具→工具栏→对象捕捉(Tools→tools box→Object Snap)

在捕捉对话框中,勾选端点(Endpoint)。将其余取消。

命令:_dsettings

6. 圆柱体

绘图→实体→圆柱体(Draw→Solids→Cylinder)

绘制水平圆柱体,如图 6-13 所示。

命令:_cylinder

指定底面的中心点或[三点(3P)/两点(2P)/切点、切点、半径(T)/椭圆(E)]〈0,0,0〉:(捕捉 A 点)

指定底面半径或[直径(D)]:10 ↵(半径)

指定高度或[两点(2P)/轴端点(A)]:5 ↵(高度)

图 6-13　水平圆柱

7. 坐标系变换

工具→新建 UCS→X(Tools→UCS→X)或工具→正交 UCS→前视

将坐标系绕 X 轴转 90°,以便绘制正平圆体。

命令:_ucs

当前 UCS 名称:* 世界 *

指定 UCS 的原点或[面(F)/命令(NA)/对象(OB)/上一个(P)/视图(V)/世界(W)/X/Y/Z/Z 轴(ZA)]〈世界〉:_x

指定绕 X 轴的旋转角度〈90〉:↵

8. 圆柱体

绘图→实体→圆柱体(Draw→Solids→Cylinder)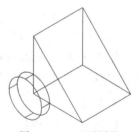

绘制正平圆柱体,如图 6-14 所示。

命令:_cylinder

指定底面的中心点或[三点(3P)/两点(2P)/切点、切点、半径(T)/椭圆(E)]〈0,0,0〉:

指定底面半径或[直径(D)]:10 ↵

指定高度或[两点(2P)/轴端点(A)]:5 ↵

图 6-14　正平圆柱

9. 坐标系变换

工具→新建 UCS→Y(Tools→UCS→Y)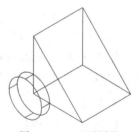

或工具→正交 UCS→右视

将坐标系绕 Y 轴转 90°,以便绘制侧面圆柱体。

命令:_ucs

当前 UCS 名称:* 没有名称 *

指定 UCS 的原点或[面(F)/命令(NA)/对象(OB)/上一个(P)/视图(V)/世界(W)/X/Y/Z/Z 轴(ZA)]〈世界〉:_y

指定绕 Y 轴的旋转角度〈90〉:↵

10. 圆柱体

绘图→实体→圆柱体(Draw→Solids→Cylinder)▣

绘制侧平圆柱体,如图 6-15 所示。

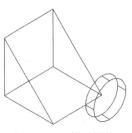

命令:_cylinder

指定底面的中心点或[三点(3P)/两点(2P)/切点、切点、半径(T)/椭圆(E)]〈0,0,0〉:(捕捉 C 点)

指定底面半径或[直径(D)]:10 ↵(半径)

指定高度或[两点(2P)/轴端点(A)]:5 ↵(高度)

图 6-15　侧平圆柱

11. 坐标系变换

工具→新建 UCS→三点(Tools→UCS→3Point)▤

设置任意三点确定的坐标系。

命令:_ucs

当前 UCS 名称:*没有名称*

指定 UCS 的原点或[面(F)/命令(NA)/对象(OB)/上一个(P)/视图(V)/世界(W)/X/Y/Z/Z 轴(ZA)]〈世界〉:_3

指定新原点〈0,0,0〉:(捕捉 A 点)

在正 X 轴范围上指定点〈-14,0,-15〉:(捕捉 D 点)

在 UCS XY 平面的正 Y 轴范围上指定点〈-15,0,-15〉:(捕捉 C 点)

12. 圆柱体

绘图→实体→圆柱体(Draw→Solids→Cylinder)▣

绘制平行于任意平面的圆柱体,如图 6-16 所示。

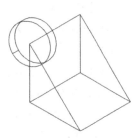

命令:_cylinder

指定底面的中心点或[三点(3P)/两点(2P)/切点、切点、半径(T)/椭圆(E)]〈0,0,0〉:(捕捉 D 点)

指定底面半径或[直径(D)]:10 ↵(半径)

指定高度或[两点(2P)/轴端点(A)]:5 ↵(高度)

图 6-16　3 点法向的圆柱

13. 坐标系变换

工具→新建 UCS→世界坐标系(Tools→UCS→World)▤

回到世界坐标系。

命令:_ucs

当前 UCS 名称:*世界*

指定 UCS 的原点或[面(F)/命令(NA)/对象(OB)/上一个(P)/视图(V)/世界(W)/X/Y/Z/Z 轴(ZA)]〈世界〉:_w

14. 设置属性

修改→对象特性(Modify→Propreties)

重复命令,将四个圆柱及立方体改变成不同的颜色,以便区分不同视点观察的图形。用户也可以在绘制每个圆柱前改变颜色。

命令:_properties

选择物体:一个物体(选一个圆柱)

选择物体:↵(在对话框中点击颜色按钮,选一种颜色)

(注意每次按 ESC 键取消所选物案体)

15. 消隐效果

视图→消隐(View→Hide)

命令:_hide

正在重生成模型。

16. 视觉样式

视图→视觉样式(View→Shade)

命令:_shademode

当前模式:体着色

输入选项[二维线框(2)/线框(W)/消隐(H)/真实(R)/概念(C)/着色(S)/带边缘着色(E)/灰度(G)/勾画(SK)/X 射线(X)/其他(O)]〈体着色〉:_f

17. 渲染效果

视图→渲染→渲染(View→Render→Render)

命令:_render

加载配景对象模式。

正在初始化 Render…

初始化系统配置…已完成。

使用当前视图。

已选择缺省场景。

(注意:渲染后用着色中的三维线框可回到线框状态)

6.9　三维动态观察器(3D Orbit)

视图→三维动态观察器(View→3D Orbit)

三维动态观察器的下拉菜单及图形工具条如图 6 - 17 所示。其中,主要有进行三维平移和缩放、动态观察、相机、漫游和飞行等按钮。而动态观察又有受约束动态观察、自由动态观察和连续动态观察三种(将动态观察按钮长按不松,即可看到)。

3DORBIT 在当前视口中激活三维视图。三维动态观察器的图形工具条如图 6 - 17(b)所示。其主要有在三维动态观察器中进行平移和缩放、使用投影选项、着色对象、使用形象化辅助工具、调整剪裁平面、打开和关闭剪裁平面等功能按钮。

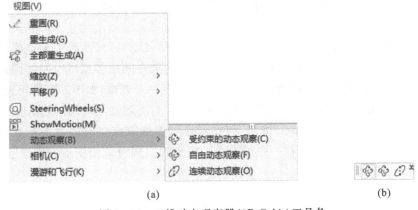

(a)　　　　　　　　　　　　　　　　　　　　　　　(b)

图 6 - 17　三维动态观察器(3D Orbit)工具条

三维动态观察器视图显示一个转盘(弧线球),被四个小圆划分成四个象限。当运行 3DORBIT 命令时,查看的起点或目标点被固定,查看的起点或相机位置绕对象移动,弧线球的中心是目标点。当 3DORBIT 活动时,查看目标保持不动,而相机的位置(或查看点)围绕目标移动。目标点是转盘的中心,而不是被查看对象的中心。注意 3DORBIT 命令活动时无法编辑对象。

在转盘的不同部分之间移动光标时,光标图标的形状会改变,以表明视图旋转的方向。当该命令活动时,其他 3DORBIT 选项可从绘图区域的快捷菜单或"三维动态观察器"工具栏中访问。3DORBIT 命令在当前视口中激活,一个交互的三维动态观察器。当 3DORBIT 命令运行时,可使用定点设备操纵模型的视图,既可以查看整个图形,也可以从模型四周的不同点查看模型中的任意对象,并可连续动画观看图形。

命令:_3dorbit

6.10　模型空间(Model Space)

前面绘制的所有图形(二维和三维)都是在模型空间进行的。模型空间的多视窗不能同时在一张纸上出图,只能将激活的一个视窗的图形输出。所以要多视窗多视点同时输出图形,必须先到布局(图纸)空间。点击绘图区下的模型(Model),可回到模型空间。

　　命令:〈切换到:模型〉

　　正在重生成模型。

6.11　布局(Layout)/图纸空间(Paper Space)

　　在模型空间建好模型后,点击绘图区下的布局(Layout),激活图纸空间,如图6-18所示。在图纸空间可绘图或出图,只有在图纸空间用多窗口绘制的图,才能同时打印在一张图纸上。在布局中,一般默认的是一个视窗,如不需要可用删除命令删去,再设置多视窗。此时多视窗的图形一样,无法调整,所以必须点击状态行中的图纸/模型(Paper/Model)按钮,切换到模型图纸兼容空间进行多视点调整,然后再回到图纸空间,才能在一张纸上多视窗多视点同时输出图形。图纸空间也可以绘平面图。

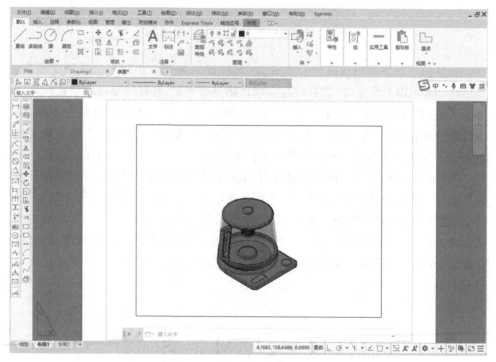

图 6-18　图纸空间(Paper Space)

命令:〈切换到:布局 1〉

正在重生成布局。

正在重生成模型。

6.12　模型兼容空间［Model Space(Floating)］

点击图 6-18 左下角状态行中的图纸/模型(Paper/Model)按钮,切换到模型图纸兼容空间。在模型图纸兼容空间,每个视窗相当于一个模型空间,可以进行视点、平移、缩放等调整,并可以产生投影轮廓线及虚线,将立体投影成平面视图,然后回到图纸空间出图。

命令:_. mspace

6.13　视口变换(Viewports)

视图→视口→3 个视窗(View→Tiled Viewports→3 Viewports)

在一般情况下开设的新图均在模型空间,所绘制的图形也在模型空间。视口变换可以在模型空间进行,也可以在布局(图纸)空间进行。视口变换命令在主菜单项"视图"(View)的下拉菜单中,如图 6-19 所示,点击其下一级菜单中的"命名视口"菜单项,显示图 6-20 所示的对话框,用户可在图中直观地选取布局格式,可以多视窗同时显示。下面以九视窗为例进行介绍(接 6.8 节坐标系变换的例子)。

将视窗垂直分成三个,如图 6-21 所示。

命令:_- vports

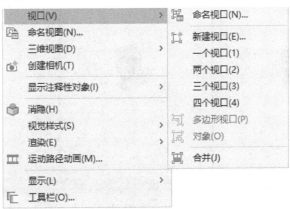

图 6-19　视口(Viewports)下拉菜单

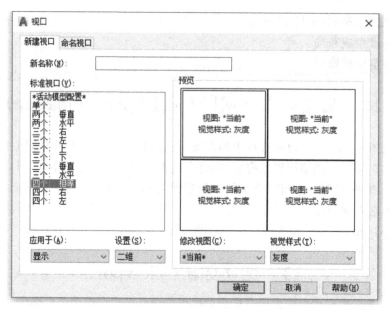

图 6-20　命名视口(Named)对话框

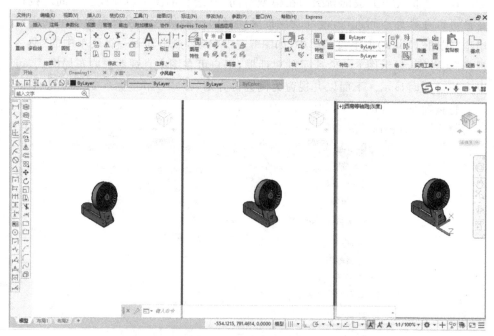

图 6-21　垂直三视图

输入选项[保存(S)/恢复(R)/删除(D)/合并(J)/单一(SI)/? /2/3/4/切换
(T)/模式(MO)]〈3〉:_3

输入配置选项[水平(H)/垂直(V)/上(A)/下(B)/左(L)/右(R)]〈右〉:v↲

重复该命令,用鼠标分别激活各视窗,将其水平分成三个视窗,将屏幕分成九
个视窗,如图 6 - 22 所示。

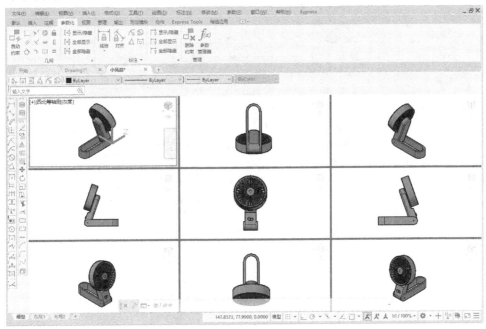

图 6 - 22　九视窗

命令:- vports ↲

输入选项[保存(S)/恢复(R)/删除(D)/合并(J)/单一(SI)/? /2/3/4/切换
(T)/模式(MO)]〈3〉:↲

输入配置选项[水平(H)/垂直(V)/上(A)/下(B)/左(L)/右(R)]〈右〉:h ↲

6.14　三维视图变换(3D Viewpoint)

视图变换命令在"视图"(View)主菜单项的下拉菜单中,点击"三维视图"(3D
Views),即可打开下一级菜单,如图 6 - 23 所示。

三维视图图形工具条,如图 6 - 24 所示。三维视图下拉菜单与三维视图工具
条执行内容相同。以下示例均以三维视图下拉菜单中的命令执行。

在三维视图下拉菜单中,可方便地点击选取常用的前视、俯视、左视等平面视
图和西南、东南等角视图。点击菜单中的视点预设菜单项,显示图 6 - 25 所示对话

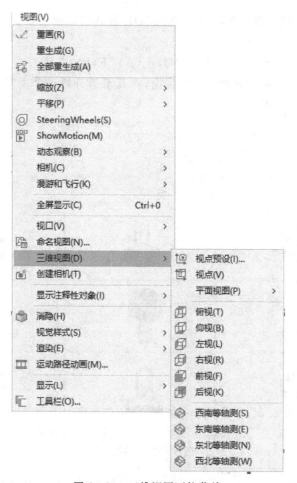

图 6-23　三维视图下拉菜单

图 6-24　三维视图（Viewpoint）工具条

框，可在图中直观地选取视角。点击菜单中视点菜单项，可旋转坐标轴，任意改变视角，特别注意，坐标系随视图的平面视点自动变换。

分别激活图 6-24 的各个窗口，按基本视图的投影位置，给各个窗口设置不同的视点。

1. 主视图

视图→三维视图→前视（3D 视点 View→3D Viewpoint→Front）

将图 6-22 中第二行第二列的对应窗口中的视图设为前视图。

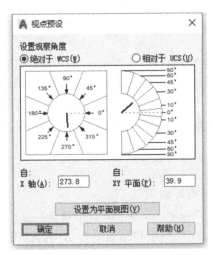

图 6 - 25 视点预设(Viewpoint Presets)对话框

命令：_ - view

输入选项[？/删除(D)/正交(O)/恢复(R)/保存(S)/设置(E)/窗口(W)]：_front

2. 左视图

视窗→三维视图→左视(3D 视点 View→3D Viewpoint→Left)

将图 6 - 22 中的第二行第三列所对应窗口中的视图设为左视图。

命令：_ - view

输入选项[？/删除(D)正交(O)//恢复(R)/保存(S)/设置(E)/窗口(W)]：_left

3. 俯视图

视窗→三维视图→俯视(3D 视点 View→3D Viewpoint→Top)

将图 6 - 22 中第三行第二列所对应窗口中的试图设为俯视图。

命令：_ - view

输入选项[？/删除(D)/正交(O)/恢复(R)/保存(S)/设置(E)/窗口(W)]：_top

4. 仰视图

视窗→三维视图→仰视(3D 视点 View→3D Viewpoint→Bottom)

将图 6 - 22 中第一行第二列所对应窗口中的视图设为仰视(底视)图。

命令：_ - view

输入选项[？/删除(D)/正交(O)/恢复(R)/保存(S)/设置(E)/窗口(W)]：

_bottom

5. 右视图

视窗→三维视图→右视(3D 视点 View→3D Viewpoint→Right)🔲

将图 6-22 中第二行第一列所对应窗口中的视图设为右视图。

命令:_-view

输入选项[? /删除(D)/正交(O)/恢复(R)/保存(S)/设置(E)/窗口(W)]:
_right

6. 西南视图

视图→三维视图→西南等轴测

(3D 视点 View→3D Viewpoint→SW Isometric)🔲

将图 6-22 中第三行第一列窗口所对应窗口中的试图设为西南视图。

命令:_-view

输入选项[? /删除(D)/正交(O)/恢复(R)/保存(S)/设置(E)/窗口(W)]:
_swiso

7. 东南视图

视图→三维视图→东南等轴测

(3D 视点 View→3D Viewpoint→SE Isometric)🔲

将图 6-22 中第三行第三列所对应窗口中的试图设为东南视图。

命令:_-view

输入选项[? /删除(D)/正交(O)/恢复(R)/保存(S)/设置(E)/窗口(W)]:
_seiso

8. 东北视图

视图→三维视图→东北等轴测

(3D 视点 View→3D Viewpoint→NE Isometric)🔲

将图 6-22 中第一行第三列所对应窗口中的试图设为东北视图。

命令:_-view

输入选项[? /删除(D)/正交(O)/恢复(R)/保存(S)/设置(E)/窗口(W)]:
_neiso

9. 西北视图

视图→三维视图→西北等轴测

(3D 视点 View→3D Viewpoint→NW Isometric)🔲

将图 6-22 中第一行第一列所对应窗口中的视图设为西北视图。

命令:_-view

输入选项［？/删除（D）/正交（O）/恢复（R）/保存（S）/设置（E）/窗口（W）］：
_nwiso

10. 视图→全部重生成（View→Regen All）

多窗口同时进行刷新，回到网格状态。

命令：_regenall

正在重生成模型。

11. 存储

命令：save UCS（存盘起名为 UCS）

第7章 实体制作命令

本章主要介绍三维建模(Modeling)命令。

学习命令：长方体(Box)、球体(Sphere)、圆柱体(Cylinder)、圆锥体(Cone)、楔形体(Wedge)、圆环体(Torus)、网线密度(Isolines)、轮廓线(Dispsilh)、表面光滑密度(Facetres)、拉伸体(Extrude)、旋转体(Revolve)、切割(Slice)、剖面(Section)等。

在"绘制"(Draw)主菜单项的下拉菜单中，点击建模(Modeling)菜单项，显示下一级菜单，如图7-1所示。建模(Modeling)的图形工具条，如图7-2所示。在图形工具条中，可直观地选取常用的基本几何体。本章的实体命令绘制的所有3D立体均是实体，可以进行布尔运算及产生轮廓投影图。

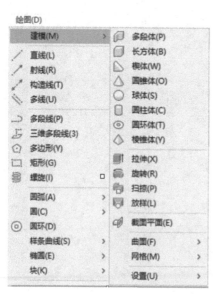

图 7-1　实体(Solids)下拉菜单

图 7-2　实体(Solids)工具条

学习应用 7.1~7.6 中的实体命令,绘制图 7-3 所示的常用的基本几何体。制作完每种图形后,均可观看消隐和着色效果。为了便于观看三维效果,本章命令均预选东南视点,进行中心点缩放。

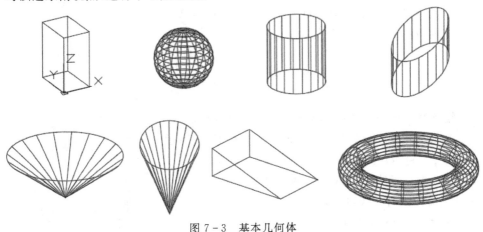

图 7-3　基本几何体

1. 按东南设置视点

视图→三维视图→东南等轴测

命令:_-view

输入选项[? /删除(D)/正交(O)/恢复(R)/保存(S)/设置(E)/窗口(W)]:_swiso

2. 缩放

视图→缩放→圆心(View→Zoom→Center)

三维作图时,选用中心点缩放,便于确定屏幕的中心。

命令:_zoom

指定窗口的角点,输入比例因子(nX 或 nXP),或者[全部(A)/中心(C)/动态(D)/范围(E)/上一个(P)/比例(S)/窗口(W)/对象(O)]〈实时〉:_c

指定中心点:40,70 ↵(屏幕中心点位置)

输入比例或高度〈297〉:100 ↵

7.1　长方体(Box)

绘图→实体→长方体(Draw→Solids→Box)

绘制立方体时,给出底面第一角的坐标、对角坐标和高度即可,如图 7-4 所示。当立方体的长、宽、高相等或选立

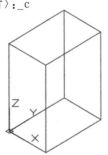

图 7-4　立方体

方体时,可绘制正方体。

命令:_box

指定第一个角点或[中心(C)]:0,0,0↵

指定其他角点或[立方体(C)/长度(L)]:@10,15↵

指定高度或[两点(2P)]:20↵

7.2　球体(Sphere)

绘图→实体→球体(Draw→Solids→Sphere)

绘制球体时,给出圆心和半径即可,如图7-5所示。

命令:_sphere

指定中心点或[三点(3P)/两点(2P)/切点、切点、半径(T)]〈0,0,0〉:30,0,10↵

指定半径或[直径(D)]:10↵

图7-5　球体

7.3　圆柱体(Cylinder)

绘图→实体→圆柱体(Draw→Solids→Cylinder)

(1)绘制圆柱体时,给出底面圆心、半径和高度即可,如图7-6(a)所示。

命令:_cylinder

指定底面的中心点或[三点(3P)/两点(2P)/切点、切点、半径(T)/椭圆(E)]〈0,0,0〉:70,0↵

指定底面半径或[直径(D)]:10↵

指定高度或[两点(2P)/轴端点(A)]:20↵

(2)绘制椭圆柱体时,给出底面圆心、长短轴长度和高度即可,如图7-6(b)所示。

(a)   (b)

图7-6　圆柱体

命令:_cylinder

指定底面的中心点或［三点（3P）/两点（2P）/切点、切点、半径（T）/椭圆（E）］:E

　　指定第一个轴的端点或［中心（C）］:100,0

　　指定第一个轴的其他端点:@25,0

　　指定第二个轴的端点:@25,25

　　指定高度或［两点（2P）/轴端点（A）］〈20.0000〉:8

7.4　圆锥体（Cone）

绘图→实体→圆锥体（Draw→Solids→Cone）

绘制圆锥体时,给出底面圆心、半径和高度即可,如图 7-7(a)所示。

命令:_cone

指定底面的中心点或［三点（3P）/两点（2P）/切点、切点、半径（T）/椭圆（E）］〈0,0,0〉:0,40 ↵

　　指定底面半径或［直径（D）］:20 ↵

　　指定高度或［两点（2P）/轴端点（A）/顶面半径（T）］:15 ↵

绘制椭圆锥体时,给出底面圆心、长短轴长度和高度即可,如图 7-7(b)所示。

命令:_cone

指定底面的中心点或［三点（3P）/两点（2P）/切点、切点、半径（T）/椭圆（E）］〈0,0,0〉:e ↵

　　指定第一个轴的端点或［中心（C）］:30,40 ↵

　　指定第一个轴的其他端点:@20,0 ↵

　　指定圆锥体底面的另一个轴的长度:6 ↵

　　指定圆锥体高度或［另一个圆心（C）］:25

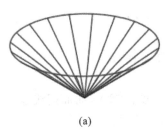

(a)　　　　　　　　　　　　　(b)

图 7-7　圆锥体

7.5 楔形体(Wedge)

绘图→实体→楔体(Draw→Solids→Wedge)

绘制楔形体时,给出其底面第一角的坐标、对角坐标和高度即可,如图 7-8 所示。

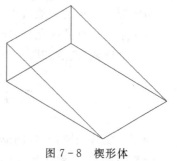

命令:_wedge

指定第一个角点或[中心(C)]⟨0,0,0⟩:70,40 ↵

指定其他角点或[立方体(C)/长度(L)]:@30,20,10 ↵(另一角)

命令:_wedge

指定第一个角点或[中心(C)]⟨0,0,0⟩:100,40 ↵

图 7-8 楔形体

指定其他角点或[立方体(C)/长度(L)]:@30,20 ↵

指定高度或[两点(2P)]:10 ↵

7.6 圆环体(Torus)

绘图→实体→圆环体(Draw→Solids→Torus)

绘制圆环体时,给出其环圆心、半径和管半径即可,如图 7-9 所示。

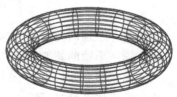

命令:_torus

指定中心点或[三点(3P)/两点(2P)/切点、切点、半径(T)]⟨0,0,0⟩:30,80,4 ↵

指定半径或[直径(D)]:20 ↵

图 7-9 圆环体

指定圆管半径或[两点(2P)/直径(D)]:4 ↵

7.7 网线密度(Isolines)

该命令用于调整实体表面网线密度。密度值越大,曲面网线越多。刷新后可观看改变后曲面网状的效果,用户可按需随时使用。

命令:isolines ↵

输入 ISOLINES 的新值⟨4⟩:8 ↵

7.8 轮廓线(Dispsilh)

该命令用于控制是否显示物体的转向轮廓线。刷新后可观看改变后曲面取消网状的效果,用户可按需随时使用。

命令:dispsilh ↵(键入命令)

输入 DISPSILH 的新值〈0〉:1 ↵

(1 为显示转向轮廓线,0 为不显示转向轮廓线)

7.9 表面光滑密度(Facetres)

该命令用于调整带阴影和重画的图素以及消隐图素的平滑程度。

命令:facetres ↵(键入命令)

输入 FACETRES 的新值〈0.500〉:2 ↵

命令:_regen 正在重生成模型。

(在改变各变量后,必须刷新,才能观看改变后曲面的效果)

7.10 拉伸体(Extrude)

拉伸体是将一个封闭的底面图形沿其垂直方向拉伸而成的。可以拉伸成柱,给定倾角,也可以拉伸成锥。因此,在使用拉伸体命令之前,必须准备一个封闭的底面图形(可用复合线、多边形等绘制,一定是封闭图形。注意:如果封闭图形是由多段线构成的,必须先用 Pedit 命令将其连接成一体,也可以用面域定制,用边界拉伸的不是实体)。如果沿路径拉伸,还应准备一个路径线。

注意:用移动命令将前面所绘图形移出屏幕,以便继续做图。

1. 坐标变换

工具→新建 UCS→X(Tools→UCS→X Axis Rotate)

将坐标系绕 X 轴转 90°,以便绘制拉伸体的轮廓线。

命令:_ucs

当前 UCS 名称:* 世界*

指定 UCS 的原点或[面(F)/命令(NA)/对象(OB)/上一个(P)/视图(V)/世界(W)/X/Y/Z/Z 轴(ZA)]〈世界〉:x ↵

指定绕 X 轴的旋转角度〈90〉:↵

2. 多段线

绘图→多段线（Draw→Pline）

绘制端面图形，如图 7 - 10 所示。

命令：_pline

指定起点：0,0

当前线宽为 0.0000

指定下一个点或［圆弧（A）/半宽（H）/长度
（L）/放弃（U）/宽度（W）］：@20,0

图 7 - 10　绘制端面图形

指定下一点或［圆弧（A）/闭合（C）/半宽（H）/
长度（L）/放弃（U）/宽度（W）］：a

指定圆弧的端点（按住 Ctrl 键以切换方向）或［角度（A）/圆心（CE）/闭合
（CL）/方向（D）/半宽（H）/直线（L）/半径（R）/第二个点（S）/放弃（U）/宽度
（W）］：@0,8

指定圆弧的端点（按住 Ctrl 键以切换方向）或［角度（A）/圆心（CE）/闭合
（CL）/方向（D）/半宽（H）/直线（L）/半径（R）/第二个点（S）/放弃（U）/宽度
（W）］：@-13,-3

指定圆弧的端点（按住 Ctrl 键以切换方向）或［角度（A）/圆心（CE）/闭合
（CL）/方向（D）/半宽（H）/直线（L）/半径（R）/第二个点（S）/放弃（U）/宽度
（W）］：@

指定圆弧的端点（按住 Ctrl 键以切换方向）或［角度（A）/圆心（CE）/闭合
（CL）/方向（D）/半宽（H）/直线（L）/半径（R）/第二个点（S）/放弃（U）/宽度
（W）］：d

指定圆弧的起点切向：@3,5

指定圆弧的端点（按住 Ctrl 键以切换方向）：@-5,15

指定圆弧的端点（按住 Ctrl 键以切换方向）或［角度（A）/圆心（CE）/闭合
（CL）/方向（D）/半宽（H）/直线（L）/半径（R）/第二个点（S）/放弃（U）/宽度
（W）］：l

指定下一点或［圆弧（A）/闭合（C）/半宽（H）/长度（L）/放弃（U）/宽度（W）］：
@-2,0

指定下一点或［圆弧（A）/闭合（C）/半宽（H）/长度（L）/放弃（U）/宽度
（W）］：c

3. 坐标变换

工具→新建 UCS→世界（Tools→UCS→World）

回到世界坐标系。

命令：_ucs

当前 UCS 名称：＊没有名称＊

指定 UCS 的原点或［面（F）/命令（NA）/对象（OB）/上一个（P）/视图（V）/世界（W）/X/Y/Z/Z 轴（ZA）］〈世界〉：_w

4. 多边形

绘图→多边形（Draw→Polygon）

绘制底面多边形，如图 7 - 11 所示。

命令：_polygon

输入边的数目〈4〉：↵

输入侧面数〈4〉↵

指定正多边形的中心点或［边（E）］：50,20,

30 ↵

图 7 - 11　绘制底面图形

输入选项［内接于圆（I）/外切于圆（C）］

〈I〉：↵

指定圆的半径：20 ↵

5. 圆

绘图→圆（Draw→Circle）

绘制底面圆形。

命令：_circle

指定圆的圆心或［三点（3P）/两点（2P）/相切、相切、半径（T）］：80,20,30 ↵

指定圆的半径或［直径（D）］：4 ↵

6. 三维多段线

绘图→三维多段线（Draw→3D Polyline）

绘制拉伸体的路径线，如图 7 - 12 所示。

命令：_3dpoly

指定多段线的起点：80,20,30 ↵

指定直线的端点或［放弃（U）］：@0,0,20 ↵

指定直线的端点或［放弃（U）］：@0,15 ↵

指定直线的端点或［闭合（C）/放弃（U）］：@

15,0 ↵

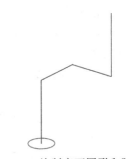

指定直线的端点或［闭合（C）/放弃（U）］：@

图 7 - 12　绘制底面图形和路径线

0,0,20 ↵

指定直线的端点或［闭合（C）/放弃（U）］：↵

7. 拉伸体

绘图→实体→拉伸(Draw→Solids→Extrude)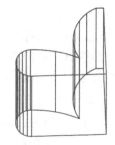

拉伸一个沙发面,如图7-13所示。

命令:_extrude

当前线框密度:ISOLINES=4,闭合轮廓创建模式=实体

选择要拉伸的对象或[模式(MO)]:找到1个

选择要拉伸的对象或[模式(MO)]:

指定拉伸的高度或[方向(D)/路径(P)/倾斜角(T)/表达式(E)]〈-15.0000〉:t

图7-13　拉伸沙发面

指定拉伸的倾斜角度或[表达式(E)]〈0〉:20

指定拉伸的高度或[方向(D)/路径(P)/倾斜角(T)/表达式(E)]〈-15.0000〉:15

选多边形,拉伸一个四棱锥台,如图7-14所示。

命令:_extrude

当前线框密度:ISOLINES=4,闭合轮廓创建模式=实体

选择对象:指定对角点:找到1个

选择对象:↵

指定拉伸的高度或[方向(D)/路径(P)/倾斜角(T)/表达式(E)]〈-15.0000〉:15 ↵

图7-14　拉伸四棱锥台

指定拉伸的倾斜角度〈0〉:20 ↵

拉伸一个曲折柱体,如图7-15所示。

命令:_extrude

当前线框密度:ISOLINES=4,闭合轮廓创建模式=实体

选择对象:找到1个(选圆)

选择对象:↵

指定拉伸的高度或[方向(D)/路径(P)/倾斜角(T)/表达式(E)]〈-15.0000〉:p ↵

图7-15　拉伸体

选择拉伸路径:(选3D路径线)

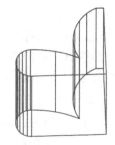
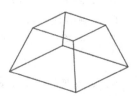
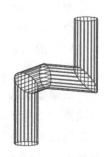

7.11　旋转体(Revolve)

旋转体是由一个封闭的断(截)面图形,绕与其平行的轴回转而成的。因此,在使用回转体命令之前,必须准备一个封闭的断面图形(可用复合线绘制,一定是连

续的封闭图形。注意:如果封闭图形是由多段线构成的,必须先用 Pedit 命令将其连接成一体)。不需要绘制回转轴,回转轴由两点确定。

1. 坐标变换

工具→新建 UCS→X 轴(Tools→UCS→X Axis Rotate)

将坐标系统 X 轴转 90°,以便绘制回转体的轮廓线。(也可以不改变坐标系,而改变视点为前视)

命令:_ucs

当前 UCS 名称:*世界*

指定 UCS 的原点或[面(F)/命令(NA)/对象(OB)/上一个(P)/视图(V)/世界(W)/X/Y/Z/Z 轴(ZA)]〈世界〉:_x

指定绕 X 轴的旋转角度〈90〉:↵

2. 多段线

绘图→多段线(Draw→Pline)

(1)绘制回转体断(截)面的轮廓线一:灯笼状截面一半,如图 7 - 16(a)所示。

命令:_pline

指定起点:0,0 ↵

当前线宽为 0.0000

指定下一点或[圆弧(A)/半宽(H)/长度(L)/放弃(U)/宽度(W)]:@5,0 ↵

指定下一点或[圆弧(A)/闭合(C)/半宽(H)/长度(L)/放弃(U)/宽度(W)]:@0,3 ↵

指定下一点或[圆弧(A)/闭合(C)/半宽(H)/长度(L)/放弃(U)/宽度(W)]:a ↵

指定圆弧的端点按住 Ctrl 键以切换方向或[角度(A)/圆心(CE)/闭合(CL)/方向(D)/半宽(H)/直线(L)/半径(R)/第二点(S)/放弃(U)/宽度(W)]:ce ↵

指定圆弧的圆心:@3,7 ↵

指定圆弧的端点按住 Ctrl 键以切换方向或[角度(A)/长度(L)]:@0,7 ↵

指定圆弧的端点按住 Ctrl 键以切换方向或[角度(A)/圆心(CE)/闭合(CL)/方向(D)/半宽(H)/直线(L)/半径(R)/第二点(S)/放弃(U)/宽度(W)]:L ↵

指定下一点或[圆弧(A)/闭合(C)/半宽(H)/长度(L)/放弃(U)/宽度(W)]:@0,3 ↵

指定下一点或[圆弧(A)/闭合(C)/半宽(H)/长度(L)/放弃(U)/宽度(W)]:@-8,0 ↵

指定下一点或[圆弧(A)/闭合(C)/半宽(H)/长度(L)/放弃(U)/宽度(W)]:c ↵

(2)绘制轮廓线二,即图章状图形的截面的一半,如图 7 - 16(b)所示。

命令:_pline

指定起点:50,0 ↵

当前线宽为 0.0000

指定下一点或[圆弧(A)/半宽(H)/长度(L)/放弃(U)/宽度(W)]:@10,0 ↵

指定下一点或[圆弧(A)/闭合(C)/半宽(H)/长度(L)/放弃(U)/宽度(W)]: @0,10 ↵

指定下一点或[圆弧(A)/闭合(C)/半宽(H)/长度(L)/放弃(U)/宽度(W)]: @-5,0 ↵

指定下一点或[圆弧(A)/闭合(C)/半宽(H)/长度(L)/放弃(U)/宽度(W)]: a ↵

指定圆弧的端点按住 Ctrl 键以切换方向或[角度(A)/圆心(CE)/闭合(CL)/方向(D)/半宽(H)/直线(L)/半径(R)/第二点(S)/放弃(U)/宽度(W)]:@0,5 ↵

指定圆弧的端点按住 Ctrl 键以切换方向或[角度(A)/圆心(CE)/闭合(CL)/方向(D)/半宽(H)/直线(L)/半径(R)/第二点(S)/放弃(U)/宽度(W)]:@0,8 ↵

指定圆弧的端点按住 Ctrl 键以切换方向或[角度(A)/圆心(CE)/闭合(CL)/方向(D)/半宽(H)/直线(L)/半径(R)/第二点(S)/放弃(U)/宽度(W)]:L ↵

指定下一点或[圆弧(A)/闭合(C)/半宽(H)/长度(L)/放弃(U)/宽度(W)]: @-5,0 ↵

指定下一点或[圆弧(A)/闭合(C)/半宽(H)/长度(L)/放弃(U)/宽度(W)]:c ↵

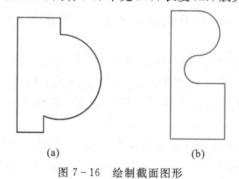

(a)   (b)

图 7-16   绘制截面图形

3. 坐标变换

工具→新建 UCS→世界(Tools→UCS→World)

回到世界坐标系。

命令:_ucs

当前 UCS 名称:* 没有名称*

指定 UCS 的原点或[面(F)/命令(NA)/对象(OB)/上一个(P)/视图(V)/世界(W)/X/Y/Z/Z 轴(ZA)]〈世界〉:_w

4. 回转体

绘图→建模→旋转（Draw→Modeling→Revolve）

用回转体构成一个灯笼体，如图 7-17(a)所示。

命令：_revolve

当前线框密度：　ISOLINES＝4，闭合轮廓创建模式＝实体

选择要旋转的对象或［模式（MO）］:指定对角点:找到 1 个（选取轮廓线一）

选择要旋转的对象或［模式（MO）］:↵

指定轴起点或根据以下选项之一定义轴依照［对象（O）/X/Y/Z］〈对象〉:－2,0 ↵

指定轴端点:@0,0,3 ↵（回转轴上第二点）

指定旋转角度〈360〉:↵

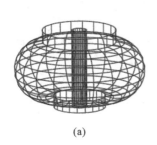  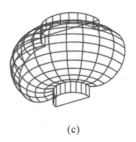

　　　(a)　　　　　　　　　(b)　　　　　　　　　(c)

图 7-17　回转体

用回转体构成一个图章体，如图 7-17(b)所示。

命令：_revolve

当前线框密度:ISOLINES＝4

选择要旋转的对象或［模式（MO）］:指定对角点:找到 1 个（选取轮廓线二）

选择对象:↵

指定轴起点或根据以下选项之一定义轴依照［对象（O）/X/Y/Z］〈对象〉:50,0 ↵

指定轴端点:@0,0,3 ↵（回转轴上第二点）

指定旋转角度〈360〉:↵

用回转体构成半个帽子，如图 7-17(c)所示。

命令：_revolve

当前线框密度:ISOLINES＝4

选择对象:找到 1 个（选取复合线）

选择对象:↵

指定旋转轴的起点或定义轴依照［对象（O）/X 轴（X）/Y 轴（Y）］:y ↵

指定旋转角度〈360〉:180 ↵

7.12　切割(Slice)

通过某一点,用一平面将一个实体切割成两部分,选择保留的部分或两部分都保留,如图 7-18 所示。

1. 剖切

修改 → 三维操作 → 剖切 (Modify → 3D Operation → Slice) ![image]

将一个实体切割成两部分,选择保留的部分。

命令:_slice

选择要剖切的对象:指定对角点:找到 1 个(选图 7-14 拉伸体)

图 7-18　切割体

选择要剖切的对象:指定切面的起点或[平面对象(O)/曲面(S)/Z 轴(Z)/视图(V)/XY(XY)/YZ(YZ)/ZX(ZX)/三点(3)]〈三点〉:yz ↲

指定 YZ 平面上的点〈0,0,0〉:50,20,30 ↲

在所需的侧面上指定点或[保留两个侧面(B)]:0,0 ↲

2. 剖切

修改→三维操作→剖切(Modify→3D Operation→Slice) ![image]

将一个实体切割成两部分,两部分都保留,如图 7-19 所示。

命令:_slice

选择对象:找到 1 个(选图 7-15 拉伸体)

选择对象:↲

指定切面上的第一个点或[对象(O)/Z 轴(Z)/视图(V)/XY(XY)/YZ(YZ)/ZX(ZX)/三点(3)]〈三点〉:zx ↲

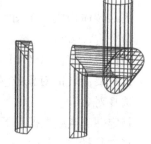

图 7-19　切割体

指定 ZX 平面上的点〈0,0,0〉:80,20,30 ↲(ZX 面所通过的点)

在要保留的一侧指定点或[保留两个侧面(B)]:b ↲(两部分都要保留)

3. 移动

修改→移动(Modify→Move) ![image]

将前半部移开,以便观看效果。

命令:_move

选择对象:找到 1 个(选前部分)

选择对象:↵

指定基点或位移:0,−20 ↵

指定第二个点或〈使用第一个点作为位移〉↵

7.13　剖面(Section)

机械图中,经常绘制剖面图,该命令可以方便地制作剖面轮廓。

1. 剖面

绘制→实体→剖面(Draw→Solids→Section)

通过某一点,在某一方向给物体做一剖面轮廓,如图 7 − 20 所示。

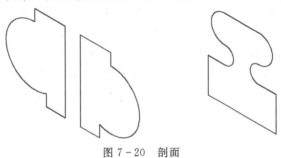

图 7 - 20　剖面

命令:_section

选择对象:指定对角点:找到 1 个(选图 7 − 17(a)或(b))

选择对象:↵

指定截面上的第一个点,依照[对象(O)/Z 轴(Z)/视图(V)/XY(XY)/YZ (YZ)/ZX(ZX)/三点(3)]〈三点〉:zx ↵

指定 ZX 平面上的点〈0,0,0〉:↵

2. 移动修改→移动(Modify→Move)

剖面轮廓与物体重合在一起,移开以便观看效果。

命令:_move

选择对象:L ↵(键入 L,选剖面轮廓)

找到 1 个

选择对象:↵

指定基点或[位移(D)]〈位移〉:20,20 ↵

指定第二个点或〈使用第一个点作为位移〉:↵

第8章　实体修改命令

本章主要介绍三维实体修改及编辑命令（Solid Editing）。

学习命令：并集（Union）、差集（Subtract）、交集（Intersect）、拉伸面（Extrude Face）、移动面（Move Faces）、偏移面（Offset Faces）、删除面（Delete Faces）、旋转面（Rotate Faces）、倾斜面（Taper Faces）、着色面（Color Faces）、复制面（Copy Faces）、着色边（Color Edges）、复制边（Copy Edges）、压印（Imprint Body）、清除（Clean Body）、检查（Check Body）、抽壳（Shell Body）、分割（Separate Body）、圆角（Fillet）、倒角（Chamfer）、三维操作（3D Operation）、三维阵列（3D Array）、三维镜像（Mirror 3D）、三维旋转（Rotate 3D）、对齐（Align）等。

在"修改"（Modify）主菜单项的下拉菜单中，点击"实体编辑"（Solid Editing）菜单项，显示下一级菜单，如图 8-1 所示。实体编辑的图形工具条，如图 8-2 所示。

图 8-1　"实体编辑"的下一级菜单　　　　图 8-2　实体编辑图形工具条

三维实体的编辑主要是对三维实体上的各个面或边进行单独的修改,这是 AutoCAD 最主要的新增功能。它包括对面进行拉伸(Extrude Faces)、移动(Move Faces)、旋转(Rotate Faces)、偏移(Offset Faces)、倾斜(Taper Faces)、删除(Delete Faces)、复制(Copy Faces)、着色(Color Faces);另外还可以单独对边进行复制(Copy Edges)及着色修改(Color Edges);同时可以在实体上印刷平面图案(Imprint Body);特别是对实体进行抽壳的功能(Shell Body),使一些实体的三维造型变得十分简便。

8.1　并集(Union)

并集就是将两个或多个物体相加成一个物体,即求和。

1. 圆锥体

绘图→建模→圆锥(Draw→Modeling→Cone)△

绘制垂直圆锥体。

命令:_cone

当前线框密度:ISOLINES=20

指定底面的中心点或[三点(3P)/两点(2P)/切点、切点、半径(T)/椭圆(E)]⟨0,0,0⟩:15,0↵

指定底面半径或[直径(D)]:10↵

指定高度或[两点(2P)/轴端点(A)/顶面半径(T)]:40↵

2. 坐标变换

工具→新建 UCS→X(Tools→UCS→X Axis Rotate)

将坐标系绕 X 轴转 90°,以便绘制水平圆柱体。

命令:_ucs

当前 UCS 名称:* 世界 *

指定 UCS 的原点或[面(F)/命令(NA)/对象(OB)/上一个(P)/视图(V)/世界(W)/X/Y/Z/Z 轴(ZA)]⟨世界⟩:_x

指定绕 X 轴的旋转角度⟨90⟩:↵

3. 圆柱体

绘图→建模→圆柱(Draw→Modeling→Cylinder)

绘制水平圆柱体。

命令:_cylinder

当前线框密度:ISOLINES=20

指定底面的中心点或［三点（3P）/两点（2P）/切点、切点、半径（T）/椭圆（E）］
〈0,0,0〉:15,10,−15↵

指定底面的半径或［直径（D）］:7↵

指定高度或［两点（2P）/轴端点（A）］:30↵

4. 并集

修改→实体编辑→并集（求和）（Modify→Solid Editing→Union）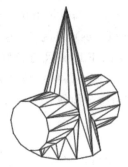

将相交的两个物体加在一起,如图 8-3 所示。

命令:_union

选择对象:找到 1 个

选择对象:找到 1 个,总计 2 个

选择对象:↵

图 8-3　并集（求和）体

8.2　差集（Subtract）

差集就是从一个或多个物体中减去另一个或另几个相交物体,即求差（先选取的几个物体是加,回车后选取的几个物体是减,注意选取物体的顺序）。

1. 圆锥体

绘图→建模→圆锥体（Draw→Modeling→Cone）

绘制垂直圆锥体。

命令:_cone

当前线框密度:ISOLINES=4

指定底面的中心点或［三点（3P）/两点（2P）/切点、切点、半径（T）/椭圆（E）］
〈0,0,0〉:15,0↵

指定底面半径或［直径（D）］:10↵

指定高度或［两点（2P）/轴端点（A）/顶面半径（T）］:30↵

2. 坐标变换

工具→新建 UCS→世界（Tools→UCS→World）

回到世界坐标系。

命令:_ucs

当前 UCS 名称: * 没有名称 *

指定 UCS 的原点或［面（F）/命令（NA）/对象（OB）/上一个（P）/视图（V）/世界（W）/X/Y/Z/Z 轴（ZA）］〈世界〉:_w

3. 圆环体

绘图→建模→圆环体(Draw→Modeling→Torus)◎

绘制垂直圆环体。

命令:_torus

当前线框密度:ISOLINES＝10

指定中心点或[三点(3P)/两点(2P)/切点、切点、半径(T)]〈0,0,0〉:15,0,2 ↵

指定半径或[直径(D)]:10 ↵

指定圆管半径或[两点(2P)/直径(D)]:3 ↵

4. 差集(求差)

修改→实体编辑→差集(Modify→Solid Editing→Subtract)

从圆锥体中减去圆环体,如图 8-4 所示。

命令:_subtract

选择要从中减去的实体、曲面和面域...

选择对象:找到 1 个(先选被减圆锥体)

选择对象:↵

选择要减去的实体、曲面和面域...

选择对象:找到 1 个(后选减去圆环体)

选择对象:↵

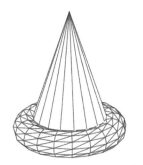

图 8-4　差集(求差)体

8.3　交集(Intersect)

　　交集是求两个或几个相交在一起的物体的共有部分。选取物体与顺序无关。AutoCAD 提供了两种求交方式,一种保留原物体求交,另一种不保留原物体求交。

1. 楔体

绘图→建模→楔体(Draw→Modeling→Wedge)

绘制楔体。

命令:_wedge

指定第一个角点或[中心(C)]〈0,0,0〉:－10,－10 ↵

指定其他角点或[立方体(C)/长度(L)]:@30,20 ↵

指定高度或[两点(2P)]:15 ↵

2. 圆锥体

绘图→建模→圆锥体(Draw→Modeling→Cone)

绘制圆锥体。

命令:_cone

当前线框密度:ISOLINES=4

指定底面的中心点或[三点(3P)/两点(2P)/切点、切点、半径(T)/椭圆(E)]

〈0,0,0〉:↵

指定底面半径或[直径(D)]:10 ↵

指定高度或[两点(2P)/轴端点(A)/顶面半径(T)]:20

3. 复制

修改→复制(Modify→Copy)

再复制同样的楔体和圆锥体。

命令:_copy

选择对象:指定对角点:找到 2 个

选择对象:↵

指定基点或位移,或者[重复(M)]:

指定位移的第二点或〈用第一点作位移〉:

4. 交集(求交)

修改→实体编辑→交集(Modify→Solid Editing→Intersect)

不保留原物体求交,该命令在实体编辑菜单中,如图 8－5(a)所示。

命令:_intersect

选择对象:找到 1 个

选择对象:找到 1 个,总计 2 个

选择对象:↵

5. 干涉(求交)

修改→三维操作→干涉检查(Draw→3D Operation→Interference)

　　检查两物体是否干涉，也可保留原物体求交，系统自动比较两个相交的物体，该命令在三维操作菜单中，如图8-5(b)所示。

命令：_interfere

选择第一组对象或［嵌套选择(N)/设置(S)］：指定对角点：找到1个

选择对象：找到1个，总计2个

选择对象：↵

选择第二组对象或［嵌套选择(N)/设置(S)］：↵

选择对象：↵

未选择实体。

互相比较2个实体。

干涉实体数：2

干涉对数：1

是否创建干涉实体？［是(Y)/否(N)］〈否〉：y↵

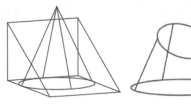 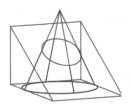

(a)不保留原物体　　　　　　　　　(b)保留原物体

图8-5　交集(求交)体

8.4　拉伸面(Extrude Faces)

修改→实体编辑→拉伸面(Modify→Solid Editing→Extrude Face)

　　拉伸三维实体面的操作与使用EXTRUDE命令将一个二维平面对象拉伸成三维实体的操作相类似。同样可以沿着指定的路径拉伸，或者指定拉伸高度和拉伸倾斜角度进行拉伸。实体面的法向作为拉伸时的正方向，如果输入的拉伸高度是正值，则表示沿着实体面的法向进行拉伸，否则将沿着其法向的反方向进行拉伸。当拉伸的倾斜角为正值时，实体面拉伸时是收缩的，反之是放大的。如果输入的拉伸倾斜角或高度偏大，致使实体面未达到拉伸高度前已收缩为一个点，则不能拉伸。注意，所有面的选取一定要点在面的中部，如选取面的边界，则同时选取边界两侧的两个面。

　　(1)拉伸三维实体面，本图拉伸第7章图7-14四棱锥台，如图8-6所示。如不指定角度,也可平行拉伸面。

命令:_solidedit

实体编辑自动检查:SOLIDCHECK＝1

输入实体编辑选项[面(F)/边(E)/体(B)/放弃(U)/
退出(X)]〈退出〉:f

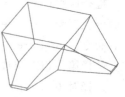

图 8-6　拉伸三维实体面

输入面编辑选项[拉伸(E)/移动(M)/旋转(R)/偏移
(O)/倾斜(T)/删除(D)/复制(C)/颜色(L)/材质(A)/放
弃(U)/退出(X)]〈退出〉:e

选择面或[放弃(U)/删除(R)]:找到 2 个面

输入面编辑选项

指定拉伸高度或[路径(P)]:20

指定拉伸的倾斜角度〈20〉:20

已开始实体校验。

(2)沿路径拉伸三维实体面,本图拉伸第 7 章图 7-14 四棱锥台,如图 8-7
所示。

命令:_pline

指定起点:(捕捉棱台斜面上前面的一点)

当前线宽为 0.0000

指定下一个点或[圆弧(A)/半宽(H)/长度(L)/放弃(U)/宽度(W)]:a ↵(画
弧)

指定圆弧的端点或[角度(A)/圆心(CE)/方向(D)/半宽(H)/直线(L)/半径
(R)/第二点(S)/放弃(U)/宽度(W)]:r ↵(弧半径)

指定圆弧的半径:10 ↵

指定圆弧的端点或[角度(A)]:a ↵(弧角度)

指定包含角:90 ↵

指定圆弧的弦方向〈0〉:180 ↵

指定圆弧的端点或[角度(A)/圆心(CE)/方向(D)/半宽(H)/直线(L)/半径
(R)/第二点(S)/放弃(U)/宽度(W)]:↵

点选四棱台斜面沿路径拉伸:

命令:_solidedit

实体编辑自动检查:SOLIDCHECK＝1

输入实体编辑选项[面(F)/边(E)/体(B)/放弃(U)/退出(X)]〈退出〉:_face

输入面编辑选项[拉伸(E)/移动(M)/旋转(R)/偏移(O)/倾斜(T)/删除(D)/
复制(C)/颜色(L)/材质(A)/放弃(U)/退出(X)]〈退出〉:_extrude

选择面或[放弃(U)/删除(R)]:找到一个面

选择面或[放弃(U)/删除(R)/全部(ALL)]:↵

指定拉伸高度或[路径(P)]:p↵

选择拉伸路径:(用鼠标选刚画的弧)

已开始实体校验。

已完成实体校验。

输入面编辑选项[拉伸(E)/移动(M)/旋转(R)/偏移(O)/倾斜(T)/删除(D)/复制(C)/颜色(L)/材质(A)/放弃(U)/退出(X)]〈退出〉:↵*取消*

实体编辑自动检查:SOLIDCHECK=1

输入实体编辑选项[面(F)/边(E)/体(B)/放弃(U)/退出(X)]〈退出〉:↵

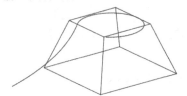

图 8-7　沿路径拉伸三维实体面

8.5　移动面(Move Faces)

修改→实体编辑→移动面(Modify→Solid Editing→Move Faces)

实体面的移动是指将三维实体中的面移动到指定的位置上。利用该功能可以方便地将实体图形中的孔洞从一个位置准确地移动到其他位置,用鼠标选取孔面,如图 8-8 所示。

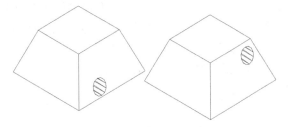

图 8-8　实体面的移动

命令:_solidedit

实体编辑自动检查:SOLIDCHECK=1

输入实体编辑选项[面(F)/边(E)/体(B)/放弃(U)/退出(X)]〈退出〉:_face

输入面编辑选项［拉伸(E)/移动(M)/旋转(R)/偏移(O)/倾斜(T)/删除(D)/复制(C)/颜色(L)/材质(A)/放弃(U)/退出(X)]〈退出〉:_move

选择面或［放弃(U)/删除(R)］:找到一个面

选择面或［放弃(U)/删除(R)/全部(ALL)]:↵

指定基点或位移:(任选的一点)

指定位移的第二点:@20,20,0↵

已开始实体校验。

已完成实体校验。

输入面编辑选项［拉伸(E)/移动(M)/旋转(R)/偏移(O)/倾斜(T)/删除(D)/复制(C)/颜色(L)/材质(A)/放弃(U)/退出(X)]〈退出〉:↵*取消*

实体编辑自动检查:SOLIDCHECK=1

输入实体编辑选项［面(F)/边(E)/体(B)/放弃(U)/退出(X)]〈退出〉:↵

8.6　偏移面(Offset Faces)

修改→实体编辑→偏移面(Modify→Solid Editing→Offset Faces)

实体面的等距偏移是指将实体中的一个或多个面以相等的指定距离移动或通过指定的点移动,用鼠标选取左侧面偏移,如图8-9所示。

命令:_solidedit

实体编辑自动检查:SOLIDCHECK=1

输入实体编辑选项［面(F)/边(E)/体(B)/放弃(U)/退出(X)]〈退出〉:_face

图8-9　实体面的等距偏移

输入面编辑选项［拉伸(E)/移动(M)/旋转(R)/偏移(O)/倾斜(T)/删除(D)/复制(C)/颜色(L)/材质(A)/放弃(U)/退出(X)]〈退出〉:_offset

选择面或［放弃(U)/删除(R)］:找到一个面

选择面或［放弃(U)/删除(R)/全部(ALL)]:↵

指定偏移距离:20↵

已开始实体校验。

已完成实体校验。

输入面编辑选项［拉伸(E)/移动(M)/旋转(R)/偏移(O)/倾斜(T)/删除(D)/复制(C)/颜色(L)/材质(A)/放弃(U)/退出(X)]〈退出〉:↵

实体编辑自动检查:SOLIDCHECK=1

输入实体编辑选项［面(F)/边(E)/体(B)/放弃(U)/退出(X)]〈退出〉:↵

8.7　删除面(Delete Faces)

修改→实体编辑→删除面(Modify→Solid Editing→Delete Faces)

实体面的删除功能是指将三维实体中的一个或多个面从实体中删去。例如将四棱锥变成三棱锥。

命令:_solidedit

实体编辑自动检查:SOLIDCHECK=1

输入实体编辑选项[面(F)/边(E)/体(B)/放弃(U)/退出(X)]〈退出〉:_face

输入面编辑选项[拉伸(E)/移动(M)/旋转(R)/偏移(O)/倾斜(T)/删除(D)/复制(C)/颜色(L)/材质(A)/放弃(U)/退出(X)]〈退出〉:_delete

选择面或[放弃(U)/删除(R)]:找到一个面

选择面或[放弃(U)/删除(R)/全部(ALL)]:↵

已开始实体校验。

已完成实体校验。

输入面编辑选项[拉伸(E)/移动(M)/旋转(R)/偏移(O)/倾斜(T)/删除(D)/复制(C)/颜色(L)/材质(A)/放弃(U)/退出(X)]〈退出〉:↵

实体编辑自动检查:SOLIDCHECK=1

输入实体编辑选项[面(F)/边(E)/体(B)/放弃(U)/退出(X)]〈退出〉:↵

8.8　旋转面(Rotate Faces)

修改→实体编辑→旋转面(Modify→Solid Editing→Rotate Faces)

实体面的旋转是将实体中的一个或多个面绕指定的轴旋转一个角度。与使用将一个二维平面图形旋转成三维实体图形的操作相类似。旋转轴可以通过指定两点或选择一个对象来确定,也可以采用 UCS 的坐标轴为旋转轴,如图 8-10 所示。

用鼠标选取实体前面旋转:

命令:_solidedit

实体编辑自动检查:SOLIDCHECK=1

输入实体编辑选项[面(F)/边(E)/体(B)/放弃(U)/退出(X)]〈退出〉:f

输入面编辑选项[拉伸(E)/移动(M)/旋转(R)/偏移(O)/倾斜(T)/删除(D)/复制(C)/颜色(L)/材质(A)/放弃(U)/退出(X)]〈退出〉:r

选择面或[放弃(U)/删除(R)]:找到一个面

选择面或[放弃(U)/删除(R)/全部(ALL)]:

指定轴点或[经过对象的轴（A）/视图（V）/x 轴（X）/y 轴（Y）/z 轴（Z）]〈两点〉:x

指定旋转原点〈0,0,0〉:

指定旋转角度或[参照（R）]:30

已开始实体校验。

已完成实体校验。

输入面编辑选项

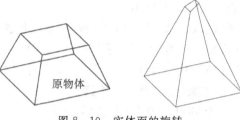

图 8-10　实体面的旋转

8.9　倾斜面（Taper Faces）

修改→实体编辑→倾斜面（Modify→Solid Editing→Taper Faces）

实体面的倾斜功能是将实体中的一个或多个面按指定的角度进行倾斜。当输入的倾斜角度为正值时，实体面将向内收缩倾斜，否则将向外放大倾斜，如图 8-11 所示。

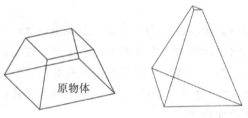

图 8-11　实体面的倾斜

用鼠标选取前面倾斜:

命令:_solidedit

实体编辑自动检查:SOLIDCHECK=1

输入实体编辑选项[面（F）/边（E）/体（B）/放弃（U）/退出（X）]〈退出〉:_face

输入面编辑选项[拉伸（E）/移动（M）/旋转（R）/偏移（O）/倾斜（T）/删除（D）/复制（C）/颜色（L）/材质（A）/放弃（U）/退出（X）]〈退出〉:_taper

选择面或［放弃（U）/删除（R）］:找到一个面

选择面或［放弃（U）/删除（R）/全部（ALL）］:↵

指定基点:（用鼠标选取选取面上面两点）

指定沿倾斜轴的另一个点:

指定倾斜角度:60 ↵

输入面编辑选项［拉伸（E）/移动（M）/旋转（R）/偏移（O）/倾斜（T）/删除（D）/复制（C）/颜色（L）/材质（A）/放弃（U）/退出（X）］〈退出〉:↵

实体编辑自动检查:SOLIDCHECK＝1

输入实体编辑选项［面（F）/边（E）/体（B）/放弃（U）/退出（X）］〈退出〉:↵

8.10　着色面（Color Faces）

修改→实体编辑→着色面（Modify→Solid Editing→Color Faces）🖿

把实体中的一个或多个面的颜色进行重新设置,注意选取面的中部,如选取面的边界,则同时选中边界两侧的两个面。

命令:_solidedit

实体编辑自动检查:SOLIDCHECK＝1

输入实体编辑选项［面（F）/边（E）/体（B）/放弃（U）/退出（X）］〈退出〉:_face

输入面编辑选项［拉伸（E）/移动（M）/旋转（R）/偏移（O）/倾斜（T）/删除（D）/复制（C）/颜色（L）/材质（A）/放弃（U）/退出（X）］〈退出〉:_color

选择面或［放弃（U）/删除（R）］:找到一个面

选择面或［放弃（U）/删除（R）/全部（ALL）］:↵

输入新颜色〈随层〉:3 ↵（或输入 green）

输入面编辑选项［拉伸（E）/移动（M）/旋转（R）/偏移（O）/倾斜（T）/删除（D）/复制（C）/颜色（L）/材质（A）/放弃（U）/退出（X）］〈退出〉:↵

实体编辑自动检查:SOLIDCHECK＝1

输入实体编辑选项［面（F）/边（E）/体（B）/放弃（U）/退出（X）］〈退出〉:↵

8.11　复制面（Copy Faces）

修改→实体编辑→复制面（Modify→Solid Editing→Copy Faces）🖿

实体面的复制功能是将三维实体中的一个或多个面复制成与原面平行的三维表面,如图 8-12 所示。

命令:_solidedit

实体编辑自动检查:SOLIDCHECK＝1

输入实体编辑选项[面(F)/边(E)/体(B)/放弃 (U)/退出(X)]〈退出〉:_face

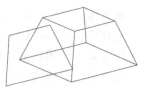

输入面编辑选项[拉伸(E)/移动(M)/旋转(R)/偏移(O)/倾斜(T)/删除(D)/复制(C)/颜色(L)/材质 (A)/放弃(U)/退出(X)]〈退出〉:_copy

图 8-12　实体面的复制

选择面或[放弃(U)/删除(R)]:找到一个面

选择面或[放弃(U)/删除(R)/全部(ALL)]:↵

指定基点或位移:(选取右面上一点)

指定位移的第二点:@－10,－20 ↵

输入面编辑选项[拉伸(E)/移动(M)/旋转(R)/偏移(O)/倾斜(T)/删除(D)/复制(C)/颜色(L)/材质(A)/放弃(U)/退出(X)]〈退出〉:↵

实体编辑自动检查:SOLIDCHECK＝1

输入实体编辑选项[面(F)/边(E)/体(B)/放弃(U)/退出(X)]〈退出〉:↵

8.12　着色边(Color Edges)

修改→实体编辑→着色边(Modify→Solid Editing→Color Edges)

利用该命令将修改三维实体单独边的颜色。

命令:_solidedit

实体编辑自动检查:SOLIDCHECK＝1

输入实体编辑选项[面(F)/边(E)/体(B)/放弃(U)/退出(X)]〈退出〉:_edge

输入边编辑选项[复制(C)/着色(L)/放弃(U)/退出(X)]〈退出〉:_color

选择边或[放弃(U)/删除(R)]:(选取一条边)

选择边或[放弃(U)/删除(R)]:↵

输入新颜色〈随层〉:red ↵

输入边编辑选项[复制(C)/着色(L)/放弃(U)/退出(X)]〈退出〉:↵

实体编辑自动检查:SOLIDCHECK＝1

输入实体编辑选项[面(F)/边(E)/体(B)/放弃(U)/退出(X)]〈退出〉:↵

8.13　复制边(Copy Edges)

修改→实体编辑→复制边(Modify→Solid Editing→Copy Edges)

利用该命令将三维实体的边复制为单独的图形对象。能复制成的单独对象可

以是直线、圆弧、圆、椭圆或样条曲线,如图 8 - 13
所示。

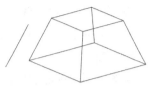

图 8 - 13　复制实体的边

命令:_solidedit

实体编辑自动检查:SOLIDCHECK＝1

输入实体编辑选项[面(F)/边(E)/体(B)/放弃
(U)/退出(X)]〈退出〉:_edge

输入边编辑选项[复制(C)/着色(L)/放弃(U)/退出(X)]〈退出〉:_copy

选择边或[放弃(U)/删除(R)]:(用鼠标选取)

选择边或[放弃(U)/删除(R)]:↵(选择完毕)

指定基点或位移:(任选一点)

指定位移的第二点:@0,－10↵

输入边编辑选项[复制(C)/着色(L)/放弃(U)/退出(X)]〈退出〉:↵

实体编辑自动检查:SOLIDCHECK＝1

输入实体编辑选项[面(F)/边(E)/体(B)/放弃(U)/退出(X)]〈退出〉:*取消*↵

8.14　压印(Imprint Body)

在 AutoCAD 环境下,可以将一些平面图形对象压印(imprint)在三维实体的
面上,从而创建新的面。需要注意,要压印的对象必须与所选实体中的一个或多个
面相交,否则不能执行此功能。这些对象可以是直线、圆弧、圆、二维或三维多义
线、样条曲线、面域和三维实体等,如图 8 - 14 所示。

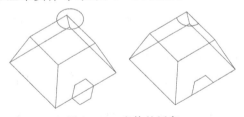

图 8 - 14　实体的压印

1. 画正六边形

绘图→多边形(Draw→Polygon)

用鼠标捕捉立体上的点,绘制多边形。

命令:_polygon

输入边的数目〈4〉:6↵

指定多边形的中心点或[边(E)]:

输入选项[内接于圆(I)/外切于圆(C)]〈I〉:↵

指定圆的半径:5 ↵

2. 画圆

绘图→圆→圆心、半径(Draw→Circle→Center Radius)🕐

用鼠标捕捉多边形右边的点,绘制圆。

命令:_circle

指定圆的圆心或[三点(3P)/两点(2P)/相切、相切、半径(T)]:(捕捉右边的点)

指定圆的半径或[直径(D)]〈10〉:5 ↵

3. 压印

修改→实体编辑→压印边(Modify→Solid Editing→Imprint)🔳

命令:_solidedit

实体编辑自动检查:SOLIDCHECK=1

输入实体编辑选项[面(F)/边(E)/体(B)/放弃(U)/退出(X)]〈退出〉:_body

输入体编辑选项[压印(I)/分割实体(P)/抽壳(S)/清理(L)/检查(C)/放弃(U)/退出(X)]〈退出〉:_imprint

选择三维实体:(用鼠标选取实体)

选择要压印的对象:(选取正六边形)

是否删除源对象?〈N〉:y ↵

选择要压印的对象:(用鼠标选取圆)

是否删除源对象?〈Y〉:↵

选择要压印的对象:↵

输入体编辑选项[压印(I)/分割实体(P)/抽壳(S)/清理(L)/检查(C)/放弃(U)/退出(X)]〈退出〉:↵

实体编辑自动检查:SOLIDCHECK=1

输入实体编辑选项[面(F)/边(E)/体(B)/放弃(U)/退出(X)]〈退出〉:↵

8.15　清除(Clean Body)

修改→实体编辑→清除(Modify→Solid Editing→Clean)🔳

利用该命令可以将三维实体上所有多余的边、刻印到实体上的对象以及不再使用的对象清除,如清除压印。

命令:_solidedit

实体编辑自动检查:SOLIDCHECK=1

输入实体编辑选项[面(F)/边(E)/体(B)/放弃(U)/退出(X)]〈退出〉:_body

输入体编辑选项［压印（I）/分割实体（P）/抽壳（S）/清理（L）/检查（C）/放弃
（U）/退出（X）］〈退出〉:_clean

选择三维实体:（选取图 8－14 实体）

输入编辑选项［压印（I）/分割实体（P）/抽壳（S）/清理（L）/检查（C）/放弃
（U）/退出（X）］〈退出〉:↵

实体编辑自动检查:SOLIDCHECK＝1

输入实体编辑选项［面（F）/边（E）/体（B）/放弃（U）/退出（X）］〈退出〉:↵

8.16　检查（Check Body）

修改→实体编辑→检查（Modify→Solid Editing→Check）

实体有效检查是指检查实体对象是否为有效的 ACIS 三维实体模型。该命令
由系统变量 SOLIDCHECK 控制。当 SOLIDCHECK＝1 时,进行有效性检查,否
则不作此项检查。

命令:_solidedit

实体编辑自动检查:SOLIDCHECK＝1

输入实体编辑选项［面（F）/边（E）/体（B）/放弃（U）/退出（X）］〈退出〉:_body

输入体编辑选项［压印（I）/分割实体（P）/抽壳（S）/清理（L）/检查（C）/放弃
（U）/退出（X）］〈退出〉:_check

选择三维实体此对象是有效的 ACIS 实体。（用鼠标选取）

8.17　抽壳（Shell Body）

修改→实体编辑→抽壳（Modify→Solid Editing→Shell）

实体的等距抽壳是将实体以相等的指定距离制作成薄壁壳体,例如绘制一长
方体,选取的位置不同,抽壳的结果也不同,如图 8－15 所示。

命令:_solidedit

实体编辑自动检查:SOLIDCHECK＝1

输入实体编辑选项［面（F）/边（E）/体（B）/放弃（U）/退出（X）］〈退出〉:_body

输入体编辑选项［压印（I）/分割实体（P）/抽壳（S）/清理（L）/检查（C）/放弃
（U）/退出（X）］〈退出〉:_shell

选择三维实体:（用鼠标选取实体）

删除面或［放弃（U）/添加（A）/全部（ALL）］:找到 2 个面,已删除 2 个（选取
面或边）

删除面或［放弃(U)/添加(A)/全部(ALL)］:↵

输入抽壳偏移距离:5↵

输入体编辑选项［压印(I)/分割实体(P)/抽壳(S)/清理(L)/检查(C)/放弃
(U)/退出(X)］〈退出〉:↵

实体编辑自动检查:SOLIDCHECK＝1

输入实体编辑选项［面(F)/边(E)/体(B)/放弃(U)/退出(X)］〈退出〉:↵

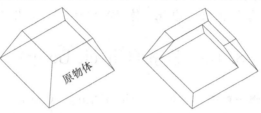

图 8－15　实体面的抽壳

8.18　分割(Separate Body)

修改→实体编辑→分割(Modify→Solid Editing→Separate)

实体的分割是将两相加但不相交的实体分开。相交的实体相加后不能分开。

命令:_solidedit

实体编辑自动检查:SOLIDCHECK＝1

输入实体编辑选项［面(F)/边(E)/体(B)/放弃(U)/退出(X)］〈退出〉:_body

输入体编辑选项［压印(I)/分割实体(P)/抽壳(S)/清理(L)/检查(C)/放弃
(U)/退出(X)］〈退出〉:_separate

选择三维实体:(用鼠标选取圆锥)

输入编辑选项［压印(I)/分割实体(P)/抽壳(S)/清理(L)/检查(C)/放弃
(U)/退出(X)］〈退出〉:↵

实体编辑自动检查:SOLIDCHECK＝1

输入实体编辑选项［面(F)/边(E)/体(B)/放弃(U)/退出(X)］〈退出〉:↵

8.19　圆角(Fillet)

修改→圆角(Modify→Fillet)

该命令与二维圆角是同一命令,当选取 3D 实体时,用法不同,其不是选两边,
而是选要圆角的棱边。圆角效果如图 8－16 所示。

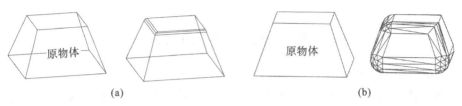

图 8-16　圆角

命令:_fillet

当前设置:模式＝修剪,半径＝0.0000

选择第一个对象或[放弃(U)/多段线(P)/半径(R)/修剪(T)/多个(M)]:

输入圆角半径或[表达式(E)]:指定第二点:

选择边或[链(C)/环(L)/半径(R)]:

选择边或[链(C)/环(L)/半径(R)]:

已选定 2 个边用于圆角。

命令:_fillet

当前设置:模式＝修剪,半径＝0.0000

选择第一个对象或[放弃(U)/多段线(P)/半径(R)/修剪(T)/多个(M)]:

选择第一个对象或[放弃(U)/多段线(P)/半径(R)/修剪(T)/多个(M)]:t

输入修剪模式选项[修剪(T)/不修剪(N)]〈修剪〉:t

选择第一个对象或[放弃(U)/多段线(P)/半径(R)/修剪(T)/多个(M)]:

输入圆角半径或[表达式(E)]:指定第二点:

选择边或[链(C)/环(L)/半径(R)]:

选择边或[链(C)/环(L)/半径(R)]:

选择边或[链(C)/环(L)/半径(R)]:

选择边或[链(C)/环(L)/半径(R)]:

选择边或[链(C)/环(L)/半径(R)]:

选择边或[链(C)/环(L)/半径(R)]:

选择边或[链(C)/环(L)/半径(R)]:

选择边或[链(C)/环(L)/半径(R)]:

选择边或[链(C)/环(L)/半径(R)]:

选择边或[链(C)/环(L)/半径(R)]:5

选择边或[链(C)/环(L)/半径(R)]:

选择边或[链(C)/环(L)/半径(R)]:

已选定 11 个边用于圆角。

8.20 倒角(Chamfer)

修改→倒角(Modify→Chamfer)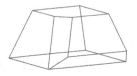

与二维倒角是同一命令,当选取 3D 实体时,用法不同。选取的是要倒角的棱边,倒角效果如图 8-17 所示。

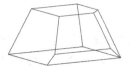

图 8-17 倒角

命令:_chamfer

("修剪"模式)当前倒角距离 1=5.0000,距离 2=5.0000

选择第一条直线或[放弃(U)/多段线(P)/距离(D)/角度(A)/修剪(T)/方式(E)/多个(M)]:(选取四棱台)

基面选择...

输入曲面选择选项[下一个(N)/当前(OK)]〈OK〉:↵

指定基面倒角距离或[表达式(E)]〈5.0000〉:4↵(第一个方向倒角距离)

指定其他曲表面倒角距离或[表达式(E)]〈5.0000〉:4↵(第二个方向倒角距离)

选择边或[环(L)]:↵(选取左面)

选择边或[环(L)]:↵

命令:_chamfer

("修剪"模式)当前倒角距离 1=4.0000,距离 2=4.0000

选择第一条直线或[放弃(U)/多段线(P)/距离(D)/角度(A)/修剪(T)/方式(E)/多个(M)]:(选图形)

基面选择...

输入曲面选择选项[下一个(N)/当前(OK)]〈OK〉:↵

指定基面倒角距离〈4.0000〉:↵(第一个方向倒角距离)

指定另一表面倒角距离〈4.0000〉:↵(第二个方向倒角距离)

选择边或[环(L)]:(选图形的一面)

选择边或[环(L)]:↵

8.21 三维操作(3D Operation)

在修改(Modify)主菜单项的下拉菜单中,点击三维操作(3D Operation)菜单项,即打开下一级菜单,其中包括三维阵列、三维镜像、三维旋转和对齐命令,如图 8-18 所示。三维阵列与二维不同的是增加了层阵列,可以很方便地绘制高层建筑;三维镜像以面为对称面;三维旋转以两点为旋转轴。

图 8-18　三维操作菜单

8.21.1　三维阵列(3D Array)

修改→三维操作→三维阵列(Modify→3D Operation→3D Array)

将所选实体按设定的数目和距离一次在空间复制多个,矩形阵列复制的图形与原图形一样,按行列排列整齐;环形阵列复制的图形可能和原图形一样,也可能改变方向,如图 8-19 所示。

(a)　　　　　　　　　　　　　　　(b)

图 8-19　三维阵列

命令:_3darray
正在初始化...
已加载 3DARRAY。
选择对象:找到 1 个(选取图形)

选择对象:↵

输入阵列类型[矩形(R)/环形(P)]〈矩形〉:p↵

(环形阵列)

输入阵列中的项目数目:10↵

指定要填充的角度(＋＝逆时针,－＝顺时针)〈360〉:↵

旋转阵列对象?[是(Y)/否(N)]〈是〉:↵

指定阵列的中心点:0,0,0↵

指定旋转轴上的第二点:@0,0,5↵

命令:_3darray

选择对象:找到1个(选取原图形)

选择对象:↵

输入阵列类型[矩形(R)/环形(P)]〈矩形〉:↵

输入行数(---)〈1〉:2↵

输入列数(|||)〈1〉:1↵

输入层次数(...)〈1〉:5↵

指定行间距(---):－50↵

指定层间距(...):20↵

8.21.2　三维镜像(Mirror 3D)

修改→三维操作→三维镜像(Modify→3D Operation→Mirror 3D)

三维镜像以面为对称面,将所选实体镜像。上下镜像以XY面为对称面,通过的点取决于Z坐标;前后镜像以ZX面为对称面,通过的点取决于Y坐标;左右镜像以YZ面为对称面,通过的点取决于X坐标;三维镜像如图8-20所示。

命令:_mirror3d

正在初始化...

选择对象:找到1个(选图形)

选择对象:↵

指定镜像平面的第一个点(三点)或[对象(O)/最近的(L)/Z轴(Z)/视图(V)/XY平面(XY)/YZ平面(YZ)/ZX平面(ZX)/三点(3)]〈三点〉:zx↵(以ZX面为对称面上下镜像)

指定XY平面上的点〈0,0,0〉:50,－50↵

是否删除源对象?[是(Y)/否(N)]〈否〉:↵

命令:_mirror3d

选择对象:找到1个(选原图形)

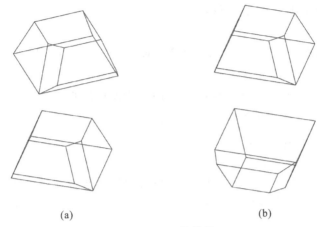

(a)　　　　　　　　　　　　　　　(b)

图 8-20　三维镜像

选择对象:找到 1 个,总计 2 个

选择对象:↵

指定镜像平面的第一个点(三点)或[对象(O)/最近的(L)/Z 轴(Z)/视图(V)/XY 平面(XY)/YZ 平面(YZ)/ZX 平面(ZX)/三点(3)]〈三点〉:xy ↵(以 XY 面为对称面上下镜像)

指定 XY 平面上的点〈0,0,0〉:0,0,-50 ↵

是否删除源对象?[是(Y)/否(N)]〈否〉:↵

8.21.3　三维旋转(Rotate 3D)

修改→三维操作→三维旋转(Modify→3D Operation→Rotate 3D)

三维旋转将所选实体以两点或坐标轴为旋转轴旋转一个角度。可绕 X 轴旋转,通过的点取决于 Y、Z 坐标;可绕 Y 轴旋转,通过的点取决于 X、Z 坐标;可绕 Z 轴旋转,通过的点取决于 X、Y 坐标;三维旋转如图 8-21 所示。

图 8-21　三维旋转

命令:_rotate3d

当前正向角度:ANGDIR=逆时针 ANGBASE=0

选择对象:找到 1 个(选取图形)

选择对象:↵

指定轴上的第一个点或定义轴依据[对象(O)/最近的(L)/视图(V)/X 轴(X)/Y 轴(Y)/Z 轴(Z)/两点(2)]:y↵

指定 Y 轴上的点〈0,0,0〉:30,20,40 ↵(Y 轴所通过的点)

指定旋转角度或[参照(R)]:90 ↵

8.21.4　对齐(Align)

将两个物体上的三点分别对齐,从而移动一个物体,使两个物体的方位对齐,例如圆锥和旋转体对齐如图 8-22 所示。

1. 立方体

绘图→实体→立方体(Draw→Solids→Box)

绘制立方体。

命令:_box

指定第一个角点或[中心(C)]〈0,0,0〉:20,20 ↵

指定其他角点或[立方体(C)/长度(L)]:@25,20 ↵

指定高度:20 ↵

2. 楔形体

绘图→实体→楔形体(Draw→Solids→Wedge)

绘制楔形体。

命令:_wedge

指定楔形体的第一个角点或[中心点(CE)]〈0,0,0〉:50,40 ↵

指定角点或[立方体(C)/长度(L)]:@20,20 ↵

指定高度:15 ↵

3. 对齐

修改→三维操作→对齐(Modify→3D Operation→Align)

将立方体和楔形体对齐。

命令:_align

选择对象:找到 1 个(选楔形体)

选择对象:↵

指定第一个源点:(选点 1)

指定第一个目标点:(选点 2)

指定第二个源点:(选点 3)

指定第二个目标点:(选点 4)

指定第三个源点或〈继续〉:(选点 5)

指定第三个目标点:(选点 6)

完成任务,如图 8-22(a)所示。

命令:_align

选择对象:找到 1 个(选倒放圆锥体)

选择对象:↵

指定第一个源点:(选点 1 锥顶点)

指定第一个目标点:(选点 2 圆锥锥顶)

指定第二个源点:(选点 3 圆锥底面圆心)

指定第二个目标点:(选点 4 圆锥锥底圆心)

指定第三个源点或〈继续〉:↵

是否基于对齐点缩放对象?〔是(Y)/否(N)〕〈否〉:↵

完成任务,如图 8-22(b)所示。

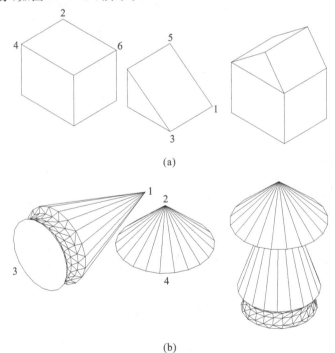

(a)

(b)

图 8-22　对齐

第9章 体育用品

本章通过制作一组体育用品组件,学习造型的方法和技巧。用 3D 打印后可直接装配。

9.1 乒乓球桌

乒乓球桌组合由桌面、支撑腿、球网、乒乓球与乒乓球拍组成,如图 9-1 所示。

图 9-1　乒乓球桌组合

9.1.1 桌面

打印 1 件,完成后如图 9-2 所示。

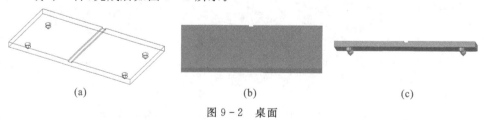

(a)　　　　　　　　　　(b)　　　　　　　　　　(c)

图 9-2　桌面

1. 创建文件

文件→新建

另存为 tennistable.dwg

2. 长方体(制作台板)

绘图→实体→长方体

命令:_box

指定第一个角点或[中心(C)]:0,0,0↵

指定其他角点或[立方体(C)/长度(L)]:50,25↵

指定高度或[两点(2P)]:2↵

3. 圆柱体(制作插杆)

绘图→实体→圆柱体

命令:_cylinder

指定底面的中心点或[三点(3P)/两点(2P)/切点、切点、半径(T)/椭圆(E)]
⟨0,0,0⟩:5,5,0↵

指定底面半径或[直径(D)]:1↵

指定高度或[两点(2P)/轴端点(A)]:-4↵

4. 倒角(给插杆做倒角)

修改→倒角

命令:_chamfer

(以下操作需先利用视图→三维动态观察器变换角度,然后在基面选取时选取
插杆下端圆面边界。如图 9-2 所示。)

("修剪"模式)当前倒角距离 1=0.0,距离 2=0.0

选择第一条直线或[放弃(U)/多段线(P)/距离(D)/角度(A)/修剪(T)/方式
(E)/多个(M)]:

基面选择...

输入曲面选择选项[下一个(N)/当前(OK)]⟨当前(OK)⟩:↵

指定基面的倒角距离[表达式(E)]:1↵

指定其他曲面的倒角距离或[表达式(E)]⟨1.0⟩:↵

选择边或[环(L)]:↵

选择边或[环(L)]:↵

5. 复制(复制至 4 个插杆)

命令:_copy

选择对象:找到 1 个

选择对象:↵

指定基点或[位移(D)/模式(O)]⟨位移⟩:5,5,0↵

指定第二个点或[阵列(A)]⟨使用第一个点作为位移⟩:45,5,0↵

指定第二个点或[阵列(A)/退出(E)/放弃(U)]〈退出〉:5,20,0↵

指定第二个点或[阵列(A)/退出(E)/放弃(U)]〈退出〉:45,20,0↵

指定第二个点或[阵列(A)/退出(E)/放弃(U)]〈退出〉:↵

6.并集(将台板与插杆合并成一个实体)

修改→实体编辑→并集

命令:_union

以下操作分别选取台板及4个插杆。

选择对象:找到1个

选择对象:找到1个,总计2个

选择对象:找到1个,总计3个

选择对象:找到1个,总计4个

选择对象:找到1个,总计5个

选择对象:↵

7.长方体(制作网槽挖切体)

绘图→实体→长方体

命令:_box

指定第一个角点或[中心(C)]〈0,0,0〉:24.5,0,1.5↵

指定其他角点或[立方体(C)/长度(L)]:25.5,25,1.5↵

指定高度或[两点(2P)]:0.5↵

8.差集(切槽,先选择台板,再选择网槽挖切体)

修改→实体编辑→差集

命令:_subtract

选择要从中减去的实体、曲面和面域...

选择对象:找到1个

选择对象:↵

9.体着色

赋予实体色彩,如图9-2所示。

视图→着色→体着色

命令:_shademode

当前模式:二维线框

输入选项[二维线框(2)/线框(W)/隐藏(H)/真实(R)/概念(C)/着色(S)/带边缘着色(E)/灰度(G)/勾画(SK)/X射线(X)/其他(O)]〈二维线框〉:_g↵

10.三维动态观察(鼠标拖曳选择合适角度)

视图→三维动态观察器

命令：_3dorbit

按 ESC 或 ENTER 键退出，或者单击鼠标右键显示快捷菜单。

11. 保存(存盘)

文件→保存

命令：_qsave

9.1.2　支撑腿

打印 4 件，完成后如图 9-3 所示。

1. 创建文件

文件→新建

另存为 tennisleg. dwg

2. 截面(绘制旋转截面)

绘图→直线

命令：_line

指定第一个点：0,0 ↵

指定下一点或[放弃(U)]：0,2.5 ↵

指定下一点或[放弃(U)]：6,2.5 ↵

指定下一点或[闭合(C)/放弃(U)]：6,1.5 ↵

指定下一点或[闭合(C)/放弃(U)]：12,1.5 ↵

指定下一点或[闭合(C)/放弃(U)]：19,2.5 ↵

指定下一点或[闭合(C)/放弃(U)]：21,2.5 ↵

指定下一点或[闭合(C)/放弃(U)]：21,0 ↵

指定下一点或[闭合(C)/放弃(U)]：c ↵

图 9-3　支撑腿

3. 面域(构造面域)

绘图→面域(以下操作可窗选全部线段)

命令：_region

选择对象：找到 8 个

选择对象：↵

已提取 1 个环。

已创建 1 个面域。

4. 旋转(构成实体)

绘图→实体→旋转(以 x 为轴旋转 360°，构成实体)

命令：_revolve

当前线框密度:ISOLINES＝4,闭合轮廓创建模式＝实体

选择要旋转的对象或[模式(MO)]:找到 1 个

选择要旋转的对象或[模式(MO)]:↵

指定轴起点或根据以下选项之一

定义轴[对象(O)/X/Y/Z]:〈对象〉x↵

指定旋转角度或[起点角度(ST)/反转(R)/表达式(EX)]〈360〉:↵

5. 左视(转换角度以便构造切孔)

视图→三维视图→左视

命令:_-view

输入选项[? /删除(D)/正交(O)/恢复(R)/保存(S)/设置(E)/窗口(W)]:_left

正在重生成模型。

6. 圆柱体(生成待切圆柱体)

绘图→实体→圆柱体

命令:_cylinder

指定底面的中心点或[三点(3P)/两点(2P)/切点、切点、半径(T)/椭圆(E)]〈0,0,0〉:↵

指定底面半径或[直径(D)]:1 ↵

指定高度或[两点(2P)/轴端点(A)]:－4.5 ↵

7. 差集(切孔)

修改→实体编辑→差集

命令:_subtract

选择要从中减去的实体、曲面和面域...

选择对象:找到 1 个

选择对象:↵

8. 西南(转换视角)

视图→三维视图→西南

命令:_-view

输入选项[? /删除(D)/正交(O)/恢复(R)/保存(S)/设置(E)/窗口(W)]:_swiso↵

正在重生成模型。

9. 着色(赋予实体色彩)

视图→着色→体着色

命令：_shademode

输入选项[二维线框(2)/线框(W)/隐藏(H)/真实(R)/概念(C)/着色(S)/带边缘着色(E)/灰度(G)/勾画(SK)/X 射线(X)/其他(O)]〈二维线框〉：_g↵

10. 保存(存盘)

文件→保存

命令：_qsave

9.1.3　球网

打印 1 件,完成后如图 9-4 所示。

1. 创建文件

文件→新建

另存为 tennisnet. dwg

2. 长方体(构建球网外形)

绘图→实体→长方体

图 9-4　球网

命令：_box

指定第一个角点或[中心(C)]：0,0,0↵

指定其他角点或[立方体(C)/长度(L)]：27.5,5↵

指定高度或[两点(2P)]〈-4.50〉：1↵

3. 长方体(设置球网网孔挖切体)

绘图→实体→长方体

命令：_box

指定第一个角点或[中心(C)]：2,1↵

指定其他角点或[立方体(C)/长度(L)]：4.5,2↵

指定高度或[两点(2P)]〈-1.00〉：1↵

4. 三维阵列(排列网孔)

修改→三维操作→三维阵列

命令：_3darray

选择对象：找到 1 个

选择对象：↵

输入阵列类型[矩形(R)/环形(P)]〈矩形〉：↵

输入行数(---)〈1〉：2↵

输入列数(|||)〈1〉：7↵

输入层数(...)〈1〉：↵

指定行间距(‐‐‐):2 ↵

指定列间距(丨丨丨):3.5 ↵

5. 差集(完成球网网孔造型)

修改→实体编辑→差集

命令:_subtract

选择要从中减去的实体、曲面和面域...

选择对象:找到 1 个

选择对象:找到 1 个,总计 2 个

选择对象:找到 1 个,总计 3 个

选择对象:找到 1 个,总计 4 个

选择对象:找到 1 个,总计 5 个

选择对象:找到 1 个,总计 6 个

选择对象:找到 1 个,总计 7 个

选择对象:找到 1 个,总计 8 个

选择对象:找到 1 个,总计 9 个

选择对象:指定对角点:找到 1 个,总计 10 个

选择对象:找到 1 个,总计 11 个

选择对象:找到 1 个,总计 12 个

选择对象:找到 1 个,总计 13 个

选择对象:找到 1 个,总计 14 个

选择对象:↵

6. 直线(绘制球网固定弯板截面外形)

绘图→直线

命令:_line

指定第一个点:0,0 ↵

指定下一点或[放弃(U)]:0,−2.5 ↵

指定下一点或[放弃(U)]:2,−2.5 ↵

指定下一点或[闭合(C)/放弃(U)]:2,−1.5 ↵

指定下一点或[闭合(C)/放弃(U)]:1.25,−1.5 ↵

指定下一点或[闭合(C)/放弃(U)]:1.25,0 ↵

指定下一点或[闭合(C)/放弃(U)]:c ↵

7. 镜像(镜像到另一端)

修改→镜像

命令:_mirror

选择对象:指定对角点:找到 6 个

选择对象:↵

指定镜像线的第一点:13.75,0 ↵

指定镜像线的第二点:13.75,5 ↵

要删除源对象吗? [是(Y)/否(N)]〈否〉:↵

8.面域(构造拉伸截面)

绘图→面域

命令:_region

以下操作分别窗选左右两个弯板截面外形。

选择对象:指定对角点:找到 6 个

选择对象:指定对角点:找到 6 个,总计 12 个

选择对象:↵

已提取 2 个环。

已创建 2 个面域。

9.拉伸(弯板成型)

绘图→实体→拉伸

命令:_extrude

以下操作分别选取左右两个弯板截面。

当前线框密度:ISOLINES=4,闭合轮廓创建模式=实体

选择要拉伸的对象或[模式(MO)]:指定对角点:找到 1 个

选择要拉伸的对象或[模式(MO)]:找到 1 个,总计 2 个

选择要拉伸的对象或[模式(MO)]:↵

指定拉伸高度或[方向(D)/路径(P)/倾斜角(P)/表达式(E)]〈-1.00〉:1 ↵

10.并集(将弯板与球网主体合并)

修改→实体编辑→并集

命令:_union

以下操作分别选取球网主体与左右两个弯板。

选择对象:找到 1 个

选择对象:找到 1 个,总计 2 个

选择对象:找到 1 个,总计 3 个

选择对象:↵

11.东北等轴测(转换视角)

视图→三维视图→东北等轴测

命令:_- view

输入选项[? /删除(D)/正交(O)/恢复(R)/保存(S)/设置(E)/窗口(W)]:
_neiso↵

正在重生成模型。

12. 体着色(赋予实体色彩)

视图→着色→体着色

命令:_shademode

当前模式:二维线框

输入选项[二维线框(2)/线框(W)/隐藏(H)/真实(R)/概念(C)/着色(S)/带
边缘着色(E)/灰度(G)/勾画(SK)/X 射线(X)/其他(O)]〈二维线框〉:_g↵

13. 保存(存盘)

文件→保存

命令:_qsave

9.1.4　乒乓球

打印 1 件,完成后如图 9-5 所示。

1. 创建文件

文件→新建

另存为 tennis. dwg

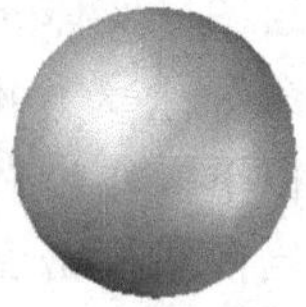

2. 球体(构建乒乓球体)

绘图→实体→球体

命令:_sphere

指定中心点或[三点(3P)/二点(2P)/切点、切点、半径(T)]:0,0,0↵

指定半径或[直径(D)]〈1.00〉:1↵

图 9-5　乒乓球

3. 体着色(赋予实体色彩)

视图→着色→体着色

命令:_shademode

输入选项[二维线框(2)/线框(W)/隐藏(H)/真实(R)/概念(C)/着色(S)/带
边缘着色(E)/灰度(G)/勾画(SK)/X 射线(X)/其他(O)]〈二维线框〉:_g↵

4. 东北等轴测

转换视角,如图 9-5 所示。

视图→三维视图→东北等轴测

命令:_- view

输入选项[?/删除(D)/正交(O)/恢复(R)/保存(S)/设置(E)/窗口(W)]:
_neiso↵

正在重生成模型。

5. 保存(存盘)

文件→保存

命令:_qsave

9.1.5　乒乓球拍

打印 1 件,完成后如图 9-6 所示。

1. 创建文件

文件→新建

另存为 tennisracket. dwg

2. 圆柱体(构建球拍外形)

绘图→实体→圆柱体

命令:_cylinder

当前线框密度:ISOLINES=4

指定底面的中心点或[三点(3P)/两点(2P)/切点、切点、半径(T)/椭圆(E)]:
0,0,0↵

指定底面半径或[直径(D)]:3↵

指定高度或[两点(2P)/轴端点(A)]:1↵

图 9-6　乒乓球拍

3. 长方体(构建球拍把)

绘图→实体→长方体

命令:_box

指定第一个角点或[中心(C)]:0,−0.75,0↵

指定其他角点或[立方体(C)/长度(L)]:6,0.75,1↵

4. 并集

将球拍板与把手合并,如图 9-6 所示。

修改→实体编辑→并集

命令:_union

选择对象:找到 1 个

选择对象:找到 1 个,总计 2 个

选择对象:↵

5. 圆(绘制胶面截面图形)

绘图→圆

命令:_circle

指定圆的圆心或[三点(3P)/两点(2P)/切点、切点、半径(T)]:0,0,1↵

指定圆的半径或[直径(D)]:3↵

6. 直线(绘制胶面截面图形)

绘图→直线

命令:_line

指定第一个点:2,−3,1↵

指定下一点或[放弃(U)]:2,3,1↵

指定下一点或[放弃(U)]:↵

7. 修剪(修剪完成胶面截面图形)

修改→修剪

命令:_trim

当前设置:投影＝UCS,边＝无,模式＝快速

选择要修剪的对象,或按住 Shift 键选择要延伸的对象或[剪切边(T)/窗交(C)/模式(O)/投影(P)/删除(R)]:

选择要修剪的对象,或按住 Shift 键选择要延伸的对象或[剪切边(T)/窗交(C)/模式(O)/投影(P)/删除(R)]:

选择要修剪的对象,或按住 Shift 键选择要延伸的对象或[剪切边(T)/窗交(C)/模式(O)/投影(P)/删除(R)]:

选择要修剪的对象,或按住 Shift 键选择要延伸的对象或[剪切边(T)/窗交(C)/模式(O)/投影(P)/删除(R)]:↵

8. 面域(构建胶面拉伸截面面域)

绘图→面域

命令:_region

选择对象:找到 1 个

选择对象:找到 1 个,总计 2 个

选择对象:↵

已提取 1 个环。

已创建 1 个面域。

9. 拉伸(完成胶面造型)

绘图→实体→拉伸

命令:_extrude

当前线框密度:ISOLINES＝4,闭合轮廓创建模式＝实体

选择要拉伸的对象或[模式(MO)]:找到 1 个

选择要拉伸的对象或[模式(MO)]:↵

指定拉伸高度或[方向(D)/路径(P)/倾斜解(T)/表达式(E)]:0.1 ↵

指定拉伸的倾斜角度〈0〉:↵

10. 并集(合并球拍与胶面)

修改→实体编辑→并集

命令:_union

选择对象:找到 1 个

选择对象:找到 1 个,总计 2 个

选择对象:↵

11. 东北等轴测(转换视角)

视图→三维视图→东北等轴测

命令:_- view

输入选项[？/删除(D)/正交(O)/恢复(R)/保存(S)/设置(E)/窗口(W)]:

_neiso↵

正在重生成模型。

12. 圆角

将把手各个角边倒圆角,操作时选取每条边角。

修改→圆角

命令:_fillet

当前设置:模式＝修剪,半径＝0.3

选择第一个对象或[放弃(U)/多段线(P)/半径(R)/修剪(T)/多个(M)]:

输入圆角半径〈0.3〉:0.25 ↵

选择边或[链(C)/半径(R)]:

选择边或[链(C)/半径(R)]:

选择边或[链(C)/半径(R)]:

选择边或[链(C)/半径(R)]:

选择边或[链(C)/半径(R)]:

选择边或[链(C)/半径(R)]:

选择边或[链(C)/半径(R)]:

选择边或[链(C)/环(L)/半径(R)]:已选定 8 个边用于圆角

13. 体着色(赋予实体色彩)

视图→着色→体着色

命令:_shademode

输入选项[二维线框(2)/线框(W)/隐藏(H)/真实(R)/概念(C)/着色(S)/带边缘着色(E)/灰度(G)/勾画(SK)/X 射线(X)/其他(O)]〈二维线框〉:_g ↵

14. 面着色(对胶皮表面设置其他颜色)

修改→实体编辑→着色面

命令:_solidedit

实体编辑自动检查:SOLIDCHECK=1

输入实体编辑选项[面(F)/边(E)/体(B)/放弃(U)/退出(X)]〈退出〉:_face ↵

输入面编辑选项[拉伸(E)/移动(M)/旋转(R)/偏移(O)/倾斜(T)/删除(D)/复制(C)/颜色(L)/材质(A)/放弃(U)/退出(X)]〈退出〉:_color ↵

选择面或[放弃(U)/删除(R)]:找到一个面

选择面或[放弃(U)/删除(R)/全部(ALL)]:↵

输入面编辑选项[拉伸(E)/移动(M)/旋转(R)/偏移(O)/倾斜(T)/删除(D)/复制(C)/着色(L)/材质(A)/放弃(U)/退出(X)]〈退出〉:↵

15. 保存(存盘)

文件→保存

命令:_qsave

9.2 双 杠

双杠组合由底座、支撑杆与横杠组成,如图9-7所示。命令行窗口中输入命令时,不分大小写,行尾输入回车键或空格键均可执行,9.2、9.3、第 10 章、11.1、12.4、13.2 中命令的行尾为空格键。

9.2.1 底座

打印 1 件,完成后如图9-8所示。

1. 创建文件

文件→新建

另存为 parallelbase.dwg

图9-7 双杠

2. 长方体(制作底座基板)

绘图→实体→长方体

命令:_box

指定第一个角点或[中心(C)]:0,0,0

指定其他角点或[立方体(C)/长度(L)]:50,16,3

3. 长方体(基板切口)

绘图→实体→长方体

命令:_box

指定第一个角点或[中心(C)]〈0,0,0〉:4,4,0

指定其他角点或[立方体(C)/长度(L)]:46,12,3

图 9-8　底座

4. 差集

基板中间开口,先选择基板长方体,再选择开口长方体。

修改→实体编辑→差集

命令:_subtract

选择要从中减去的实体或面域...

选择对象:找到 1 个

选择对象:

选择要减去的实体或面域...

选择对象:找到 1 个

5. 东北等轴测

转换视角,便于做切角操作。

视图→三维视图→东北等轴测

命令:_-view

输入选项[? /删除(D)/正交(O)/恢复(R)/保存(S)/设置(E)/窗口(W)]:_neiso

正在重生成模型。

6. 圆角

给基板倒圆角,分别选择顶面与内外侧面的边角。

修改→圆角

命令:_fillet

当前设置:模式=修剪,半径=0.0

选择第一个对象或[放弃(U)/多段线(P)/半径(R)/修剪(T)/多个(M)]:

输入圆角半径[表达式(E)]:1.5

选择边或[链(C)/环(L)/半径(R)]:

选择边或[链(C)/环(L)/半径(R)]:

此处省略 14 个选择边或[链(C)/环(L)/半径(R)]:

已选定 16 个边用于圆角。

7. 圆柱体(制作台柱)

绘图→实体→圆柱体

命令:_cylinder

指定底面的中心点或[三点(3P)/两点(2P)/切点、切点、半径(T)/椭圆(E)]

⟨0,0,0⟩:2,2,0

指定底面半径或[直径(D)]:2

指定高度或[两点(2P)/轴端点(A)]:20

8. 圆柱体(制作台柱中孔)

绘图→实体→圆柱体

命令:_cylinder

指定圆柱体底面的中心点或[椭圆(E)]⟨0,0,0⟩:2,2,10

指定圆柱体底面的半径或[直径(D)]:1

指定圆柱体高度或[另一个圆心(C)]:10

9. 差集(台柱挖孔)

修改→实体编辑→差集

命令:_subtract

选择要从中减去的实体或面域...

选择对象:找到 1 个

选择对象:

选择要减去的实体或面域...

选择对象:找到 1 个

10. 复制(复制至 4 个台柱)

修改→复制

命令:_copy

选择对象:找到 1 个

选择对象:当前设置:复制模式=多个

指定基点或[位移(D)/模式(O)]⟨位移⟩:2,2,0

指定第二个点或[阵列(A)]⟨使用第一个点作为位移⟩:48,2,0

指定第二个点或[阵列(A)/退出(E)/放弃(U)]〈退出〉:2,14,0
指定第二个点或[阵列(A)/退出(E)/放弃(U)]〈退出〉:48,14,0
指定第二个点或[阵列(A)/退出(E)/放弃(U)]〈退出〉:

11. 并集

将基板与台柱合并成一个实体,操作时分别选取基板和 4 个台柱。

修改→实体编辑→并集

命令:_union

选择对象:指定对角点:找到 1 个

选择对象:找到 1 个,总计 2 个

选择对象:找到 1 个,总计 3 个

选择对象:找到 1 个,总计 4 个

选择对象:找到 1 个,总计 5 个

12. 体着色

赋予实体色彩,如图 9-8 所示。

视图→着色→体着色

命令:_shademode

当前模式:二维线框

输入选项[二维线框(2)/线框(W)/隐藏(H)/真实(R)/概念(C)/着色(S)/带边缘着色(E)/灰度(G)/勾画(SK)/X 射线(X)/其他(O)]〈二维线框〉:_g

13. 保存(存盘)

文件→保存

命令:_qsave

9.2.2 支撑杆

打印 4 件,完成后如图 9-9 所示。

1. 创建文件

文件→新建

另存为 parallelbar.dwg

2. 圆柱体

制作支撑杆主体。

绘图→实体→圆柱体

命令:_cylinder

指定底面的中心点或[三点(3P)/两点(2P)/切点、切

图 9-9 支撑杆

点、半径(T)/椭圆(E)]:0,0,0

　　指定底面半径或[直径(D)]:1

　　指定高度或[两点(2P)/轴端点(A)]:20

3. 东北等轴测

转换视角,便于做切角操作。

视图→三维视图→东北等轴测

命令:_ view

输入选项[? /删除(D)/正交(O)/恢复(R)/保存(S)/设置(E)/窗口(W)]:
_neiso

　　正在重生成模型。

4. 倒角

支撑杆下端做倒角。

修改→倒角

命令:_chamfer

("修剪"模式)当前倒角距离 1=0.0,距离 2=0.0

选择第一条直线或[放弃(U)/多段线(P)/距离(D)/角度(A)/修剪(T)/方式(E)/多个(M)]:

　　基面选择...

　　输入曲面选择选项[下一个(N)/当前(OK)]〈当前(OK)〉:

　　指定基面的倒角距离或[表达式(E)]:0.3

　　指定其他曲面倒角距离或[表达式(E)]〈0.3〉:

　　选择边或[环(L)]:

　　选择边或[环(L)]:

5. 主视

转换视角。

视图→三维视图→主视

命令:_ view

输入选项[? /删除(D)/正交(O)/恢复(R)/保存(S)/设置(E)/窗口(W)]:
_front

　　正在重生成模型。

6. 圆柱体

制作支撑杆顶端横向圆柱。

绘图→实体→圆柱体

命令:_cylinder

指定底面的中心点或[三点(3P)/两点(2P)/切点、切点、半径(T)/椭圆(E)]〈0,0,0〉:0,20,−1.5

指定底面半径或[直径(D)]:1

指定高度或[两点(2P)/轴端点(A)]:3

7. 东北等轴测

转换视角,便于做切角操作。

视图→三维视图→东北等轴测

命令:_ – view

输入选项[？/删除(D)/正交(O)/恢复(R)/保存(S)/设置(E)/窗口(W)]:_neiso

正在重生成模型。

8. 倒角

横向圆柱两端做倒角。

修改→倒角

命令:_chamfer

("修剪"模式)当前倒角距离 1=0.3,距离 2=0.3

选择第一条直线或[放弃(U)/多段线(P)/距离(D)/角度(A)/修剪(T)/方式(E)/多个(M)]:

基面选择...

输入曲面选择选项[下一个(N)/当前(OK)]〈当前(OK)〉:

指定基面的倒角距离或[表达式(E)]〈0.3〉:

指定其他曲面倒角距离或[表达式(E)]〈0.3〉:

选择边或[环(L)]:

选择边或[环(L)]:

命令:_chamfer

("修剪"模式)当前倒角距离 1=0.3,距离 2=0.3

选择第一条直线或[放弃(U)/多段线(P)/距离(D)/角度(A)/修剪(T)/方式(E)/多个(M)]:

基面选择...

输入曲面选择选项[下一个(N)/当前(OK)]〈当前(OK)〉:

指定基面的倒角距离或[表达式(E)]〈0.3〉:

指定其他曲面倒角距离或[表达式(E)]〈0.3〉:

选择边或[环(L)]:

选择边或[环(L)]：

9. 并集

将支撑杆与横向圆柱合并为一个实体。

修改→实体编→并集

命令：_union

选择对象：找到 1 个

选择对象：找到 1 个,总计 2 个

10. 主视

转换视角,便于制作切孔。

视图→三维视图→主视

命令：_- view

输入选项[？/删除(D)/正交(O)/恢复(R)/保存(S)/设置(E)/窗口(W)]：
_front

正在重生成模型。

11. 圆柱体

制作支撑杆顶端横向圆柱圆孔。

绘图→实体→圆柱体

命令：_cylinder

当前线框密度：ISOLINES＝4

指定底面的中心点或[三点(3P)/两点(2P)/切点、切点、半径(T)/椭圆(E)]
〈0,0,0〉:0,20,−1.5

指定底面半径或[直径(D)]:0.5

指定高度或[两点(2P)/轴端点(A)]:3

12. 差集

横向圆柱切孔,操作时先选取支撑杆主体,再选择横向小圆柱。

修改→实体编辑→差集

命令：_subtract

选择要从中减去的实体或面域...

选择对象：找到 1 个

选择对象：选择要减去的实体或面域...

选择对象：找到 1 个

13. 东北等轴测

转换视角。

视图→三维视图→东北等轴测

命令：_－view

输入选项［？/删除(D)/正交(O)/恢复(R)/保存(S)/设置(E)/窗口(W)］：
_neiso

正在重生成模型。

14. 体着色

赋予实体色彩，如图 9-9 所示。

视图→着色→体着色

命令：_shademode

当前模式：二维线框

输入选项［二维线框(2)/线框(W)/隐藏(H)/真实(R)/概念(C)/着色(S)/带
边缘着色(E)/灰度(G)/勾画(SK)/X 射线(X)/其他(O)］〈二维线框〉：_g

15. 保存(存盘)

文件→保存

命令：_qsave

9.2.3　横杠

打印 2 件，完成后如图 9-10 所示。

1. 创建文件

文件→新建

另存为 parallelwooden. dwg

2. 主视

视图→三维视图→主视

命令：_－view

输入选项［？/删除(D)/正交(O)/恢复(R)/保存(S)/设置
(E)/窗口(W)］：_front

正在重生成模型。

图 9-10　横杠

3. 圆柱体

制作横杠主体。

绘图→实体→圆柱体

命令：_cylinder

指定底面的中心点或［三点(3P)/两点(2P)/切点、切点、半径(T)/椭圆(E)］：
0,0,0

指定底面半径或[直径(D)]:0.5

指定高度或[两点(2P)/轴端点(A)]:56

4. 西北等轴测

转换视角。

视图→三维视图→西北等轴测

命令:_-view

输入选项[?/删除(D)/正交(O)/恢复(R)/保存(S)/设置(E)/窗口(W)]:
_nwiso

正在重生成模型。

5. 倒角

两端做倒角。

修改→倒角

命令:_chamfer

("修剪"模式)当前倒角距离 1=0.0,距离 2=0.0

选择第一条直线或[放弃(U)/多段线(P)/距离(D)/角度(A)/修剪(T)/方式
(E)/多个(M)]:

基面选择...

输入曲面选择选项[下一个(N)/当前(OK)]〈当前(OK)〉:

指定基面的倒角距离或[表达式(E)]:0.2

指定其他曲面的倒角距离或[表达式(E)]:0.2

选择边或[环(L)]:

选择边或[环(L)]:

6. 体着色

赋予实体色彩。

视图→着色→体着色

命令:_shademode

当前模式:二维线框

输入选项[二维线框(2)/线框(W)/隐藏(H)/真实(R)/概念(C)/着色(S)/带
边缘着色(E)/灰度(G)/勾画(SK)/X 射线(X)/其他(O)]〈二维线框〉:_g

7. 保存(存盘)

文件→保存

命令:_qsave

9.3　篮球和球架

模型包括篮球和球架,如图 9 - 11 所示。

9.3.1　篮球

1.切换工作空间切换

工作空间→三维建模

命令:wscurrent

输入 WSCURRENT 的新值〈"草图与注释"〉:三维建模

图 9 - 11　篮球和球架

2.绘制圆

绘图→圆→圆心,半径

命令:_circle

指定圆的圆心或[三点(3P)/两点(2P)/切点、切点、半径(T)]:200,0

指定圆的半径或[直径(D)]〈14.4290〉:123

3.绘制线段

绘图→直线

命令:_line

指定第一个点:77,0

指定下一点或[放弃(U)]:323,0

命令:_line

指定第一个点:200,123

指定下一点或[放弃(U)]:200,-123

4.旋转线段

修改→旋转

命令:_rotate

UCS 当前的正角方向:ANGDIR=逆时针 ANGBASE=0

选择对象:找到 1 个

选择对象:找到 1 个,总计 2 个

指定基点:200,0

指定旋转角度,或[复制(C)/参照(R)]〈0〉:c

旋转一组选定对象。

指定旋转角度,或[复制(C)/参照(R)]〈0〉:45

5. 绘制圆角

修改→倒角和圆角→圆角

命令:_fillet

当前设置:模式＝修剪,半径＝0.0000

选择第一个对象或[放弃(U)/多段线(P)/半径(R)/修剪(T)/多个(M)]:

选择第二个对象,或按住 Shift 键选择对象以应用角点或[半径(R)]:r

指定圆角半径〈0.0000〉:62

选择第二个对象,或按住 Shift 键选择对象以应用角点或[半径(R)]:

6. 切换工作空间

切换工作空间→草图与注释

命令:wscurrent ↵

输入 WSCURRENT 的新值:〈"草图与注释"〉

7. 镜像

修改→镜像

命令:_mirror

选择对象:找到 1 个

选择对象:找到 1 个,总计 2 个

选择对象:找到 1 个,总计 3 个

选择对象:

指定镜像线的第一点:

指定镜像线的第二点:

要删除源对象吗?[是(Y)/否(N)]〈否〉:

8. 修剪

修改→修剪

命令:_trim

当前设置:投影＝UCS,边＝无,模式＝快速

选择要修剪的对象,或按住 Shift 键选择要延伸的对象或[剪切边(T)/窗交(C)/模式(O)/投影(P)/删除(R)]:

选择要修剪的对象,或按住 Shift 键选择要延伸的对象或[剪切边(T)/窗交(C)/模式(O)/投影(P)/删除(R)/放弃(U)]:

9. 创建边界

绘图→边界

对象类型选择"面域",点击"拾取点"

命令:_boundary

拾取内部点:正在选择所有对象…

正在选择所有可见对象…

正在分析所选数据…

正在分析内部孤岛…

拾取内部点:

正在分析内部孤岛…

拾取内部点:

已提取 2 个环。

已创建 2 个面域。

BOUNDARY 已创建 2 个面域

10. 旋转面

修改→旋转

命令:_rotate

UCS 当前的正角方向:ANGDIR＝逆时针 ANGBASE＝0

找到 1 个

指定基点:200,0

指定旋转角度,或[复制(C)/参照(R)]〈45〉:－90

11. 删除多余线

选择多余的线,按 delete 即可。

12. 切换工作空间

切换工作空间→三维建模

命令:wscurrent ↵

输入 WSCURRENT 的新值〈"草图与注释"〉:三维建模

13. 拉伸

修改→拉伸

分别将两个面进行向 z 正轴和 z 负轴的拉伸,长度均为 123。

命令:_extrude

当前线框密度:ISOLINES＝4,闭合轮廓创建模式＝实体

选择要拉伸的对象或[模式(MO)]:_MO 闭合轮廓创建模式[实体(SO)/曲面(SU)]〈实体〉:_SO

选择要拉伸的对象或[模式(MO)]:找到 1 个

选择要拉伸的对象或[模式(MO)]：

指定拉伸的高度或[方向(D)/路径(P)/倾斜角(T)/表达式(E)]〈123.0000〉:123

命令：_extrude

当前线框密度：ISOLINES＝4，闭合轮廓创建模式＝实体

选择要拉伸的对象或[模式(MO)]：_MO 闭合轮廓创建模式[实体(SO)/曲面(SU)]〈实体〉：_SO

选择要拉伸的对象或[模式(MO)]：找到 1 个

选择要拉伸的对象或[模式(MO)]：

指定拉伸的高度或[方向(D)/路径(P)/倾斜角(T)/表达式(E)]〈123.0000〉：

－123

14. 合并

实体编辑→并集

将两个实体合并为一个实体。

命令：_union

选择对象：找到 1 个

选择对象：找到 1 个,总计 2 个

15. 绘制球

建模→球体

命令：_sphere

指定中心点或[三点(3P)/两点(2P)/切点、切点、半径(T)]：200,0,0

指定半径或[直径(D)]：123

16. 交集

球体绘制交集,如图 9－12 所示。

图 9－12　球体绘制交集

实体编辑→交集

命令:_intersect

选择对象:找到 1 个

选择对象:找到 1 个,总计 2 个

17. 提取所需曲线

提取所需曲线,如图 9－13 所示。

实体编辑→提取边

提取边后,点击实体,删去,得到边。

删去多余线条,得到所需曲线。

命令:_xedges

选择对象:找到 1 个

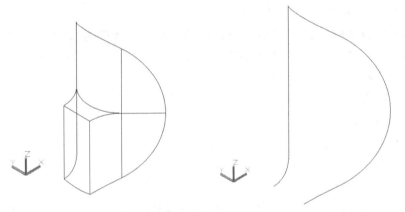

图 9－13　提取所需曲线

18. 扫掠

扫掠结果如图 9－14 所示。

实体→扫掠

在图内空白处绘制 5 个半径为 2 的圆,用于后续扫掠的对象。

命令:_circle

指定圆的圆心或[三点(3P)/两点(2P)/切点、切点、半径(T)]:

指定圆的半径或[直径(D)]〈2.0000〉:2

命令:_sweep

当前线框密度:ISOLINES＝4,闭合轮廓创建模式＝实体

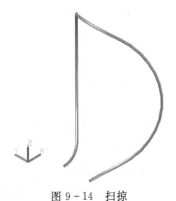

图 9－14　扫掠

选择要扫掠的对象或 [模式(MO)]:找到 1 个

选择要扫掠的对象或 [模式(MO)]:

选择扫掠路径或 [对齐(A)/基点(B)/比例(S)/扭曲(T)]:

(重复 5 次)

19. 三维镜像

修改→三维镜像

命令:_mirror3d

选择对象:找到 1 个

选择对象:找到 1 个,总计 2 个

选择对象:找到 1 个,总计 3 个

选择对象:找到 1 个,总计 4 个

选择对象:找到 1 个,总计 5 个

指定镜像平面(三点)的第一个点或 [对象(O)/最近的(L)/Z 轴(Z)/视图(V)/XY 平面(XY)/YZ 平面(YZ)/ZX 平面(ZX)/三点(3)]〈三点〉:yz

指定 YZ 平面上的点〈0,0,0〉:200,0,0

是否删除源对象? [是(Y)/否(N)]〈否〉:N

20. 旋转坐标系

坐标→绕 X 轴旋转用户坐标系

命令:_ucs

当前 UCS 名称:* 世界 *

指定 UCS 的原点或 [面(F)/命名(NA)/对象(OB)/上一个(P)/视图(V)/世界(W)/X/Y/Z/Z 轴(ZA)]〈世界〉:_x

指定绕 X 轴的旋转角度〈90〉:90

21. 绘制圆环体

建模→圆环体

命令:_torus

指定中心点或 [三点(3P)/两点(2P)/切点、切点、半径(T)]:200,0,0

指定半径或 [直径(D)]〈256.2785〉:123

指定圆管半径或 [两点(2P)/直径(D)]〈2.0000〉:2

22. 旋转坐标系

坐标→绕 Y 轴旋转用户坐标系

命令:_ucs

当前 UCS 名称:* 没有名称 *

指定 UCS 的原点或[面(F)/命名(NA)/对象(OB)/上一个(P)/视图(V)/世界(W)/X/Y/Z/Z 轴(ZA)]〈世界〉:_y

指定绕 Y 轴的旋转角度〈90〉:90

23. 绘制圆环体

绘制圆环体,如图 9-15 所示。

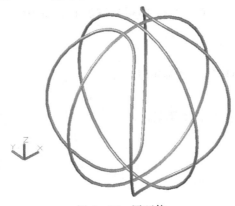

图 9-15　圆环体

建模→圆环体

命令:_torus

指定中心点或[三点(3P)/两点(2P)/切点、切点、半径(T)]:0,0,200

指定半径或[直径(D)]〈256.2785〉:123

指定圆管半径或[两点(2P)/直径(D)]〈2.0000〉:2

24. 恢复世界坐标系

命令:_ucs

当前 UCS 名称: * 没有名称 *

指定 UCS 的原点或[面(F)/命名(NA)/对象(OB)/上一个(P)/视图(V)/世界(W)/X/Y/Z/Z 轴(ZA)]〈世界〉:

25. 合并

实体编辑→并集

将所有的实体选中,合并为一个整体。

命令:_union

窗口(W)套索:按空格键可循环浏览选项找到 13 个

26. 绘制球

建模→球体

命令:_sphere

指定中心点或[三点(3P)/两点(2P)/切点、切点、半径(T)]:200,0,0

指定半径或[直径(D)]〈123.0000〉:123

27. 求差集

实体编辑→差集

在球体的基础上把其余环体减去,得到球表面的凹槽(这一步注意选取先后顺序)。

命令:_subtract

选择要从中减去的实体、曲面和面域...

选择对象:找到 1 个

选择要减去的实体、曲面和面域...

选择对象:找到 1 个

28. 保存模型

保存模型,如图 9 - 16 所示。

命令:_qsave

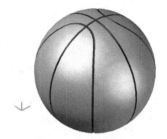

9.3.2 球架

图 9 - 16　篮球

1. 绘制圆柱体

建模→圆柱体

命令:_cylinder

指定底面的中心点或[三点(3P)/两点(2P)/切点、切点、半径(T)/椭圆(E)]:0,0,0

指定底面半径或[直径(D)]〈123.0000〉:128

指定高度或[两点(2P)/轴端点(A)]〈-123.0000〉:66

2. 绘制圆柱体

绘制圆柱体,如图 9 - 17 所示。

建模→圆柱体

命令:_cylinder

指定底面的中心点或[三点(3P)/两点(2P)/切点、切点、半径(T)/椭圆(E)]:0,0,66

指定底面半径或[直径(D)]〈128.0000〉:75

指定高度或[两点(2P)/轴端点(A)]〈66.0000〉:3500

图 9 - 17　圆柱体

3. 绘制多段线

绘图→多段线

命令:_pline

指定起点:-36,-500,3566

当前线宽为 0.0000

指定下一个点或[圆弧(A)/半宽(H)/长度(L)/放弃(U)/宽度(W)]:

@0,1000

指定下一点或[圆弧(A)/闭合(C)/半宽(H)/长度(L)/放弃(U)/宽度(W)]:

@128,0

指定下一点或[圆弧(A)/闭合(C)/半宽(H)/长度(L)/放弃(U)/宽度(W)]:

@0,-60

指定下一点或[圆弧(A)/闭合(C)/半宽(H)/长度(L)/放弃(U)/宽度(W)]:

@-56,0

指定下一点或[圆弧(A)/闭合(C)/半宽(H)/长度(L)/放弃(U)/宽度(W)]:

@0,-880

指定下一点或[圆弧(A)/闭合(C)/半宽(H)/长度(L)/放弃(U)/宽度(W)]:

@56,0

指定下一点或[圆弧(A)/闭合(C)/半宽(H)/长度(L)/放弃(U)/宽度(W)]:

@0,-60

指定下一点或[圆弧(A)/闭合(C)/半宽(H)/长度(L)/放弃(U)/宽度(W)]:

@-128,0

命令:_pline

指定起点:-36,-500,3486

当前线宽为 0.0000

指定下一个点或[圆弧(A)/半宽(H)/长度(L)/放弃(U)/宽度(W)]:

@0,1000

指定下一点或[圆弧(A)/闭合(C)/半宽(H)/长度(L)/放弃(U)/宽度(W)]:

@100,0

指定下一点或[圆弧(A)/闭合(C)/半宽(H)/长度(L)/放弃(U)/宽度(W)]:

@0,-60

指定下一点或[圆弧(A)/闭合(C)/半宽(H)/长度(L)/放弃(U)/宽度(W)]:

@-28,0

指定下一点或[圆弧(A)/闭合(C)/半宽(H)/长度(L)/放弃(U)/宽度(W)]:

@0,-880

指定下一点或[圆弧(A)/闭合(C)/半宽(H)/长度(L)/放弃(U)/宽度(W)]：@28,0

指定下一点或[圆弧(A)/闭合(C)/半宽(H)/长度(L)/放弃(U)/宽度(W)]：@0,－60

指定下一点或[圆弧(A)/闭合(C)/半宽(H)/长度(L)/放弃(U)/宽度(W)]：@－100,0

4. 多段线转换为平面

"曲面→创建→平面

选中两个多段线,点击"平面"按钮。

命令：_planesurf

指定第一个角点或[对象(O)]〈对象〉：

指定其他角点

找到 2 个

5. 放样

篮球架放样,如图 9－18 所示。

实体→放样

命令：_loft

图 9－18　篮球架放样

当前线框密度：ISOLINES＝4,闭合轮廓创建模式＝实体

按放样次序选择横截面或[点(PO)/合并多条边(J)/模式(MO)]：_MO 闭合轮廓创建模式[实体(SO)/曲面(SU)]〈实体〉：_SO

按放样次序选择横截面或[点(PO)/合并多条边(J)/模式(MO)]：找到 1 个

按放样次序选择横截面或[点(PO)/合并多条边(J)/模式(MO)]：找到 1 个,总计 2 个

按放样次序选择横截面或[点(PO)/合并多条边(J)/模式(MO)]：

选中了 2 个横截面

输入选项[导向(G)/路径(P)/仅横截面(C)/设置(S)]〈仅横截面〉：

6. 旋转坐标系

命令：_－view

输入选项[? /删除(D)/正交(O)/恢复(R)/保存(S)/设置(E)/窗口(W)]：_right

命令：_ucs

当前 UCS 名称：*右视*

指定 UCS 的原点或[面(F)/命名(NA)/对象(OB)/上一个(P)/视图(V)/世

界(W)/X/Y/Z/Z 轴(ZA)]〈世界〉:v

7. 绘制平面

曲面选项卡→创建→平面

创建一个平面,用于后续扫掠对象。

命令:_planesurf

指定第一个角点或[对象(O)]〈对象〉:−30,3050,840

指定其他角点:@60,118

8. 绘制直线

绘图→直线

绘制一条空间直线,用于后续扫掠路径。

命令:_line

指定第一个点:0,3109,840

指定下一点或[放弃(U)]:0,3050,0

9. 扫掠

扫掠结果如图 9 - 19 所示。

实体→扫掠

将步骤 7 的平面作为对象,步骤 8 的直线作为路径,进行扫掠。

命令:_sweep

当前线框密度:ISOLINES=4,闭合轮廓创建模式=实体

选择要扫掠的对象或[模式(MO)]:_MO 闭合轮廓创建模式[实体(SO)/曲面(SU)]〈实体〉:_SO

选择要扫掠的对象或[模式(MO)]:找到 1 个

选择要扫掠的对象或[模式(MO)]:

选择扫掠路径或[对齐(A)/基点(B)/比例(S)/扭曲(T)]:

图 9 - 19　扫掠

10. 绘制长方体

建模→长方体

命令:_box

指定第一个角点或[中心(C)]:−685,3133,406

指定其他角点或[立方体(C)/长度(L)]:@1370,60

指定高度或[两点(2P)]〈3500.0000〉:28

11. 绘制长方体

建模→长方体

命令:_box

指定第一个角点或[中心(C)]:−900,2900,840

指定其他角点或[立方体(C)/长度(L)]:@1800,1050

指定高度或[两点(2P)]〈28.0000〉:50

12. 绘制长方体

建模→长方体

命令:_box

指定第一个角点或[中心(C)]:−100,3073,890

指定其他角点或[立方体(C)/长度(L)]:@200,90

指定高度或[两点(2P)]〈50.0000〉:23

13. 绘制长方体

绘制长方体,如图9−20所示。

建模→长方体

命令:_box

指定第一个角点或[中心(C)]:−100,3073,890

指定其他角点或[立方体(C)/长度(L)]:@200,−73

指定高度或[两点(2P)]〈−20.0000〉:20

14. 转换坐标系

命令:_ucs

当前 UCS 名称:*右视*

图 9−20　篮球架

指定 UCS 的原点或[面(F)/命名(NA)/对象(OB)/上一个(P)/视图(V)/世界(W)/X/Y/Z/Z轴(ZA)]〈世界〉:w

9.3.3　绘制篮框

1. 绘制圆环体

建模→圆环体

命令:_torus

定中心点或[三点(3P)/两点(2P)/切点、切点、半径(T)]:1181,0,3084.5

指定半径或[直径(D)]〈225.0000〉:225

指定圆管半径或[两点(2P)/直径(D)]〈2.0000〉:10

2. 绘制圆

绘图→圆→圆心,半径

在任意空白处绘制四个半径为 15 的圆,用于后续扫掠对象。

命令:_circle

指定圆的圆心或[三点(3P)/两点(2P)/切点、切点、半径(T)]：

指定圆的半径或[直径(D)]:15

（重复四次）

3. 绘制空间直线

绘制空间直线，如图 9 - 21 所示。

绘图→直线

绘制四条直线，用于后续扫掠路径。

命令:_line

指定第一个点:434,-665,3185

指定下一点或[放弃(U)]:840,-900,3900

命令:_line

指定第一个点:434,665,3185

指定下一点或[放弃(U)]:840,900,3900

命令:_line

指定第一个点:64,-470,3526

指定下一点或[放弃(U)]:406,-100,3165

命令:_line

指定第一个点:64,470,3526

指定下一点或[放弃(U)]:406,100,3165

图 9 - 21　篮球架空间直线

4. 绘制扫掠体

绘制扫掠体，如图 9 - 22 所示。

实体→扫掠

用步骤 2 的圆作为扫掠对象，步骤 3 的直线作为扫掠路径，进行扫掠，绘制篮球架的 4 个支撑杆。

命令:_sweep

当前线框密度:ISOLINES=4,闭合轮廓创建模式=实体

选择要扫掠的对象或[模式(MO)]:_MO 闭合轮廓创建模式[实体(SO)/曲面(SU)]〈实体〉:_SO

选择要扫掠的对象或[模式(MO)]:找到 1 个

选择要扫掠的对象或[模式(MO)]:

图 9 - 22　扫掠

选择扫掠路径或[对齐(A)/基点(B)/比例(S)/扭曲(T)]:
(重复 4 次)

5. 合并模型

合并模型,如图 9 - 23 所示。

打开篮球模型文件,将篮球模型全部选中后,按下 Ctrl+C,切换到篮球架模型,按下 Ctrl+V,并适当调整位置,成功将两个模型合并到同一模型文件中。

6. 保存模型

命令:_qsave

图 9 - 23　篮球及篮球架

第10章 文化用品

本章通过制作一组文化用品组件,学习造型的方法和技巧。用 3D 打印后可直接装配。

10.1 图　章

图章组合由图章面、图章体、印泥盒体、印泥盒盖与印泥组成,如图 10 - 1 所示。

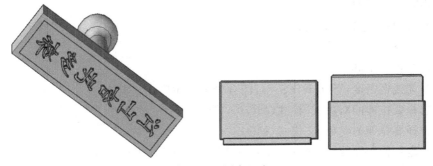

图 10 - 1　图章组合

10.1.1　图章面

打印 1 件,完成后如图 10 - 5 所示。

1. 创建文件

文件→新建

另存为 stampdrawing. dwg

2. 矩形

构建字板拉伸截面图形,如图 10 - 2 所示。

绘图→矩形

命令:_rectang

指定第一个角点或[倒角(C)/标高(E)/圆角(F)/厚度(T)/宽度(W)]:0,0

指定另一个角点或[面积(A)/尺寸(D)/旋转(R)]:32,8

图 10-2　插入矩形

3. 面域(构成面域)

绘图→面域

命令:_region

选择对象:找到 1 个

选择对象:

已提取 1 个环。

已创建 1 个面域。

4. 拉伸(字板拉伸成型)

绘图→实体→拉伸

命令:_extrude

当前线框密度:ISOLINES=4,闭合轮廓创建模式=实体

选择要拉伸的对象或[模式(MO)]:找到 1 个

选择要拉伸的对象或[模式(MO)]:

指定拉伸高度或[方向(D)/路径(P)/倾斜角(T)/表达式(E)]:1

5. 插入字体

在此之前先打开一个 Word 文档,插入艺术字"江山如此多娇",复制至剪切板,然后选择性粘贴字体图元。按以下位置粘贴后,采用命令"修改-缩放"及"修改-移动"将文字修改成合适字体、大小并摆放在字板中央,如图 10-3 所示。

编辑→选择性粘贴→AutoCAD 图元

命令:_pastespec 指定插入点:0.8,2

图 10-3　插入并修改字体、位置、大小

6. 分解

分解字体,可窗选。分解后对字体笔画进行修整,使其构成若干独立封闭线框,如图 10 - 4 所示为字体"江"的修改结果。

修改→分解

命令:_explode

选择对象:指定对角点:找到 72 个

图 10 - 4　修整字体笔画

7. 面域

将字体图形构成面域,可窗选。

绘图→面域

命令:_region

选择对象:指定对角点:找到 41 个

选择对象:

已提取 41 个环。

已创建 41 个面域。

8. 拉伸

将字体拉伸出厚度,可窗选。

绘图→实体→拉伸体

命令:_extrude

当前线框密度:ISOLINES＝4,闭合轮廓创建模式＝实体

选择要拉伸的对象或[模式(MO)]:指定对角点:找到 41 个

选择要拉伸的对象或[模式(MO)]:

指定拉伸高度或[方向(D)/路径(P)/倾斜角(T)/表达式(E)]:－1

9. 并集

将字体与字板合并。

修改→实体编辑→并集

命令:_union

选择对象:找到 1 个

选择对象:指定对角点:找到 41 个,总计 42 个

10. 体着色

赋予实体色彩。

视图→着色→体着色

命令:_shademode

输入选项[二维线框(2)/线框(W)/隐藏(H)/真实(R)/概念(C)/着色(S)/带

边缘着色(E)/灰度(G)/勾画(SK)/X射线(X)/其他(O)]〈二维线框〉:_g

11. 动态观察器

转换视角,如图10-5所示。

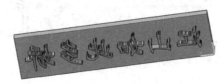

图10-5　图章面

视图→三维动态观察器

命令:_3dorbit

按ESC或ENTER键退出,或者单击鼠标右键显示快捷菜单。

12. 保存(存盘)

文件→保存

命令:_qsave

10.1.2　图章体

打印1件,完成后如图10-11所示。

1. 创建文件

文件→新建

另存为stampbody.dwg

2. 东北等轴测

视图→三维视图→东北等轴测(转换视角)

命令:_-view

输入选项[?/删除(D)正交(O)//恢复(R)/保存(S)/设置(E)/窗口(W)]:_neiso

正在重生成模型。

3. 长方体

生成图章台板,如图10-6所示。

绘图→实体→长方体

命令:_box

指定第一个角点或[中心(C)]:-17,-5,0

指定其他角点或[立方体(C)/长度(L)]:17,5,5

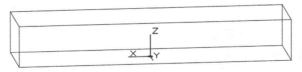

图 10－6　图章台板

4. 圆锥体

生成把杆,如图 10－7 所示。

绘图→实体→圆锥体

命令:_cone

指定底面的中心点或[三点(3P)/两点(2P)/切点、切点、半径(D)/椭圆(E)]:0,0,5

指定底面半径或[直径(D)]:3

指定高度或[两点(2P)/轴端点(A)/顶面半径(T)/顶点(A)]:－50

图 10－7　图章台板与把杆

5. 截切

把杆截切分开。

绘图→实体→截切

命令:_slice

选择要剖切的对象:找到 1 个

选择要剖切的对象:

指定切面的起点,或[平面对象(O)/曲面(S)/Z 轴(Z)/视图(V)/XY(XY)/YZ(YZ)/ZX(ZX)/三点(3)]〈三点〉:3

指定平面上的第一个点:0,0,30

指定平面上的第二个点:0,5,30

指定平面上的第三个点:5,0,30

在所需的侧面上指定点或[保留两个侧面(B)]:b

6. 删除

删除把杆上段,如图 10－8 所示。

修改→删除

命令:_erase

选择对象:找到 1 个

选择对象:

图 10－8　删除把杆上段后的
图章台板与把杆

7. 球体

生成把手,如图 10-9 所示。

绘图→实体→球体

命令:_sphere

指定中心点或[3 点(3P)/两点(2P)/切

点、切点、半径(T)]:0,0,30

指定球体半径或[直径(D)]:4

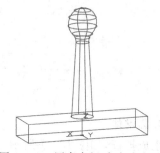

图 10-9   图章台板、把杆与把手

8. 并集

将台板与把杆、把手合并。

修改→实体编辑→并集

命令:_union

选择对象:找到 1 个

选择对象:找到 1 个,总计 2 个

选择对象:找到 1 个,总计 3 个

9. 圆角

将把手与把杆连接处倒圆角。

修改→圆角

命令:_fillet

当前设置:模式=修剪,半径=0.0

选择第一个对象或[放弃(U)/多段线(P)/半径(R)/修剪(T)/多个(M)]:

输入圆角半径或[表达式(E)]:3

选择边或[链(C)/环(L)/半径(R)]:

选择边或[链(C)/环(L)/半径(R)]:

已选定 1 个边用于圆角。

10. 圆角

将把杆与台板连接处倒圆角。

修改→圆角

命令:_fillet

当前设置:模式=修剪,半径=3.0

选择第一个对象或[放弃(U)/多段线(P)/半径(R)/修剪(T)/多个(M)]:

输入圆角半径或[表达式(E)]〈3.0〉:1.5

选择边或[链(C)/环(L)/半径(R)]:

选择边或[链(C)/环(L)/半径(R)]:

已选定 1 个边用于圆角。

11. 长方体

构建图章台板面深槽形体。

绘图→实体→长方体

命令:_box

指定第一个角点或［中心(C)］〈0,0,0〉:−16,−4,0

指定其他角点或［立方体(C)/长度(L)］:16,4,2

12. 差集(开槽)

差集(开槽),如图 10 - 10 所示。

修改→实体编辑→差集

命令:_subtract

选择要从中减去的实体、曲面和面域...

选择对象:找到 1 个

选择对象:

选择要减去的实体、曲面和面域...

选择对象:找到 1 个

选择对象:

图 10 - 10　图章体差集(开槽)

13. 体着色

赋予实体色彩,如图 10 - 11 所示。

视图→着色→体着色

命令:_shademode

输入选项［二维线框(2)/线框(W)/隐藏(H)/真实(R)/概念(C)/着色(S)/带边缘着色(E)/灰度(G)/勾画(SK)/X 射线(X)/其他(O)］〈二维线框〉:_H

14. 保存(存盘)

文件→保存

命令:_qsave

图 10 - 11　图章体

10.1.3　印泥盒体

打印 1 件,完成后如图 10 - 16 所示。

1. 创建文件

文件→新建

另存为 stampbox.dwg

2. 东北等轴测(转换视角)

视图→三维视图→东北等轴测

命令:_-view

输入选项[?/删除(D)/正交(O)/恢复(R)/保存(S)/设置(E)/窗口(W)]:_neiso

正在重生成模型。

3. 长方体

生成盒体外形,如图 10-12 所示。

绘图→三维实体→长方体

命令:_box

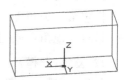

图 10-12　盒体外形

指定第一个角点或[中心(C)]⟨0,0,0⟩:-19,-7,0

指定其他角点或[立方体(C)/长度(L)]:19,7,18

4. 抽壳

生成内腔,如图 10-13 所示。

修改→实体编辑→抽壳

命令:_solidedit

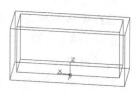

图 10-13　盒体内腔

实体编辑自动检查:SOLIDCHECK=1

输入实体编辑选项[面(F)/边(E)/体(B)/放弃(U)/退出(X)]⟨退出⟩:_body

输入实体编辑选项[压印(I)/分割实体(P)/抽壳(S)/清除(L)/检查(C)/放弃(U)/退出(X)]⟨退出⟩:_shell

选择三维实体:

删除面或[放弃(U)/添加(A)/全部(ALL)]:找到一个面,已删除 1 个。

删除面或[放弃(U)/添加(A)/全部(ALL)]:

输入抽壳偏移距离:2

已开始实体校验。

已完成实体校验。

5. 长方体

生成盒体上段外形。

绘图→三维实体→长方体

命令:_box

指定第一个角点或[中心(C)]:-18,-6,18

指定其他角点或[立方体(C)/长度(L)]:18,6,28

6. 长方体

生成盒体上段内腔区域。

绘图→三维实体→长方体

命令:_box

指定第一个角点或[中心(C)]〈0,0,0〉:-17,-5,18

指定其他角点或[立方体(C)/长度(L)]:17,5,28

7. 差集

盒体上段开出空腔。

修改→实体编辑→差集

命令:_subtract

选择要从中减去的实体、曲面和面域...

选择对象:找到 1 个

选择对象:

选择要减去的实体、曲面和面域...

选择对象:找到 1 个

8. 并集

盒体上下段合并,如图 10 - 14 所示。

修改→实体编辑→并集

命令:_union

选择对象:找到 1 个

选择对象:找到 1 个,总计 2 个

选择对象:

图 10 - 14　盒体成型

9. 圆角

外侧四边倒圆角,操作时可旋转视图选取目标,如图 10 - 15 所示。

修改→圆角

命令:_fillet

当前设置:模式＝修剪,半径＝0.0

选择第一个对象或[放弃(U)/多段线(P)/半径(R)/修剪(T)/多个(M)]:

输入圆角半径或[表达式(E)]:0.5

选择边或[链(C)/环(L)/半径(R)]:

选择边或[链(C)/环(L)/半径(R)]:

选择边或[链(C)/环(L)/半径(R)]:

图 10 - 15　盒体倒圆角

选择边或[链(C)/环(L)/半径(R)]：

正在重生成模型。

正在恢复执行 FILLET 命令。

选择边或[链(C)/半径(R)]：

选择边或[链(C)/半径(R)]：

正在重生成模型。

正在恢复执行 FILLET 命令。

选择边或[链(C)/半径(R)]：

选择边或[链(C)/半径(R)]：

已选定 4 个边用于圆角。

10. 倒角(上端外边角做倒角)

修改→倒角

命令：_chamfer

("修剪"模式)当前倒角距离 1＝0.0,距离 2＝0.0

选择第一条直线或[放弃(U)/多段线(P)/距离(D)/角度(A)/修剪(T)/方式(E)/多个(M)]：

基面选择...

输入曲面选择选项[下一个(N)/当前(OK)]〈当前(OK)〉：

指定基面的倒角距离或[表达式(E)]:0.5

指定其他曲面的倒角距离或[表达式(E)]〈0.5〉:0.5

选择边或[环(L)]：

选择边或[环(L)]：

命令：_chamfer

("修剪"模式)当前倒角距离 1＝0.5,距离 2＝0.5

选择第一条直线或[放弃(U)/多段线(P)/距离(D)/角度(A)/修剪(T)/方式(E)/多个(M)]：

基面选择...

输入曲面选择选项[下一个(N)/当前(OK)]〈当前(OK)〉：

指定基面的倒角距离或[表达式(E)]:0.5

指定其他曲面的倒角距离或[表达式(E)]〈0.5〉:0.5

选择边或[环(L)]：

选择边或[环(L)]：

命令：_chamfer

("修剪"模式)当前倒角距离 1＝0.5,距离 2＝0.5

选择第一条直线或[放弃(U)/多段线(P)/距离(D)/角度(A)/修剪(T)/方式(E)/多个(M)]：

基面选择...

输入曲面选择选项[下一个(N)/当前(OK)]〈当前(OK)〉：

指定基面的倒角距离或[表达式(E)]：0.5

指定其他曲面的倒角距离或[表达式(E)]〈0.5〉：0.5

选择边或[环(L)]：

选择边或[环(L)]：

命令：_chamfer

（"修剪"模式）当前倒角距离 1＝0.5,距离 2＝0.5

选择第一条直线或[放弃(U)/多段线(P)/距离(D)/角度(A)/修剪(T)/方式(E)/多个(M)]：

基面选择...

输入曲面选择选项[下一个(N)/当前(OK)]〈当前(OK)〉：

指定基面的倒角距离或[表达式(E)]：0.5

指定其他曲面的倒角距离或[表达式(E)]〈0.5〉：0.5

选择边或[环(L)]：

选择边或[环(L)]：

11. 体着色

赋予实体色彩,如图 10－16 所示。

视图→着色→体着色

命令：_shademode

图 10－16　印泥盒体

输入选项[二维线框(2)/线框(W)/隐藏(H)/真实(R)/概念(C)/着色(S)/带边缘着色(E)/灰度(G)/勾画(SK)/X 射线(X)/其他(O)]〈二维线框〉：_g

12. 保存（存盘）

文件→保存

命令：_qsave

10.1.4　印泥盒盖

打印 1 件,完成后如图 10－19 所示。

1. 创建文件

文件→新建

另存为 stamplid.dwg

2. 东北等轴测(转换视角)

视图→三维视图→东北等轴测

命令:_-view

输入选项[?/删除(D)/正交(O)/恢复(R)/保存(S)/设置(E)/窗口(W)]:_neiso

正在重生成模型。

3. 长方体(生成盒盖外形)

绘图→三维实体→长方体

命令:_box

指定第一个角点或[中心(C)]⟨0,0,0⟩:-19,-7,0

指定其他角点或[立方体(C)/长度(L)]:19,7,22

4. 抽壳

生成内腔,如图10-17所示。

修改→实体编辑→抽壳

命令:_solidedit

实体编辑自动检查:SOLIDCHECK=1

输入实体编辑选项[面(F)/边(E)/体(B)/放弃(U)/退出(X)]⟨退出⟩:_body

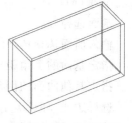

图10-17 盒盖内腔

输入实体编辑选项[压印(I)/分割实体(P)/抽壳(S)/清除(L)/检查(C)/放弃(U)/退出(X)]⟨退出⟩:_shell

选择三维实体:

删除面或[放弃(U)/添加(A)/全部(ALL)]:找到一个面,已删除1个。

删除面或[放弃(U)/添加(A)/全部(ALL)]:

输入抽壳偏移距离:1

已开始实体校验。

已完成实体校验。

5. 圆角

外侧四边倒圆角,操作时可旋转视图选取目标。

修改→圆角

命令:_fillet

当前设置:模式=修剪,半径=0.0

选择第一个对象或[放弃(U)/多段线(P)/半径(R)/修剪(T)/多个(M)]:

输入圆角半径:0.5

选择边或［链(C)/半径(R)］：

已拾取到边。

选择边或［链(C)/半径(R)］：

选择边或［链(C)/半径(R)］：_3dorbit 按 ESC 或 ENTER 键退出，或者单击鼠标右键显示快捷菜单。

正在重生成模型。

正在恢复执行 FILLET 命令。

选择边或［链(C)/半径(R)］：

选择边或［链(C)/半径(R)］：_3dorbit 按 ESC 或 ENTER 键退出，或者单击鼠标右键显示快捷菜单。

正在重生成模型。

正在恢复执行 FILLET 命令。

选择边或［链(C)/半径(R)］：

选择边或［链(C)/半径(R)］：

已选定 4 个边用于圆角。

6. 圆角

底端四个边倒圆角，如图 10－18 所示。

修改→圆角

命令：_fillet

图 10－18　盒盖外形圆角

当前设置：模式＝修剪，半径＝0.5

选择第一个对象或［放弃(U)/多段线(P)/半径(R)/修剪(T)/多个(M)］：

输入圆角半径〈0.5〉：

选择边或［链(C)/半径(R)］：

已拾取到边。

选择边或［链(C)/半径(R)］：

选择边或［链(C)/半径(R)］：_3dorbit 按 ESC 或 ENTER 键退出，或者单击鼠标右键显示快捷菜单。

正在重生成模型。

正在恢复执行 FILLET 命令。

选择边或［链(C)/半径(R)］：

选择边或［链(C)/半径(R)］：

选择边或［链(C)/半径(R)］：

已选定 4 个边用于圆角。

7. 体着色

赋予实体色彩,如图 10-19 所示。

视图→着色→体着色

命令:_shademode

输入选项[二维线框(2)/线框(W)/隐藏(H)/真实

(R)/概念(C)/着色(S)/带边缘着色(E)/灰度(G)/勾画

(SK)/X 射线(X)/其他(O)]〈二维线框〉:_g

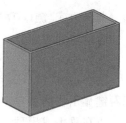

图 10-19　印泥盒盖

8. 保存(存盘)

文件→保存

命令:_qsave

10.1.5　印泥

打印 1 件,完成后如图 10-20 所示。

1. 创建文件

文件→新建

另存为 stampinkpad.dwg

2. 东北等轴测(转换视角)

视图→三维视图→东北等轴测

命令:_-view

输入选项[?/删除(D)/正交(O)/恢复(R)/保存(S)/设置(E)/窗口(W)]:

_neiso

图 10-20　印泥

正在重生成模型。

3. 长方体(生成印泥)

绘图→三维实体→长方体

命令:_box

指定第一个角点或[中心(C)]〈0,0,0〉:-17,-5,0

指定其他角点或[立方体(C)/长度(L)]:17,5,2

4. 体着色(赋予实体色彩)

视图→着色→体着色

命令:_shademode

输入选项[二维线框(2)/线框(W)/隐藏(H)/真实(R)/概念(C)/着色(S)/带

边缘着色(E)/灰度(G)/勾画(SK)/X 射线(X)/其他(O)]〈二维线框〉:_g

5. 保存(存盘)

文件→保存

命令:_qsave

10.2　五角星雕像

五角星雕像组合由五角星像、雕像塔台与雕像塔台基座组成,如图 10 - 21 所示。

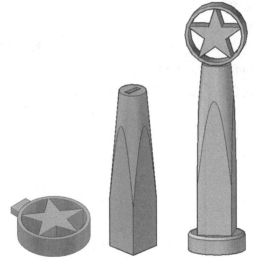

图 10 - 21　五角星雕

10.2.1　五角星像

打印 1 件,完成后如图 10 - 28 所示。

1. 创建文件

文件→新建

另存为 statuepentagram. dwg

2. 正多边形

绘制正五边形。

绘图→正多边形

命令:_polygon

输入边的数目〈4〉:5

指定正多边形的中心点或[边(E)]:0,0

输入选项[内接于圆(I)/外切于圆(C)]〈I〉：

指定圆的半径：10

3. 直线

五边形五个角点隔一个点分别相连，构成五角星，如图 10-22 所示。

绘图→直线

命令：_line

指定第一个点：

指定下一点或[放弃(U)]：

指定下一点或[放弃(U)]：

指定下一点或[闭合(C)/放弃(U)]：

指定下一点或[闭合(C)/放弃(U)]：

指定下一点或[闭合(C)/放弃(U)]：

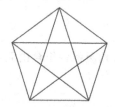

图 10-22　绘制五角星

4. 删除

删去五边形。

修改→删除

命令：_erase

选择对象：找到 1 个

5. 剪切

剪去五角星图形内中间连线，构成单一封闭图形，如图 10-23 所示。

修改→剪切

命令：_trim

当前设置：投影＝UCS，边＝无，模式＝快速

选择剪切边...

选择对象或〈全部选择〉：找到 1 个

选择对象：找到 1 个，总计 2 个

选择对象：找到 1 个，总计 3 个

选择对象：找到 1 个，总计 4 个

选择对象：找到 1 个，总计 5 个

选择对象：

图 10-23　五角星

选择要修剪的对象，或按住 Shift 键选择要延伸的对象，或[剪切边(T)/窗交(C)/模式(O)/投影(P)/删除(R)]：

选择要修剪的对象，或按住 Shift 键选择要延伸的对象，或[剪切边(T)/窗交(C)/模式(O)/投影(P)/删除(R)]：

　　选择要修剪的对象,或按住 Shift 键选择要延伸的对象,或[剪切边(T)/窗交(C)/模式(O)/投影(P)/删除(R)]:

　　选择要修剪的对象,或按住 Shift 键选择要延伸的对象,或[剪切边(T)/窗交(C)/模式(O)/投影(P)/删除(R)]:

　　选择要修剪的对象,或按住 Shift 键选择要延伸的对象,或[剪切边(T)/窗交(C)/模式(O)/投影(P)/删除(R)]:

　　选择要修剪的对象,或按住 Shift 键选择要延伸的对象,或[剪切边(T)/窗交(C)/模式(O)/投影(P)/删除(R)]:

6. 面域

构建面域。

绘图→面域

命令:_region

选择对象:指定对角点:找到 10 个

选择对象:

已提取 1 个环。

已创建 1 个面域。

7. 拉伸

拉伸赋予厚度,如图 10-24 所示。

绘图→实体→拉伸

命令:_extrude

图 10-24　拉伸五角星

当前线框密度:ISOLINES＝4,闭合轮廓创建模式＝实体

选择要拉伸的对象或[模式(MO)]:找到 1 个

选择要拉伸的对象或[模式(MO)]:

指定拉伸高度或[方向(D)/路径(P)/倾斜角(T)/表达式(E)]:6

8. 圆

画出外圈圆。

绘图→圆

命令:_circle

指定圆的圆心或[三点(3P)/两点(2P)/切点、切点、半径(T)]:0,0

指定圆的半径或[直径(D)]:10.5

9. 面域

将外圈内区域构成面域。

绘图→面域

命令:_region

选择对象:找到 1 个

选择对象:

已提取 1 个环。

已创建 1 个面域。

10. 拉伸

构成外圈圆柱,如图 10-25 所示。

绘图→实体→拉伸

命令:_extrude

当前线框密度:ISOLINES＝4,闭合轮廓创建
模式＝实体

选择要拉伸的对象或[模式(MO)]:找到 1 个

选择要拉伸的对象或[模式(MO)]:

指定拉伸高度或[方向(D)/路径(P)/倾斜角
(T)/表达式(E)]:6

图 10-25　外圈圆柱五角星

11. 长方体

构建插条。

绘图→实体→长方体

命令:_box

指定第一个角点或[中心(C)]⟨0,0,0⟩:－3,－14.5,2

指定其他角点或[立方体(C)/长度(L)]:3,0,4

12. 并集

将外圈圆柱与插条合并,如图 10-26
所示。

修改→实体编辑→并集

命令:_union

选择对象:找到 1 个

选择对象:找到 1 个,总计 2 个

图 10-26　外圈圆柱与插条合并

13. 圆

画出内圈圆。

绘图→圆

命令:_circle

指定圆的圆心或[三点(3P)/两点(2P)/切点、切点、半径(T)]:0,0

指定圆的半径或[直径(D)]〈10.5〉:9.5

14. 面域

将内圈内区域构成面域。

绘图→面域

命令:_region

选择对象:找到 1 个

选择对象:

已提取 1 个环。

已创建 1 个面域。

15. 拉伸

构成内圈圆柱。

绘图→实体→拉伸

命令:_extrude

当前线框密度:ISOLINES＝4,闭合轮廓创建模式＝实体

选择要拉伸的对象或[模式(MO)]:找到 1 个

选择要拉伸的对象或[模式(MO)]:

指定拉伸高度或[方向(D)/路径(P)/倾斜角(T)/表达式(E)]:6

16. 差集

外圈实体减去内圈实体,构成圆环。

修改→实体编辑→差集

命令:_subtract

选择要从中减去的实体、曲面和面域...

选择对象:找到 1 个

选择对象:

选择要减去的实体、曲面和面域...

选择对象:找到 1 个

17. 并集

将圆环与五角星合并,如图 10-27 所示。

修改→实体编辑→并集

命令:_union

选择对象:找到 1 个

选择对象:找到 1 个,总计 2 个

图 10-27　圆环与五角星并集

18. 东北等轴测(转换视角)

视图→三维视图→东南等轴测

命令:_- view

输入选项[? /删除(D)/正交(O)/恢复(R)/保存(S)/设置(E)/窗口(W)]:_seiso

正在重生成模型。

19. 体着色

赋予实体色彩,如图10-28所示。

视图→着色→体着色

命令:_shademode

当前模式:二维线框

图10-28　五角星像

输入选项[二维线框(2)/线框(W)/隐藏(H)/真实(R)/概念(C)/着色(S)/带边缘着色(E)/灰度(G)/勾画(SK)/X射线(X)/其他(O)]〈二维线框〉:_g

20. 保存(存盘)

文件→保存

命令:_qsave

10.2.2　雕像塔台

打印1件,完成后如图10-31所示。

1. 创建文件

文件→新建

另存为statuetower. dwg

2. 东北等轴测(转换视角)

视图→三维视图→东北等轴测

命令:_- view

输入选项[? /删除(D)/正交(O)/恢复(R)/保存(S)/设置(E)/窗口(W)]:_neiso

正在重生成模型。

3. 圆锥体

构建塔台初始外形,如图10-29所示。

绘图→实体→圆锥体

命令:_cone

指定底面的中心点或[三点(3P)/两点(2P)/切点、

图10-29　塔台初始外形

切点、半径(T)/椭圆(E)]:0,0,0

指定底面的半径或[直径(D)]:10

指定高度或[两点(2P)/轴端点(A)/顶面半径(T)]:120

4. 截切

切断保留下段,如图 10-30 所示。

绘图→实体→截切

命令:_slice

选择要剖切的对象:找到 1 个

选择要剖切的对象:

指定切面的起点或[平面对象(O)/曲面(S)/Z 轴(Z)/视图(V)/XY(XY)/YZ(YZ)/ZX(ZX)/三点(3)]〈三点〉:3

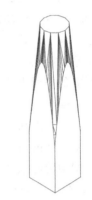

图 10-30　塔台四周切边

指定平面上的第一个点:0,0,60

指定平面上的第二个点:0,10,60

指定平面上的第三个点:10,0,60

在所需的侧面上指定点或[保留两个侧面(B)]:

5. 截切

四周切边保留中段,如图 10-30 所示。

绘图→实体→截切

命令:_slice

选择要剖切的对象:找到 1 个

选择要剖切的对象:

指定切面的起点或[平面对象(O)/曲面(S)/Z 轴(Z)/视图(V)/XY(XY)/YZ(YZ)/ZX(ZX)/三点(3)]〈三点〉:-6,0,0

指定平面上的第二个点:-6,10,0

指定平面上的第三个点:-6,0,30

在所需的侧面上指定点或[保留两个侧面(B)]:

命令:_slice

选择要剖切的对象:找到 1 个

选择要剖切的对象:

指定切面的起点或[平面对象(O)/曲面(S)/Z 轴(Z)/视图(V)/XY(XY)/YZ(YZ)/ZX(ZX)/三点(3)]〈三点〉:6,0,0

指定平面上的第二个点:6,10,0

指定平面上的第三个点:6,0,30

在所需的侧面上指定点或［保留两个侧面（B）］:

命令:_slice

选择要剖切的对象:找到 1 个

选择要剖切的对象:

指定切面的起点或［平面对象（O）/曲面（S）/Z 轴（Z）/视图（V）/XY（XY）/YZ（YZ）/ZX（ZX）/三点（3）］〈三点〉:0,6,0

指定平面上的第二个点:10,6,0

指定平面上的第三个点:0,6,30

在所需的侧面上指定点或［保留两个侧面（B）］:

命令:_slice

选择要剖切的对象:找到 1 个

选择要剖切的对象:

指定切面的起点或［平面对象（O）/曲面（S）/Z 轴（Z）/视图（V）/XY（XY）/YZ（YZ）/ZX（ZX）/三点（3）］〈三点〉:0,−6,0

指定平面上的第二个点:10,−6,0

指定平面上的第三个点:0,−6,30

在所需的侧面上指定点或［保留两个侧面（B）］:

6. 长方体

顶部开槽区域。

绘图→实体→长方体

命令:_box

指定第一个角点或［中心（C）］〉:−3,−1,56

指定其他角点或［立方体（C）/长度（L）］:3,1,60

7. 差集（开槽）

修改→实体编辑→差集

命令:_subtract

选择要从中减去的实体、曲面和面域...

选择对象:找到 1 个

选择对象:

选择要减去的实体、曲面和面域...

选择对象:找到 1 个

8. 仰视（转换视角）

视图→三维视图→仰视

命令：_- view

输入选项[? /删除(D)/正交(O)/恢复(R)/保存(S)/设置(E)/窗口(W)]：
_bottom

正在重生成模型。

9. 抽壳(内部挖空)

修改→实体编辑→抽壳

命令：_solidedit

实体编辑自动检查：SOLIDCHECK=1

输入实体编辑选项[面(F)/边(E)/体(B)/放弃(U)/退出(X)]〈退出〉：_body

输入体编辑选项[压印(I)/分割实体(P)/抽壳(S)/清除(L)/检查(C)/放弃
(U)/退出(X)]〈退出〉：_shell

选择三维实体：

删除面或[放弃(U)/添加(A)/全部(ALL)]：找到一个面,已删除1个。

删除面或[放弃(U)/添加(A)/全部(ALL)]：

输入抽壳偏移距离：2

已开始实体校验。

已完成实体校验。

10. 俯视(转换视角)

视图→三维视图→俯视

命令：_- view

输入选项[? /删除(D)/正交(O)/恢复(R)/保存(S)/设置(E)/窗口(W)]：
_top

正在重生成模型。

11. 体着色

赋予实体色彩。

视图→着色→体着色

命令：_shademode

当前模式：二维线框

输入选项[二维线框(2)/线框(W)/隐藏(H)//真实
(R)/概念(C)/着色(S)/带边缘着色(E)/灰度(G)/勾画
(SK)/X 射线(X)/其他(O)]〈二维线框〉：_g

12. 东北等轴测

转换视角,如图 10-31 所示。

图 10-31　雕像塔台

视图→三维视图→东北等轴测

命令:_- view

输入选项[? /删除(D)/正交(O)/恢复(R)/保存(S)/设置(E)/窗口(W)]:

_neiso

正在重生成模型。

13. 保存(存盘)

文件→保存

命令:_qsave

10.2.3　雕像塔台基座

打印 1 件,完成后如图 10-35 所示。

1. 创建文件

文件→新建

另存为 statuebase. dwg

2. 东北等轴测(转换视角)

视图→三维视图→东北等轴测

命令:_- view

输入选项[? /删除(D)/正交(O)/恢复(R)/保存(S)/设置(E)/窗口(W)]:

_neiso

正在重生成模型。

3. 圆柱体

构建基座外形,如图 10-32 所示。

绘图→实体→圆柱体

命令:_cylinder

当前线框密度:ISOLINES=4

图 10-32　圆柱体基座外形

指定底面的中心点或[三点(3P)/两点(2P)/

切点、切点、半径(T)/椭圆(E)]:0,0,0

指定底面半径或[直径(D)]:10

指定高度或[两点(2P)/轴端点(A)]:6

4. 圆角

顶面边沿做圆角,如图 10-33 所示。

修改→圆角

命令:_fillet

图 10-33　圆柱体倒圆角

当前设置:模式＝修剪,半径＝0.0

选择第一个对象或[放弃(U)/多段线(P)/半径(R)/修剪(T)/多个(M)]:

输入圆角半径或[表达式(E)]:1

选择边或[链(C)/环(L)/半径(R)]:

已拾取到边。

选择边或[链(C)/环(L)/半径(R)]

已选定 1 个边用于圆角。

5. 抽壳

下底抽壳。操作时利用三维动态观察器转换视角,使其露出底面。

修改→实体编辑→抽壳

命令:_solidedit

实体编辑自动检查:SOLIDCHECK＝1

输入实体编辑选项[面(F)/边(E)/体(B)/放弃(U)/退出(X)]〈退出〉:_body

输入体编辑选项[压印(I)/分割实体(P)/抽壳(S)/清除(L)/检查(C)/放弃(U)/退出(X)]〈退出〉:_shell

选择三维实体:

删除面或[放弃(U)/添加(A)/全部(ALL)]:找到一个面,已删除 1 个。

删除面或[放弃(U)/添加(A)/全部(ALL)]:

输入抽壳偏移距离:2

已开始实体校验。

已完成实体校验。

6. 东北等轴测(转换视角)

视图→三维视图→东北等轴测

命令:_-view

输入选项[?/删除(D)/正交(O)/恢复(R)/保存(S)/设置(E)/窗口(W)]:_neiso

正在重生成模型。

7. 长方体

构建塔台安装槽区域。

绘图→建模→长方体

命令:_box

指定第一个角点或[中心(C)]:-6,-6,5

指定其他角点或[立方体(C)/长度(L)]:6,6,6

8. 差集

顶部开槽,如图10-34所示。

修改→实体编辑→差集

命令:_subtract

选择要从中减去的实体、曲面和面域...

选择对象:找到1个

选择对象:

选择要减去的实体、曲面和面域...

选择对象:找到1个

图10-34 圆柱体开槽差集

9. 体着色

赋予实体色彩,如图10-35所示。

视图→着色→体着色

当前模式:二维线框

输入选项[二维线框(2)/线框(W)/隐藏(H)//
真实(R)/概念(C)/着色(S)/带边缘着色(E)/灰度
(G)/勾画(SK)/X射线(X)/其他(O)]〈二维线框〉:
_g

图10-35 雕像塔台基座

10. 保存(存盘)

文件→保存

命令:_qsave

10.3 耳机充电仓

耳机充电仓由上内仓、上外仓、下内仓、下外仓四部分组成,如图10-36所示。

图10-36 耳机充电仓

10.3.1 下外仓

1. 长方体

绘图→建模→长方体

命令:_box

指定第一个角点或[中心(C)]:1,1,0

指定其他角点或[立方体(C)/长度(L)]:76,76,-15

2. 差集

修改→实体编辑→差集

命令:_subtract

选择要从中减去的实体、曲面和面域…

选择对象:找到 1 个

选择对象:

选择要减去的实体、曲面和面域…

选择对象:找到 1 个

选择对象:

3. 长方体

绘图→建模→长方体

命令:_box

指定第一个角点或[中心(C)]:0,23.5,0

指定其他角点或[立方体(C)/长度(L)]:2,53.5,-5

4. 差集

修改→实体编辑→差集

命令:_subtract

选择要从中减去的实体、曲面和面域…

选择对象:找到 1 个

选择对象:

选择要减去的实体、曲面和面域…

选择对象:找到 1 个

选择对象:

5. 圆角

修改→圆角

命令:_fillet

当前设置:模式=修剪,半径=0.0000

选择第一个对象或[放弃(U)/多段线(P)/半径(R)/修剪(T)/多个(M)]:

输入圆角半径或[表达式(E)]:10

选择边或[链(C)/环(L)/半径(R)]:已拾取到边。

选择边或[链(C)/环(L)/半径(R)]:

选择边或[链(C)/环(L)/半径(R)]:

选择边或[链(C)/环(L)/半径(R)]:

已选定 16 个边用于圆角。

6. 体着色

视图→着色→体着色

命令:_shademode

输入选项[二维线框(2)/线框(W)/隐藏(H)/真实(R)/概念(C)/着色(S)/带边缘着色(E)/灰度(G)/勾画(SK)/X 射线(X)/其他(O)]〈二维线框〉:_g

7. 圆处理开口槽

绘图→圆

命令:_circle

指定圆的圆心或[三点(3P)/两点(2P)/切点、切点、半径(T)]:77,23,0

指定圆的半径或[直径(D)]〈2.5000〉:2.5

8. 三维旋转

修改→三维操作→三维旋转

命令:_3drotate

UCS 当前的正角方向: ANGDIR=逆时针 ANGBASE=0

选择对象:找到 1 个

选择对象:

指定基点:

＊＊旋转＊＊:

指定旋转角度或[基点(B)/复制(C)/放弃(U)/参照(R)/退出(X)]:270

9. 画圆

绘图→圆

命令:_circle

指定圆的圆心或[三点(3P)/两点(2P)/切点、切点、半径(T)]:77,54,0

指定圆的半径或[直径(D)]〈2.5000〉:2.5

10. 画线

绘图→直线

命令:_line

指定第一个点:77,23,-2.5

指定下一点或[放弃(U)]:77,54,-2.5

指定下一点或[放弃(U)]：

11. 直线

绘图→直线

命令：_line

指定第一个点：77，23，2.5

指定下一点或[放弃(U)]：77，54，2.5

指定下一点或[放弃(U)]：

12. 三维旋转

修改→三维操作→三维旋转

命令：_3drotate

UCS 当前的正角方向： ANGDIR＝逆时针　ANGBASE＝0

选择对象：找到 1 个

选择对象：找到 1 个，总计 2 个

选择对象：找到 1 个，总计 3 个

选择对象：找到 1 个，总计 4 个

选择对象：

指定基点：

＊＊旋转＊＊：

指定旋转角度或[基点(B)/复制(C)/放弃(U)/参照(R)/退出(X)]：90

13. 剪切

修改→剪切

命令：_trim

选择要修剪的对象，或按住 Shift 键选择要延伸的对象或[剪切边(T)/窗交(C)/模式(O)/投影(P)/删除(R)]：

14. 面域

绘图→面域

命令：_region

选择对象：找到 1 个

选择对象：找到 1 个，总计 2 个

选择对象：找到 1 个，总计 3 个

选择对象：找到 1 个，总计 4 个

选择对象：

已提取 2 个环。

已创建 2 个面域。

15. 拉伸

绘图→实体→拉伸

命令:_extrude

当前线框密度:ISOLINES=4,闭合轮廓创建模式=实体

选择要拉伸的对象或[模式(MO)]:找到 1 个

选择要拉伸的对象或[模式(MO)]:

指定拉伸的高度或[方向(D)/路径(P)/倾斜角(T)/表达式(E)]〈-2.0000〉:0.5

16 三维旋转

修改→三维操作→三维旋转

命令:_3drotate

UCS 当前的正角方向:ANGDIR=逆时针 ANGBASE=0

选择对象:找到 1 个

选择对象:

指定基点:

＊＊旋转＊＊:

指定旋转角度或[基点(B)/复制(C)/放弃(U)/参照(R)/退出(X)]:270

17. 差集

差集,如图 10-37 所示。

修改→实体编辑→差集

命令:_subtract

选择要从中减去的实体、曲面和面域...

选择对象:找到 1 个

选择对象:

选择要减去的实体、曲面和面域...

选择对象:找到 1 个

选择对象:

图 10-37　耳机充电仓下外仓

18. 保存(存盘)

文件→保存

命令:_qsave

10.3.2　下内仓

1. 长方体

绘图→建模→长方体

命令:_box

指定第一个角点或[中心(C)]:1,1,0

指定其他角点或[立方体(C)/长度(L)]:76,76,−15

2. 长方体

绘图→建模→长方体

命令:_box

指定第一个角点或[中心(C)]:8,5,0

指定其他角点或[立方体(C)/长度(L)]:44,72,−12

3. 差集

修改→实体编辑→差集

命令:_subtract

选择要从中减去的实体、曲面和面域…

选择对象:找到 1 个

选择对象:选择要减去的实体、曲面和面域…

选择对象:找到 1 个

选择对象:

4. 长方体

绘图→建模→长方体

命令:_box

指定第一个角点或[中心(C)]:71,71,0

指定其他角点或[立方体(C)/长度(L)]:44,6,1

5. 并集

修改→实体编辑→并集

命令:_union

选择对象:指定对角点:找到 2 个

选择对象:

6. 抽壳

修改→实体编辑→抽壳

命令:_solidedit

实体编辑自动检查:SOLIDCHECK=1

输入实体编辑选项[面(F)/边(E)/体(B)/放弃(U)/退出(X)]⟨退出⟩:_face

输入面编辑选项[拉伸(E)/移动(M)/旋转(R)/偏移(O)/倾斜(T)/删除(D)/复制(C)/颜色(L)/材质(A)/放弃(U)/退出(X)]⟨退出⟩:_taper

选择面或[放弃(U)/删除(R)]:找到一个面。

指定基点:

指定沿倾斜轴的另一个点:57,5,0

指定倾斜角度:38.6598

已开始实体校验。

已完成实体校验。

输入面编辑选项[拉伸(E)/移动(M)/旋转(R)/偏移(O)/倾斜(T)/删除(D)/复制(C)/颜色(L)/材质(A)/放弃(U)/退出(X)]⟨退出⟩:* 取消 *

指定第一个角点或[中心(C)]:55,6,0

指定其他角点或[立方体(C)/长度(L)]:71,71,−15

7. 差集

修改→实体编辑→差集

命令:_subtract

选择要从中减去的实体、曲面和面域...

选择对象:找到 1 个

选择对象:选择要减去的实体、曲面和面域...

选择对象:找到 1 个

选择对象:

8. 长方体

绘图→建模→长方体

命令:_box

指定第一个角点或[中心(C)]:18.4,20.5,−12

指定其他角点或[立方体(C)/长度(L)]:54.4,56.5,0

9. 并集

修改→实体编辑→并集

命令:_union

选择对象:指定对角点:找到 2 个

10. 画线

绘图→直线

命令:_line

指定第一个点:36.9,32.25,0

指定下一点或[放弃(U)]:36.9,44.75,0

11. 画线

绘图→直线

命令:_line

指定第一个点:54.4,32.25,0

指定下一点或[放弃(U)]:54.4,44.75,0

指定下一点或[放弃(U)]:*取消*

12. 画圆

绘图→圆→两点

命令:_circle

指定圆的圆心或[三点(3P)/两点(2P)/切点、切点、半径(T)]:_2p

指定圆直径的第一个端点:

指定圆直径的第二个端点:

13. 剪切

修改→剪切

命令:_trim

当前设置:投影=UCS,边=无,模式=快速

选择要修剪的对象,或按住 Shift 键选择要延伸的对象或[剪切边(T)/窗交(C)/模式(O)/投影(P)/删除(R)]:

选择要修剪的对象,或按住 Shift 键选择要延伸的对象或[剪切边(T)/窗交(C)/模式(O)/投影(P)/删除(R)/放弃(U)]:*取消*

14. 拉伸

绘图→实体→拉伸

命令:_extrude

当前线框密度:ISOLINES=4,闭合轮廓创建模式=实体

选择要拉伸的对象或[模式(MO)]:找到 1 个

选择要拉伸的对象或[模式(MO)]:

指定拉伸的高度或[方向(D)/路径(P)/倾斜角(T)/表达式(E)]〈12.0000〉:10

15. 差集

修改→实体编辑→差集

命令:_subtract

选择要从中减去的实体、曲面和面域...

选择对象:找到 1 个

选择对象:

选择要减去的实体、曲面和面域...

选择对象:找到 1 个

选择对象:

16. 长方体

绘图→建模→长方体

命令:_box

指定第一个角点或[中心(C)]:1,20.5,−12

指定其他角点或[立方体(C)/长度(L)]:18.4,56.5,−6

17. 并集

修改→实体编辑→并集

命令:_union

选择对象:指定对角点:找到 2 个

选择对象:

18. 长方体

绘图→建模→长方体

命令:_box

指定第一个角点或[中心(C)]:0,23.5,0

指定其他角点或[立方体(C)/长度(L)]:2,53.5,−5

19. 画圆

绘图→圆→圆心、直径

命令:_circle

指定圆的圆心或[三点(3P)/两点(2P)/切点、切点、半径(T)]:60.9,38.5,1

指定圆的半径或[直径(D)]:2.5

20. 拉伸

绘图→实体→拉伸

命令:_extrude

当前线框密度:ISOLINES=4,闭合轮廓创建模式=实体

选择要拉伸的对象或[模式(MO)]:找到 1 个

选择要拉伸的对象或[模式(MO)]:

指定拉伸的高度或[方向(D)/路径(P)/倾斜角(T)/表达式(E)]〈-5.0000〉:2

21. 差集

修改→实体编辑→差集

命令:_subtract

选择要从中减去的实体、曲面和面域...

选择对象:找到 1 个

选择对象:

选择要减去的实体、曲面和面域...

选择对象:找到 1 个

选择对象:

22. 画圆(处理上方充电按键台形状)

绘图→圆→圆心、直径

命令:_circle

指定圆的圆心或[三点(3P)/两点(2P)/切点、切点、半径(T)]:54.4,22.6,1

指定圆的半径或[直径(D)]〈2.5000〉:16.6

23. 画圆

绘图→圆→圆心、直径

命令:_circle

指定圆的圆心或[三点(3P)/两点(2P)/切点、切点、半径(T)]:54.4,54.4,1

指定圆的半径或[直径(D)]〈16.6000〉:16.6

24. 画线

绘图→直线

命令:_line

指定第一个点:54.4,6,1

指定下一点或[放弃(U)]:54.4,71,1

指定下一点或[放弃(U)]:* 取消*

25. 画线

绘图→直线

命令:_line

指定第一个点:71,22.6,1

指定下一点或[放弃(U)]:71,54.4,1

指定下一点或[放弃(U)]:* 取消*

26. 剪切

修改→剪切

命令:_trim

视图与UCS不平行,命令的结果可能不明显。

当前设置:投影=UCS,边=无,模式=快速

选择要修剪的对象,或按住Shift键选择要延伸的对象或[剪切边(T)/窗交(C)/模式(O)/投影(P)/删除(R)]:

选择要修剪的对象,或按住Shift键选择要延伸的对象或[剪切边(T)/窗交(C)/模式(O)/投影(P)/删除(R)/放弃(U)]:

选择要修剪的对象,或按住Shift键选择要延伸的对象或[剪切边(T)/窗交(C)/模式(O)/投影(P)/删除(R)/放弃(U)]:

选择要修剪的对象,或按住Shift键选择要延伸的对象或[剪切边(T)/窗交(C)/模式(O)/投影(P)/删除(R)/放弃(U)]:

选择要修剪的对象,或按住Shift键选择要延伸的对象或[剪切边(T)/窗交(C)/模式(O)/投影(P)/删除(R)/放弃(U)]:

选择要修剪的对象,或按住Shift键选择要延伸的对象或[剪切边(T)/窗交(C)/模式(O)/投影(P)/删除(R)/放弃(U)]:

选择要修剪的对象,或按住Shift键选择要延伸的对象或[剪切边(T)/窗交(C)/模式(O)/投影(P)/删除(R)/放弃(U)]:

27. 画线

绘图→直线

命令:_line

指定第一个点:54.4,71,1

指定下一点或[放弃(U)]:71,71,1

指定下一点或[放弃(U)]:*取消*

28. 画线

绘图→直线

命令:_line

指定第一个点:71,71,1

指定下一点或[放弃(U)]:71,54.4,1

指定下一点或[放弃(U)]:*取消*

29. 面域(构成面域)

绘图→面域

命令:_region

选择对象:指定对角点:*取消*

找到 0 个

选择对象:指定对角点:找到 3 个

选择对象:

已提取 1 个环。

已创建 1 个面域。

30. 画线

绘图→直线

命令:_line

指定第一个点:54.4,6,1

指定下一点或[放弃(U)]:71,6,1

指定下一点或[放弃(U)]:*取消*

31. 画线

绘图→直线

命令:_line

指定第一个点:71,6,1

指定下一点或[放弃(U)]:71,22.6,1

指定下一点或[放弃(U)]:*取消*

32. 面域(构成面域)

绘图→面域

命令:_region

选择对象:指定对角点:找到 3 个

选择对象:

已提取 1 个环。

已创建 1 个面域。

33. 拉伸

绘图→实体→拉伸

命令:_extrude

当前线框密度:ISOLINES=4,闭合轮廓创建模式=实体

选择要拉伸的对象或[模式(MO)]:找到 1 个

选择要拉伸的对象或[模式(MO)]:找到 1 个,总计 2 个

选择要拉伸的对象或[模式(MO)]:

指定拉伸的高度或[方向(D)/路径(P)/倾斜角(T)/表达式(E)]〈−1.0000〉:1

34. 差集

修改→实体编辑→差集

命令:_subtract

选择要从中减去的实体、曲面和面域...

选择对象:找到1个

选择对象:

选择要减去的实体、曲面和面域...

选择对象:找到1个

选择对象:找到1个,总计2个

选择对象:

35. 长方体(补充台两侧窟窿)

绘图→建模→长方体

命令:_box

指定第一个角点或[中心(C)]:54.4,6,0

指定其他角点或[立方体(C)/长度(L)]:71,71,−1

36. 并集

修改→实体编辑→并集

命令:_union

选择对象:指定对角点:找到4个

选择对象:

37. 画圆

绘图→圆→圆心、半径

命令:_circle

指定圆的圆心或[三点(3P)/两点(2P)/切点、切点、半径(T)]:60.9,38.5,0

指定圆的半径或[直径(D)]〈16.6000〉:2.5

38. 拉伸

绘图→实体→拉伸

命令:_extrude

当前线框密度:ISOLINES=4,闭合轮廓创建模式=实体

选择要拉伸的对象或[模式(MO)]:找到1个

选择要拉伸的对象或[模式(MO)]:

指定拉伸的高度或[方向(D)/路径(P)/倾斜角(T)/表达式(E)]〈−1.0000〉:

—2

39. 差集

差集,如图 10-38 所示。

修改→实体编辑→差集

命令:_subtract

选择要从中减去的实体、曲面和面域...

选择对象:找到 1 个

选择对象:

选择要减去的实体、曲面和面域...

选择对象:找到 1 个

选择对象:

图 10-38　耳机充电仓下内仓

10.3.3　上外仓

1. 长方体

绘图→建模→长方体

命令:_box

指定第一个角点或[中心(C)]:0,0,0

指定其他角点或[立方体(C)/长度(L)]:77,77,20

2. 长方体

绘图→建模→长方体

命令:_box

指定第一个角点或[中心(C)]:1,1,0

指定其他角点或[立方体(C)/长度(L)]:76,76,15

3. 差集

修改→实体编辑→差集

命令:_subtract

选择要从中减去的实体、曲面和面域...

选择对象:找到 1 个

选择对象:

选择要减去的实体、曲面和面域...

选择对象:找到 1 个

选择对象:

4. 画圆(处理开口槽)

绘图→圆→圆心、半径

命令:_circle

指定圆的圆心或[三点(3P)/两点(2P)/切点、切点、半径(T)]:77,23,0

指定圆的半径或[直径(D)]:2.5

5. 画圆

绘图→圆→圆心、半径

命令:_circle

指定圆的圆心或[三点(3P)/两点(2P)/切点、切点、半径(T)]:77,54,0

指定圆的半径或[直径(D)]〈2.5000〉:2.5

6. 画线

绘图→直线

命令:_line

指定第一个点:74.5,23,0

指定下一点或[放弃(U)]:74.5,54,0

指定下一点或[放弃(U)]:

7. 剪切

修改→剪切

命令:_trim

当前设置:投影=UCS,边=无,模式=快速

选择要修剪的对象,或按住 Shift 键选择要延伸的对象或[剪切边(T)/窗交(C)/模式(O)/投影(P)/删除(R)]:

选择要修剪的对象,或按住 Shift 键选择要延伸的对象或[剪切边(T)/窗交(C)/模式(O)/投影(P)/删除(R)/放弃(U)]:

选择要修剪的对象,或按住 Shift 键选择要延伸的对象或[剪切边(T)/窗交(C)/模式(O)/投影(P)/删除(R)/放弃(U)]:

8. 面域(构成面域)

绘图→面域

命令:_region

选择对象:指定对角点:找到 4 个

选择对象:

已提取 1 个环。

已创建 1 个面域。

9. 三维旋转

修改→三维操作→三维旋转

命令:_3drotate

UCS 当前的正角方向: 　ANGDIR＝逆时针　ANGBASE＝0

选择对象:找到 1 个

选择对象:

指定基点:

＊＊旋转＊＊:

指定旋转角度或[基点(B)/复制(C)/放弃(U)/参照(R)/退出(X)]:270

正在重生成模型。

10. 拉伸

绘图→实体→拉伸

命令:_extrude

当前线框密度:ISOLINES＝4,闭合轮廓创建模式＝实体

选择要拉伸的对象或[模式(MO)]:找到 1 个

选择要拉伸的对象或[模式(MO)]:

指定拉伸的高度或[方向(D)/路径(P)/倾斜角(T)/表达式(E)]〈15.0000〉:

0.5

11. 差集

修改→实体编辑→差集

命令:_subtract

选择要从中减去的实体、曲面和面域...

选择对象:找到 1 个

选择对象:

选择要减去的实体、曲面和面域...

选择对象:找到 1 个

选择对象:

12. 长方体

绘图→建模→长方体

命令:_box

指定第一个角点或[中心(C)]:0,23.5,0

指定其他角点或[立方体(C)/长度(L)]:2,53.5,−5

13. 圆柱体

绘图→建模→圆柱体

命令：_cylinder

指定底面的中心点或[三点(3P)/两点(2P)/切点、切点、半径(T)/椭圆(E)]：
2,53.5,−5

指定底面半径或[直径(D)]:2

指定高度或[两点(2P)/轴端点(A)]⟨−5.0000⟩:30

14. 三维旋转

修改→三维操作→三维旋转

命令：_3drotate

UCS 当前的正角方向： ANGDIR＝逆时针   ANGBASE＝0

选择对象:找到 1 个

选择对象:

指定基点:

＊＊旋转＊＊:

指定旋转角度或[基点(B)/复制(C)/放弃(U)/参照(R)/退出(X)]:270

正在重生成模型。

15. 画圆

绘图→圆→圆心、半径

命令：_circle

指定圆的圆心或[三点(3P)/两点(2P)/切点、切点、半径(T)]:2,53.5,−3

指定圆的半径或[直径(D)]⟨2.5000⟩:2

16. 三维旋转

修改→三维操作→三维旋转

命令：_3drotate

UCS 当前的正角方向:ANGDIR＝逆时针 ANGBASE＝0

选择对象:找到 1 个

选择对象:

指定基点:

＊＊旋转＊＊:

指定旋转角度或[基点(B)/复制(C)/放弃(U)/参照(R)/退出(X)]:90

正在重生成模型。

17. 画线

绘图→直线

命令：_line

指定第一个点:2,53.5,-5

指定下一点或[放弃(U)]:0,53.5,-5

指定下一点或[放弃(U)]:*取消*

18. 画线

绘图→直线

命令:_line

指定第一个点:0,53.5,-5

指定下一点或[放弃(U)]:0,53.5,-3

指定下一点或[放弃(U)]:*取消*

19. 三维旋转

修改→三维操作→三维旋转

命令:_3drotate

UCS 当前的正角方向:ANGDIR=逆时针 ANGBASE=0

选择对象:指定对角点:找到 3 个

选择对象:

指定基点:

＊＊旋转＊＊:

指定旋转角度或[基点(B)/复制(C)/放弃(U)/参照(R)/退出(X)]:90

正在重生成模型。

20. 剪切

修改→剪切

命令:_trim

视图与 UCS 不平行,命令的结果可能不明显。

当前设置:投影=UCS,边=无,模式=快速

选择要修剪的对象,或按住 Shift 键选择要延伸的对象或[剪切边(T)/窗交(C)/模式(O)/投影(P)/删除(R)]:

选择要修剪的对象,或按住 Shift 键选择要延伸的对象或[剪切边(T)/窗交(C)/模式(O)/投影(P)/删除(R)/放弃(U)]:

21. 三维旋转

修改→三维操作→三维旋转

命令:_3drotate

UCS 当前的正角方向:ANGDIR=逆时针 ANGBASE=0

选择对象:指定对角点:找到 3 个

选择对象:

指定基点:2,53.5,−3

＊＊旋转＊＊:

指定旋转角度或[基点(B)/复制(C)/放弃(U)/参照(R)/退出(X)]:270

正在重生成模型。

22. 面域(构成面域)

绘图→面域

命令:_region

选择对象:指定对角点:找到 3 个

选择对象:

已提取 1 个环。

已创建 1 个面域。

23. 拉伸

绘图→实体→拉伸

命令:_extrude

当前线框密度: ISOLINES＝4,闭合轮廓创建模式＝实体

选择要拉伸的对象或[模式(MO)]:找到 1 个

选择要拉伸的对象或[模式(MO)]:

指定拉伸的高度或[方向(D)/路径(P)/倾斜角(T)/表达式(E)]〈−30.0000〉:30

24. 差集

修改→实体编辑→差集

命令:_subtract

选择要从中减去的实体、曲面和面域...

选择对象:找到 1 个

选择对象:

选择要减去的实体、曲面和面域...

选择对象:找到 1 个

选择对象:

25. 并集

修改→实体编辑→并集

命令:_union

选择对象:找到 1 个

选择对象:找到 1 个,总计 2 个

选择对象：

26. 圆角

修改→圆角

命令：_fillet

当前设置：模式＝修剪，半径＝0.0000

选择第一个对象或［放弃(U)/多段线(P)/半径(R)/修剪(T)/多个(M)］：

输入圆角半径或［表达式(E)］：10

选择边或［链(C)/环(L)/半径(R)］：

已拾取到边。

选择边或［链(C)/环(L)/半径(R)］：

选择边或［链(C)/环(L)/半径(R)］：

选择边或［链(C)/环(L)/半径(R)］：

选择边或［链(C)/环(L)/半径(R)］：

选择边或［链(C)/环(L)/半径(R)］：

选择边或［链(C)/环(L)/半径(R)］：

选择边或［链(C)/环(L)/半径(R)］：

选择边或［链(C)/环(L)/半径(R)］：

已选定 8 个边用于圆角。

27. 圆角

修改→圆角

命令：_fillet

当前设置：模式＝修剪，半径＝10.0000

选择第一个对象或［放弃(U)/多段线(P)/半径(R)/修剪(T)/多个(M)］：

输入圆角半径或［表达式(E)］〈10.0000〉：20

选择边或［链(C)/环(L)/半径(R)］：

已拾取到边。

选择边或［链(C)/环(L)/半径(R)］：

选择边或［链(C)/环(L)/半径(R)］：

已选定 8 个边用于圆角。

28. 圆角

修改→圆角

命令：_fillet

当前设置：模式＝修剪，半径＝20.0000

选择第一个对象或[放弃(U)/多段线(P)/半径(R)/修剪(T)/多个(M)]：
输入圆角半径或[表达式(E)]〈20.0000〉:10
选择边或[链(C)/环(L)/半径(R)]：
已拾取到边。
选择边或[链(C)/环(L)/半径(R)]：
选择边或[链(C)/环(L)/半径(R)]：
已选定 8 个边用于圆角。

29. 圆柱体(减去中空管)

绘图→建模→圆柱体

命令:_cylinder

指定底面的中心点或[三点(3P)/两点(2P)/切点、切点、半径(T)/椭圆(E)]：
2,53.5,－3

指定底面半径或[直径(D)]〈2.0000〉:1.5

指定高度或[两点(2P)/轴端点(A)]〈－30.0000〉:30

30. 三维旋转

修改→三维操作→三维旋转

命令:_3drotate

UCS 当前的正角方向:ANGDIR＝逆时针 ANGBASE＝0

选择对象:找到 1 个

选择对象：

指定基点:2,53.5,－3

＊＊旋转＊＊：

指定旋转角度或[基点(B)/复制(C)/放弃(U)/参照(R)/退出(X)]:270
正在重生成模型。

31. 差集

修改→实体编辑→差集

命令:_subtract

选择要从中减去的实体、曲面和面域...

选择对象:找到 1 个

选择对象：

选择要减去的实体、曲面和面域...

选择对象:找到 1 个

选择对象：

32. 体着色(赋予实体色彩)

视图→着色→体着色

命令:_shademode

输入选项[二维线框(2)/线框(W)/隐藏(H)/真实(R)/概念(C)/着色(S)/带边缘着色(E)/灰度(G)/勾画(SK)/X 射线(X)/其他(O)]〈二维线框〉:_g

33. 圆柱体

绘图→建模→圆柱体

命令:_cylinder

指定底面的中心点或[三点(3P)/两点(2P)/切点、切点、半径(T)/椭圆(E)]:4,46.5,-3

指定底面半径或[直径(D)]〈1.5000〉:0.6

指定高度或[两点(2P)/轴端点(A)]〈-30.0000〉:3

34. 三维旋转

修改→三维操作→三维旋转

命令:_3drotate

UCS 当前的正角方向:ANGDIR=逆时针 ANGBASE=0

选择对象:找到 1 个

选择对象:

指定基点:4,46.5,-3

＊＊旋转＊＊:

指定旋转角度或[基点(B)/复制(C)/放弃(U)/参照(R)/退出(X)]:270

35. 圆柱体

绘图→建模→圆柱体

命令:_cylinder

指定底面的中心点或[三点(3P)/两点(2P)/切点、切点、半径(T)/椭圆(E)]:4,30.5,-3

指定底面半径或[直径(D)]〈0.6000〉:0.6

指定高度或[两点(2P)/轴端点(A)]〈-3.0000〉:3

36. 三维旋转

修改→三维操作→三维旋转

命令:_3drotate

UCS 当前的正角方向:ANGDIR=逆时针 ANGBASE=0

选择对象:找到 1 个

选择对象：

指定基点：4,30.5,－3

＊＊旋转＊＊：

指定旋转角度或[基点(B)/复制(C)/放弃(U)/参照(R)/退出(X)]：90

37. 差集

差集，如图 10－39 所示。

修改→实体编辑→差集

命令：_subtract

选择要从中减去的实体、曲面和面域…

图 10－39　耳机充电仓上外仓

选择对象：找到 1 个

选择对象：

选择要减去的实体、曲面和面域…

选择对象：找到 1 个

选择对象：找到 1 个,总计 2 个

10.3.4　上内仓

1. 长方体

绘图→建模→长方体

命令：_box

指定第一个角点或[中心(C)]：1,1,0

指定其他角点或[立方体(C)/长度(L)]：76,76,15

2. 长方体

绘图→建模→长方体

命令：_box

指定第一个角点或[中心(C)]：5,5,0

指定其他角点或[立方体(C)/长度(L)]：72,72,12

3. 差集

修改→实体编辑→差集

命令：_subtract

选择要从中减去的实体、曲面和面域…

选择对象：找到 1 个

选择对象：

选择要减去的实体、曲面和面域…

选择对象:找到 1 个

选择对象:

4. 长方体

绘图→建模→长方体

命令:_box

指定第一个角点或[中心(C)]:0,23.5,0

指定其他角点或[立方体(C)/长度(L)]:2,53.5,1

5. 差集

修改→实体编辑→差集

命令:_subtract

选择要从中减去的实体、曲面和面域...

选择对象:找到 1 个

选择对象:

选择要减去的实体、曲面和面域...

选择对象:找到 1 个

选择对象:

6. 圆角

修改→圆角

命令:_fillet

当前设置:模式=修剪,半径=0.0000

选择第一个对象或[放弃(U)/多段线(P)/半径(R)/修剪(T)/多个(M)]:

输入圆角半径或[表达式(E)]:10

选择边或[链(C)/环(L)/半径(R)]:

已拾取到边。

选择边或[链(C)/环(L)/半径(R)]:

选择边或[链(C)/环(L)/半径(R)]:

选择边或[链(C)/环(L)/半径(R)]:

选择边或[链(C)/环(L)/半径(R)]:

选择边或[链(C)/环(L)/半径(R)]:

选择边或[链(C)/环(L)/半径(R)]:

选择边或[链(C)/环(L)/半径(R)]:

选择边或[链(C)/环(L)/半径(R)]:

已选定 8 个边用于圆角。

7. 圆角

修改→圆角

命令:_fillet

当前设置:模式=修剪,半径=10.0000

选择第一个对象或[放弃(U)/多段线(P)/半径(R)/修剪(T)/多个(M)]:

输入圆角半径或[表达式(E)]〈10.0000〉:20

选择边或[链(C)/环(L)/半径(R)]:

已拾取到边。

选择边或[链(C)/环(L)/半径(R)]:

选择边或[链(C)/环(L)/半径(R)]:

选择边或[链(C)/环(L)/半径(R)]:

选择边或[链(C)/环(L)/半径(R)]:

选择边或[链(C)/环(L)/半径(R)]:

选择边或[链(C)/环(L)/半径(R)]:

选择边或[链(C)/环(L)/半径(R)]:

已选定8个边用于圆角。

8. 圆角

修改→圆角

命令:_fillet

当前设置:模式=修剪,半径=20.0000

选择第一个对象或[放弃(U)/多段线(P)/半径(R)/修剪(T)/多个(M)]:

输入圆角半径或[表达式(E)]〈20.0000〉:10

选择边或[链(C)/环(L)/半径(R)]:

选择边或[链(C)/环(L)/半径(R)]:

选择边或[链(C)/环(L)/半径(R)]:

选择边或[链(C)/环(L)/半径(R)]:

选择边或[链(C)/环(L)/半径(R)]:

选择边或[链(C)/环(L)/半径(R)]:

选择边或[链(C)/环(L)/半径(R)]:

选择边或[链(C)/环(L)/半径(R)]:

已选定8个边用于圆角。

9. 体着色

赋予实体色彩,如图10-40所示。

视图→着色→体着色

命令：_shademode

输入选项［二维线框（2）/线框（W）/隐藏（H）/真实（R）/概念（C）/着色（S）/带边缘着色（E）/灰度（G）/勾画（SK）/X 射线（X）/其他（O）]〈二维线框〉：_g

耳机充电仓成品，如图 10 - 41 所示。

图 10 - 40　耳机充电仓上内仓　　　　　　图 10 - 41　耳机充电仓成品图

第11章 生活用品

本章通过制作一组生活用品组件,学习造型的方法和技巧,用3D打印后可直接装配。

11.1 折叠茶杯

折叠茶杯组合由茶杯套件、茶杯盒体与茶杯盒盖组成,如图11-1所示。

图11-1 折叠茶杯

11.1.1 茶杯套件

打印1套,完成后如图11-5所示。

1.创建文件

文件→新建

另存为 cupbody.dwg

2.圆(绘制拉伸截面图形)

绘图→圆

命令:_circle

指定圆的圆心或[三点(3P)/两点(2P)/切点、切点、半径(T)]:0,0

指定圆的半径或[直径(D)]:15

3.面域(构成面域)

绘图→面域

命令:_region

选择对象:指定对角点:找到 1 个

选择对象:

已提取 1 个环。

已创建 1 个面域。

4. 拉伸

拉伸成圆台形,如图 11 - 2 所示。

绘图→实体→拉伸

命令:_extrude

当前线框密度:ISOLINES＝4,闭合轮廓

创建模式＝实体

选择要拉伸的对象或[模式(MO)]:指定

对角点:找到 1 个

图 11 - 2　圆台形水杯模型

选择要拉伸的对象或[模式(MO)]:

指定拉伸的高度或[方向(D)/路径(P)/倾斜角(T)/表达式(E)]:63

指定拉伸的倾斜角度〈0〉:－10

5. 抽壳

制成杯状。

修改→实体编辑→抽壳

命令:_solidedit

实体编辑自动检查:SOLIDCHECK＝1

输入实体编辑选项[面(F)/边(E)/体(B)/放弃(U)/退出(X)]〈退出〉:_body

输入体编辑选项[压印(I)/分割实体(P)/抽壳(S)/清除(L)/检查(C)/放弃(U)/退出(X)]〈退出〉:_shell

选择三维实体:

删除面或[放弃(U)/添加(A)/全部(ALL)]:找到一个面,已删除 1 个。

删除面或[放弃(U)/添加(A)/全部(ALL)]:

输入抽壳偏移距离:1

已开始实体校验。

已完成实体校验。

6. 复制

复制至 3 件分别放置,如图 11 - 3 所示。

修改→复制

图 11 - 3　复制至 3 件

命令:_copy

选择对象:指定对角点:找到 1 个

选择对象:

当前设置:复制模式＝多个

指定基点或[位移(D)/模式(O)]〈位移〉:0,0,0

指定第二个点或[阵列(A)]〈使用第一个点作为位移〉:50,0,0

指定第二个点或[阵列(A)/退出(E)/放弃(U)]〈退出〉:0,50,0

7. 东南等轴测

转换视角,如图 11 - 3 所示。

视图→三维视图→东南等轴测

命令:_- view

输入选项[? /删除(D)/正交(O)/恢复(R)/保存(S)/设置(E)/窗口(W)]:_seiso

正在重生成模型。

8. 截切

选择一件截切保留下段。

绘图→体→截切

命令:_slice

选择要剖切的对象:指定对角点:找到 1 个

选择要剖切的对象:

指定切面上的起点或[平面对象(O)/曲面(S)/视图(V)/XY(XY)/YZ(YZ)/ZX(ZX)/三点(3)]〈三点〉:0,0,23

指定平面上的第二个点:10,0,23

指定平面上的第三个点:0,10,23

在所需的侧面上指定点或[保留两个侧面(B)]:

9. 截切

选择第二件截切。

绘图→实体→截切

命令:_slice

选择要剖切的对象:指定对角点:找到 1 个

选择要剖切的对象:

指定切面上的起点或[平面对象(O)/曲面(S)/视图(V)/XY(XY)/YZ(YZ)/ZX(ZX)/三点(3)]〈三点〉:50,0,40

指定平面上的第二个点:60,0,40

指定平面上的第三个点:50,10,40

在所需的侧面上指定点或[保留两个侧面(B)]:b

10. 删除(删除下段)

修改→删除

命令:_erase

选择对象:指定对角点:找到 1 个

11. 东北等轴测(转换视角)

视图→三维视图→东北等轴测

命令:_ – view

输入选项[? /删除(D)/正交(O)/恢复(R)/保存(S)/设置(E)/窗口(W)]:
_neiso

正在重生成模型。

12. 截切

选择第三件做第一次截切。

绘图→实体→截切

命令:_slice

选择对象:指定对角点:找到 1 个

选择对象:

指定切面上的起点或[平面对象(O)/曲面(S)/视图(V)/XY(XY)/YZ(YZ)/
ZX(ZX)/三点(3)]〈三点〉:0,50,20,

指定平面上的第二个点:0,60,20

指定平面上的第三个点:20,50,20

在所需的侧面上指定点或[保留两个侧面(B)]:b

13. 删除(删除下段)

修改→删除

命令:_erase

选择对象:指定对角点:找到 1 个

14. 截切

选择第三件做第二次截切。

绘图→实体→截切

命令:_slice

选择对象:指定对角点:找到 1 个

选择对象:

指定切面上的起点或[平面对象(O)/曲面(S)/视图(V)/XY(XY)/YZ(YZ)/ZX(ZX)/三点(3)]〈三点〉:0,50,43

指定平面上的第二个点:0,60,43

指定平面上的第三个点:10,50,43

在所需的侧面上指定点或[保留两个侧面(B)]:b

15. 删除

删除上段,如图 11-4 所示。

修改→删除

命令:_erase

选择对象:指定对角点:找到 1 个

图 11-4　形成 3 件杯段

16. 移动

分别移动第二及第三件杯段至第一件杯段所在 XY 平面。

修改→移动

命令:_move

选择对象:指定对角点:找到 1 个

选择对象:

指定基点或[位移(D)]〈位移〉:　0,50,20

指定第二个点或〈使用第一个点作为位移〉:0,50,0

命令:_move

选择对象:指定对角点:找到 1 个

选择对象:

指定基点或[位移(D)]〈位移〉:　50,0,40

指定第二个点或〈使用第一个点作为位移〉:50,0,0

17. 倒角

对最小杯段件底部外沿做倒角。

修改→倒角

命令:_chamfer

("修剪"模式)当前倒角距离 1=0.0,距离 2=0.0

选择第一条直线或[放弃(U)/多段线(P)/距离(D)/角度(A)/修剪(T)/方式(E)/多个(M)]:

基面选择...

输入曲面选择选项[下一个(N)/当前(OK)]〈当前(OK)〉:

输入曲面选择选项［下一个(N)/当前(OK)］〈当前(OK)〉：

指定基面的倒角距离或［表达式(E)］：0.2

指定其他曲面倒角距离或［表达式(E)］〈0.2〉：

选择边或［环(L)］：

选择边或［环(L)］：

18. 圆角

对最大杯段件顶端外沿做圆角。

修改→圆角

命令：_fillet

当前设置：模式＝修剪，半径＝0.0

选择第一个对象或［放弃(U)/多段线(P)/半径(R)/修剪(T)/多个(M)］：

输入圆角半径或［表达式(E)］：0.2

选择边或［链(C)/环(C)/半径(R)］：

已拾取到边。

选择边或［链(C)/半径(R)］：

已选定 1 个边用于圆角。

19. 体着色

赋予实体色彩，如图 11-5 所示。

视图→着色→体着色

命令：_shademode

当前模式：二维线框

图 11-5　茶杯套件

输入选项［二维线框(2)/线框(W)/隐藏(H)/真实(R)/概念(C)/着色(S)/带边缘着色(E)/灰度(G)/勾画(SK)/X 射线(X)/其他(O)］〈二维线框〉：_g

20. 保存(存盘)

文件→保存

命令：_qsave

以上三段杯体在一个文件内，为方便 3D 打印，可将文件打开，删除其中两个，保留一个，分别另存为 cupbody1.dwg、cupbody2.dwg 和 cupbody3.dwg。

11.1.2　茶杯盒体

打印 1 件，完成后如图 11-7 所示。

1. 创建文件

文件→新建

另存为 cupbox.dwg

2. 圆

绘制拉伸截面图形。

绘图→圆

命令：_circle

指定圆的圆心或［三点(3P)/两点(2P)/切点、切点、半径(T)］：0,0

指定圆的半径或［直径(D)］：30

3. 面域

构成面域。

绘图→面域

命令：_region

选择对象：指定对角点：找到 1 个

选择对象：

已提取 1 个环。

已创建 1 个面域。

4. 拉伸

拉伸成圆柱形。

绘图→实体→拉伸

命令：_extrude

当前线框密度：ISOLINES=4,闭合轮廓创建模式=实体

选择要拉伸的对象或［模式(MO)］：指定对角点：找到 1 个

选择要拉伸的对象或［模式(MO)］：

指定拉伸的高度或［方向(D)/路径(P)/倾斜角(T)/表达式(E)］：18

5. 抽壳

制成空腔。

修改→实体编辑→抽壳

命令：_solidedit

实体编辑自动检查：SOLIDCHECK=1

输入实体编辑选项［面(F)/边(E)/体(B)/放弃(U)/退出(X)］〈退出〉：_body

输入体编辑选项［压印(I)/分割实体(P)/抽壳(S)/清除(L)/检查(C)/放弃(U)/退出(X)］〈退出〉：_shell

选择三维实体：

删除面或［放弃(U)/添加(A)/全部(ALL)］：找到一个面,已删除 1 个。

删除面或[放弃(U)/添加(A)/全部(ALL)]：

输入抽壳偏移距离：2

已开始实体校验。

已完成实体校验。

6. 圆

绘制盒体上端拉伸截面图形。

绘图→圆

命令：_circle

指定圆的圆心或[三点(3P)/两点(2P)/切点、切点、半径(T)]：0,0,18

指定圆的半径或[直径(D)]〈30.0〉：29

7. 面域

构成面域。

绘图→面域

命令：_region

选择对象：找到 1 个

选择对象：

已提取 1 个环。

已创建 1 个面域。

8. 拉伸

拉伸成圆柱形。

绘图→实体→拉伸

命令：_extrude

当前线框密度：ISOLINES＝4,闭合轮廓创建模式＝实体

选择要拉伸的对象或[模式(MO)]：指定对角点：找到 1 个

选择要拉伸的对象或[模式(MO)]：

指定拉伸的高度或[方向(D)/路径(P)/倾斜角(T)/表达式(E)]：8

9. 圆

绘制盒体上端空腔截面图形。

绘图→圆

命令：_circle

指定圆的圆心或[三点(3P)/两点(2P)/切点、切点、半径(T)]：0,0,18

指定圆的半径或[直径(D)]〈29.0〉：28

10. 面域

构成面域。

绘图→面域

命令:_region

选择对象:找到 1 个

选择对象:

已提取 1 个环。

已创建 1 个面域。

11. 拉伸

拉伸成圆柱形。

绘图→实体→拉伸

命令:_extrude

当前线框密度:ISOLINES=4,闭合轮廓创建模式=实体

选择要拉伸的对象或[模式(MO)]:指定对角点:找到 1 个

选择要拉伸的对象或[模式(MO)]:

指定拉伸的高度或[方向(D)/路径(P)/倾斜角(T)/表达式(E)]:8

12. 差集

开出空腔。

修改→实体编辑→差集

命令:_subtract

选择要从中减去的实体、曲面和面域…

选择对象:找到 1 个

选择对象:

选择要减去的实体、曲面和面域…

选择对象:找到 1 个

图 11-6　上下两段成型

13. 东北等轴测

转换视角,如图 11-6 所示。

视图→三维视图→东北等轴测

命令:_-view

输入选项[? /删除(D)/正交(O)/恢复(R)/保存(S)/设置(E)/窗口(W)]:_neiso

正在重生成模型。

14. 并集

盒体上段与下段合并。

修改→实体编辑→并集

命令:_union

选择对象:找到 1 个

选择对象:找到 1 个,总计 2 个

15. 倒角

对上外沿做倒角。

修改→倒角

命令:_chamfer

("修剪"模式)当前倒角距离 1＝0.0,距离 2＝0.0

选择第一条直线或[放弃(U)/多段线(P)/距离(D)/角度(A)/修剪(T)/方式(E)/多个(M)]:

基面选择...

输入曲面选择选项[下一个(N)/当前(OK)]〈当前〉:

指定基面倒角距离或[表达式(E)]:0.5

指定其他曲面倒角距离或[表达式(E)]〈0.2〉:0.5

选择边或[环(L)]:

选择边或[环(L)]:

16. 圆角

对下外沿做圆角。

修改→圆角

命令:_fillet

当前设置:模式＝修剪,半径＝0.0

选择第一个对象或[放弃(U)/多段线(P)/半径(R)/修剪(T)/多个(M)]:

输入圆角半径或[表达式(E)]:0.2

选择边或[链(C)/环(L)/半径(R)]:

已拾取到边。

选择边或[链(C)/环(L)/半径(R)]:

已选定 1 个边用于圆角。

17. 体着色

赋予实体色彩,如图 11－7 所示。

视图→着色→体着色

命令:_shademode

当前模式:二维线框

图 11－7　茶杯盒体

输入选项[二维线框(2)/线框(W)/隐藏(H)/真实(R)/概念(C)/着色(S)/带

边缘着色(E)/灰度(G)/勾画(SK)/X射线(X)/其他(O)]〈二维线框〉:_g

18.保存(存盘)

文件→保存

命令:_qsave

11.1.3　茶杯盒盖

打印1件,完成后如图11-9所示。

1.创建文件

文件→新建

另存为 cupboxlid.dwg

2.圆

绘制拉伸截面图形。

绘图→圆

命令:_circle

指定圆的圆心或[三点(3P)/两点(2P)/切点、切点、半径(T)]:0,0

指定圆的半径或[直径(D)]:30

3.面域

构成面域。

绘图→面域

命令:_region

选择对象:指定对角点:找到1个

选择对象:

已提取1个环。

已创建1个面域。

4.拉伸

拉伸成圆柱形。

绘图→实体→拉伸

命令:_extrude

当前线框密度:ISOLINES=4,闭合轮廓创建模式=实体

选择要拉伸的对象或[模式(MO)]:指定对角点:找到1个

选择要拉伸的对象或[模式(MO)]:

指定拉伸的高度或[方向(D)/路径(P)/倾斜角(T)/表达式(E)]:10

5. 抽壳

制成空腔。

修改→实体编辑→抽壳

命令:_solidedit

实体编辑自动检查:SOLIDCHECK＝1

输入实体编辑选项[面(F)/边(E)/体(B)/放弃(U)/退出(X)]〈退出〉:_body

输入体编辑选项[压印(I)/分割实体(P)/抽壳(S)/清除(L)/检查(C)/放弃(U)/退出(X)]〈退出〉:_shell

选择三维实体:

删除面或[放弃(U)/添加(A)/全部(ALL)]:找到一个面,已删除 1 个。

删除面或[放弃(U)/添加(A)/全部(ALL)]:

输入抽壳偏移距离:1

已开始实体校验。

已完成实体校验。

6. 东北等轴测

转换视角,如图 11－8 所示。

视图→三维视图→东北等轴测

命令:_－view

输入选项[? /删除(D)/正交(O)/恢复(R)/保存(S)/设置(E)/窗口(W)]:_neiso

正在重生成模型。

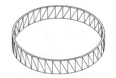

图 11－8　盒盖成型

7. 倒角

对上内沿做倒角。

修改→倒角

命令:_chamfer

("修剪"模式)当前倒角距离 1＝0.0,距离 2＝0.0

选择第一条直线或[放弃(U)/多段线(P)/距离(D)/角度(A)/修剪(T)/方式(E)/多个(M)]:

基面选择...

输入曲面选择选项[下一个(N)/当前(OK)]〈当前(OK)〉:

指定基面倒角距离或[表达式(E)]:0.2

指定其他曲面倒角距离或[表达式(E)]〈0.2〉:

选择边或[环(L)]:

选择边或[环(L)]:

8. 圆角

对下外沿做圆角。

修改→圆角

命令:_fillet

当前设置:模式＝修剪,半径＝0.0

选择第一个对象或[放弃(U)/多段线(P)/半径(R)/修剪(T)/多个(M)]:

输入圆角半径或[表达式(E)]:0.3

选择边或[链(C)/环(L)/半径(R)]:

已拾取到边。

选择边或[链(C)/环(L)/半径(R)]:

已选定1个边用于圆角。

9. 体着色

赋予实体色彩,如图11-9所示。

视图→着色→体着色

命令:_shademode

当前模式:二维线框

输入选项[二维线框(2)/线框(W)/隐藏(H)/真实(R)/概念(C)/着色(S)/带边缘着色(E)/灰度(G)/勾画(SK)/X射线(X)/其他(O)]〈二维线框〉:_g

图11-9 茶杯盒盖

10. 保存(存盘)

文件→保存

命令:_qsave

11.2　烧水壶

烧水壶组合由水壶底座、水壶滤芯、烧水壶盖、烧水壶把手组成,如图11-10所示。

图11-10 烧水壶

11.2.1　水壶底座

1. 切换工作空间

切换工作空间→三维建模

命令：_wscurrent

输入 WSCURRENT 的新值〈"草图与注释"〉：三维建模

2. 切换视图

绘图区域左上角标签为"未命名视图"的控件，然后从菜单中选择"西南等轴测"。

命令：_-view

输入选项［？/删除（D）/正交（O）/恢复（R）/保存（S）/设置（E）/窗口（W）］：sw↵

正在重生成模型

3. 视觉样式

绘图→二维线框→灰度

命令：_visualstyles

在"视觉样式管理器"中更改视觉样式为："灰度"↵

关闭"视觉样式管理器"窗口

4. 绘制矩形（控制面板）

常用→绘图→矩形

命令：_rectang

指定第一个角点或［倒角（C）/标高（E）/圆角（F）/厚度（T）/宽度（W）］：0,0↵

指定另一个角点或［面积（A）/尺寸（D）/旋转（R）］：300,200↵

5. 绘制圆

常用→绘图→圆

命令：_circle

指定圆的圆心或［三点（3P）/两点（2P）/切点、切点、半径（T）］：150,200↵

指定圆的半径或［直径（D）］：150↵

6. 拉伸圆

常用→建模→拉伸

命令：_extrude

当前线框密度：ISOLINES＝4,闭合轮廓创建模式＝实体

选择要拉伸的对象或［模式（MO）］：圆↵

选择要拉伸的对象或[模式(MO)]：

指定拉伸的高度或[方向(D)/路径(P)/倾斜角(T)/表达式(E)]：30 ↵

7. 拉伸矩形

拉伸矩形，如图 11-11 所示。

常用→建模→拉伸

命令：_extrude

当前线框密度：ISOLINES＝4，闭合轮廓创建模式＝实体

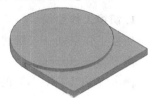

图 11-11　拉伸矩形

选择要拉伸的对象或[模式(MO)]：(选矩形)↵

选择要拉伸的对象或[模式(MO)]：

指定拉伸的高度或[方向(D)/路径(P)/倾斜角(T)/表达式(E)]：20

8. 创建长方体(显示屏)

常用→建模→长方体

命令：_box

指定第一个角点或[中心(C)]：20,20,20 ↵

指定其他角点或[立方体(C)/长度(L)]：80,30 ↵

指定高度或[两点(2P)]：2 ↵

9. 创建圆柱体

加热按钮，如图 11-12 所示。

常用→建模→圆柱体

命令：_cylinder

指定底面的中心点或[三点(3P)/两点(2P)/切点、切点、半径(T)/椭圆(E)]：250,30,20 ↵

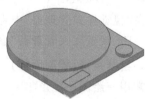

图 11-12　底座加热按钮

指定底面半径或[直径(D)]：25 ↵

指定高度或[两点(2P)/轴端点(A)]：10 ↵

10. 创建圆柱体

加热金属芯，如图 11-13 所示。

常用→建模→圆柱体

命令：_cylinder

指定底面的中心点或[三点(3P)/两点(2P)/切点、切点、半径(T)/椭圆(E)]：150,200,30

图 11-13　底座加热金属芯

指定底面半径或[直径(D)]：30 ↵

指定高度或[两点(2P)/轴端点(A)]：10 ↵

11. 三维倒角

实体→实体编辑→圆角边

命令：_filletedge

选择边或［链(C)/环(L)/半径(R)］：r↵

输入圆角半径或［表达式(E)］：20↵

选择边或［链(C)/环(L)/半径(R)］：(长方体的两条高)↵

12. 三维倒角

实体→实体编辑→圆角边

命令：_filletedge

选择边或［链(C)/环(L)/半径(R)］：r↵

输入圆角半径或［表达式(E)］：5↵

选择边或［链(C)/环(L)/半径(R)］：(长方体上侧的三条边和大圆柱体上侧边缘)↵

13. 三维倒角

倒圆角，如图 11 - 14 所示。

实体→实体编辑→圆角边

命令：_filletedge

选择边或［链(C)/环(L)/半径(R)］：r↵

输入圆角半径或［表达式(E)］：3↵

选择边或［链(C)/环(L)/半径(R)］：(两个圆柱体上侧边缘)↵

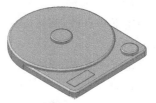

图 11 - 14　倒圆角

14. 调整坐标系

命令：_- view

输入选项［? /删除(D)/正交(O)/恢复(R)/保存(S)/设置(E)/窗口(W)]：front↵

15. 绘制多段线

烧水壶底，如图 11 - 15 所示。

图 11 - 15　烧水壶底

常用→绘图→多段线

命令:_pline

指定起点:150,45,−200 ↵

当前线宽为 0.00

指定下一个点或[圆弧(A)/半宽(H)/长度(L)/放弃(U)/宽度(W)]:185,45 ↵

指定下一点或[圆弧(A)/闭合(C)/半宽(H)/长度(L)/放弃(U)/宽度(W)]:185,30 ↵

指定下一点或[圆弧(A)/闭合(C)/半宽(H)/长度(L)/放弃(U)/宽度(W)]:@295,30 ↵

指定下一点或[圆弧(A)/闭合(C)/半宽(H)/长度(L)/放弃(U)/宽度(W)]:@295,70 ↵

指定下一点或[圆弧(A)/闭合(C)/半宽(H)/长度(L)/放弃(U)/宽度(W)]:@285,70 ↵

指定下一点或[圆弧(A)/闭合(C)/半宽(H)/长度(L)/放弃(U)/宽度(W)]:@285,40 ↵

指定下一点或[圆弧(A)/闭合(C)/半宽(H)/长度(L)/放弃(U)/宽度(W)]:@195,40 ↵

指定下一点或[圆弧(A)/闭合(C)/半宽(H)/长度(L)/放弃(U)/宽度(W)]:@195,55 ↵

指定下一点或[圆弧(A)/闭合(C)/半宽(H)/长度(L)/放弃(U)/宽度(W)]:@130,55 ↵

指定下一点或[圆弧(A)/闭合(C)/半宽(H)/长度(L)/放弃(U)/宽度(W)]:c ↵

16. 切换视图

命令:_−view

输入选项[? /删除(D)/正交(O)/恢复(R)/保存(S)/设置(E)/窗口(W)]:sw ↵

17. 二维倒角

常用→修改→倒角和圆角→圆角

命令:_fillet

选择第一个对象或[放弃(U)/多段线(P)/半径(R)/修剪(T)/多个(M)]:r ↵

指定圆角半径:30 ↵

选择第一个对象或[放弃(U)/多段线(P)/半径(R)/修剪(T)/多个(M)]:多

段线右侧靠外的两条线段↵

18. 二维倒角

常用→修改→倒角和圆角→圆角

命令:_fillet

选择第一个对象或[放弃(U)/多段线(P)/半径(R)/修剪(T)/多个(M)]:r↵

指定圆角半径:20 ↵

选择第一个对象或[放弃(U)/多段线(P)/半径(R)/修剪(T)/多个(M)]:(选多段线右侧靠内的两条线段)↵

19. 二维倒角

常用→修改→倒角和圆角→圆角

命令:_fillet

选择第一个对象或[放弃(U)/多段线(P)/半径(R)/修剪(T)/多个(M)]:m↵

选择第一个对象或[放弃(U)/多段线(P)/半径(R)/修剪(T)/多个(M)]:r↵

5 ↵

选择第一个对象或[放弃(U)/多段线(P)/半径(R)/修剪(T)/多个(M)]:(选多段线中部靠内的三条线段和靠外的三条线段)↵

20. 创建旋转实体

创建旋转实体,如图 11 - 16 所示。

实体→创建→旋转

命令:_revolve

选择要旋转的对象或[模式(MO)]:(选多段线)↵

图 11 - 16　旋转实体

指定轴起点或根据以下选项之一定义轴[对象(O)/X/Y/Z]:(选多段线左侧直线的两个端点)↵

指定旋转角度或[起点角度(ST)/反转(R)/表达式(EX)]⟨360⟩:360 ↵

命令:- view

输入选项[? /删除(D)/正交(O)/恢复(R)/保存(S)/设置(E)/窗口(W)]:front ↵

21. 绘制多段线

玻璃外壳,如图 11 - 17 所示。

常用→绘图→多段线

命令:_pline

图 11 - 17　水壶玻璃外壳

指定起点或[圆弧(A)/闭合(C)/半宽(H)/长度(L)/放弃(U)/宽度(W)]:@

295,70,−200 ↵

　　指定下一个点或[圆弧(A)/半宽(H)/长度(L)/放弃(U)/宽度(W)]:@285,70 ↵

　　指定下一点或[圆弧(A)/闭合(C)/半宽(H)/长度(L)/放弃(U)/宽度(W)]:@265,270 ↵

　　指定下一点或[圆弧(A)/闭合(C)/半宽(H)/长度(L)/放弃(U)/宽度(W)]:@275,270 ↵

　　指定下一点或[圆弧(A)/闭合(C)/半宽(H)/长度(L)/放弃(U)/宽度(W)]:c ↵

22. 切换视图

命令:_−view

输入选项[? /删除(D)/正交(O)/恢复(R)/保存(S)/设置(E)/窗口(W)]:sw ↵

23. 创建旋转实体

实体→创建→旋转

命令:_revolve

当前线框密度:ISOLINES=4,闭合轮廓创建模式=实体

选择要旋转的对象或[模式(MO)]:(选多段线)↵

指定轴起点或根据以下选项之一定义轴[对象(O)/X/Y/Z]:烧水壶底的任意两个圆心↵

指定旋转角度或[起点角度(ST)/反转(R)/表达式(EX)]〈360〉:360 ↵

24. 修改透明度

水壶底座外形,如图 11−18 所示。

视图→选项板→特性

命令:_visualstyles

选择对象:刚刚创建的旋转实体

在"视觉样式管理器"中更改"透明度"为:80 ↵

关闭"视觉样式管理器"窗口

25. 调整坐标系

图 11−18　水壶底座外形

命令:ucs

指定 UCS 的原点或[面(F)/命名(NA)/对象(OB)/上一个(P)/视图(V)/世界(W)/X/Y/Z/Z 轴(ZA)]〈世界〉:w ↵

11.2.2　水壶滤芯

1. 创建圆柱体

水壶滤芯,如图 11-19 所示。

常用→建模→圆柱体

命令:_cylinder

指定底面的中心点或[三点(3P)/两点(2P)/切点、切点、半径(T)/椭圆(E)]:150,200,270 ↵

指定底面半径或[直径(D)]:30 ↵

指定高度或[两点(2P)/轴端点(A)]:10 ↵

2. 创建圆柱体

常用→建模→圆柱体

命令:_cylinder

图 11-19　水壶滤芯圆柱体

指定底面的中心点或[三点(3P)/两点(2P)/切点、切点、半径(T)/椭圆(E)]:150,200,270

指定底面半径或[直径(D)]:26 ↵

指定高度或[两点(2P)/轴端点(A)]:20 ↵

3. 差集运算

差集运算结果,如图 11-20 所示。

常用→实体编辑→差集

命令:_subtract

选择对象:刚刚创建的大圆柱体↵

选择对象:刚刚创建的小圆柱体↵

图 11-20　差集运算

4. 调整坐标系

命令:_-view

输入选项[? /删除(D)/正交(O)/恢复(R)/保存(S)/设置(E)/窗口(W)]:front ↵

命令:_-view

输入选项[? /删除(D)/正交(O)/恢复(R)/保存(S)/设置(E)/窗口(W)]:sw ↵

5. 创建圆柱体

滤芯小孔,如图 11-21 所示。

常用→建模→圆柱体

图 11-21　滤芯小孔

命令:_cylinder

指定底面的中心点或[三点(3P)/两点(2P)/切点、切点、半径(T)/椭圆(E)]:
150,265,−150

指定底面半径或[直径(D)]:3↵

指定高度或[两点(2P)/轴端点(A)]:100↵

6. 调整坐标系

命令:_ucs

指定 UCS 的原点或[面(F)/命名(NA)/对象(OB)/上一个(P)/视图(V)/世界(W)/X/Y/Z/Z 轴(ZA)]〈世界〉:w↵

7. 环形阵列

环形阵列,如图 11-22 所示。

常用→修改→环形阵列

命令:_arraypolar

选择对象:刚刚创建的圆柱体↵

指定阵列的中心点或[基点(B)/旋转轴(A)]:圆
环的圆心↵

在"阵列创建"上下文功能区中修改项目数:18↵
"关闭阵列"

图 11-22　环形阵列

8. 取消关联

解除阵列关联是为了方便后续进行差集运算。

命令:_explode

选择对象:圆柱体阵列↵

9. 差集运算

常用→实体编辑→差集

命令:_subtract

选择对象:圆柱体↵

选择对象:所有小孔圆柱体↵

10. 调整坐标系

命令:_−view

输入选项[?/删除(D)/正交(O)/恢复(R)/保存(S)/设置(E)/窗口(W)]:
front↵

命令:_−view

输入选项[?/删除(D)/正交(O)/恢复(R)/保存(S)/设置(E)/窗口(W)]:

sw ↵

11. 矩形阵列(完整滤芯)

常用→修改→矩形阵列

命令：_arrayrect

选择对象：刚刚创建的差集几何体↵

在"阵列创建"上下文功能区中修改"列数"：1↵

在"阵列创建"上下文功能区中修改"行数"：10↵

在"阵列创建"上下文功能区中修改"行－介于"：－10↵

点击"关闭阵列"

12. 调整坐标系

命令：_ucs

指定 UCS 的原点或[面(F)/命名(NA)/对象(OB)/上一个(P)/视图(V)/世界(W)/X/Y/Z/Z 轴(ZA)]〈世界〉：w↵

13. 创建圆柱体

滤芯底部,如图 11-23 所示。

常用→建模→圆柱体

命令：_cylinder

指定底面的中心点或[三点(3P)/两点(2P)/切点、切点、半径(T)/椭圆(E)]：150,200,170

指定底面半径或[直径(D)]：30↵

指定高度或[两点(2P)/轴端点(A)]：10↵

图 11-23　滤芯底部

11.2.3　烧水壶盖

1. 创建圆柱体(烧水壶盖)

常用→建模→圆柱体

命令：_cylinder

指定底面的中心点或[三点(3P)/两点(2P)/切点、切点、半径(T)/椭圆(E)]：150,200,270

指定底面半径或[直径(D)]：125↵

指定高度或[两点(2P)/轴端点(A)]：12↵

2. 三维倒角

水壶盖倒圆角,如图 11-24 所示。

实体→实体编辑→圆角边

图 11-24　水壶盖倒圆角

命令：_filletedge

半径＝1.00

选择边或[链(C)/环(L)/半径(R)]：r↵

输入圆角半径或[表达式(E)]：6↵

选择边或[链(C)/环(L)/半径(R)]：(选圆柱体上沿边缘)↵

3. 调整坐标系

命令：_－view

输入选项[？/删除(D)/正交(O)/恢复(R)/保存(S)/设置(E)/窗口(W)]：front↵

4. 绘制多段线

壶盖把手，如图 11-25 所示。

常用→绘图→多段线

命令：_pline

指定起点或：150,282,-200↵

图 11-25　壶盖把手

当前线宽为 0.00

指定下一个点或[圆弧(A)/半宽(H)/长度(L)/放弃(U)/宽度(W)]：@160,282↵

指定下一点或[圆弧(A)/闭合(C)/半宽(H)/长度(L)/放弃(U)/宽度(W)]：@160,292↵

指定下一点或[圆弧(A)/闭合(C)/半宽(H)/长度(L)/放弃(U)/宽度(W)]：@176,292↵

指定下一点或[圆弧(A)/闭合(C)/半宽(H)/长度(L)/放弃(U)/宽度(W)]：@176,302↵

指定下一点或[圆弧(A)/闭合(C)/半宽(H)/长度(L)/放弃(U)/宽度(W)]：@150,302↵

指定下一点或[圆弧(A)/闭合(C)/半宽(H)/长度(L)/放弃(U)/宽度(W)]：c↵

5. 切换视图

命令：_－view

输入选项[？/删除(D)/正交(O)/恢复(R)/保存(S)/设置(E)/窗口(W)]：sw↵

6. 二维倒角

常用→修改→倒角和圆角→圆角

命令:_fillet

选择第一个对象或[放弃(U)/多段线(P)/半径(R)/修剪(T)/多个(M)]:r↵

5↵

选择第一个对象或[放弃(U)/多段线(P)/半径(R)/修剪(T)/多个(M)]:m↵

选择第一个对象或[放弃(U)/多段线(P)/半径(R)/修剪(T)/多个(M)]:(选多段线右侧的四条线段)↵

7. 创建旋转实体

旋转实体,如图 11 - 26 所示。

实体→创建→旋转

命令:_revolve

当前线框密度:ISOLINES=4,闭合轮廓创建模式=实体

选择要旋转的对象或[模式(MO)]:(选多段线)↵

指定轴起点或根据以下选项之一定义轴[对象(O)/X/Y/Z]:(选多段线左侧直线的两个端点)↵

图 11 - 26　旋转实体

指定旋转角度或[起点角度(ST)/反转(R)/表达式(EX)]〈360〉:360↵

8. 调整坐标系

命令:_ucs

指定 UCS 的原点或[面(F)/命名(NA)/对象(OB)/上一个(P)/视图(V)/世界(W)/X/Y/Z/Z 轴(ZA)]〈世界〉:w↵

11.2.4　烧水壶把手

烧水壶把手完成后,如图 11 - 28 所示。

1. 绘制多段线(壶体把手)

常用→绘图→多段线

命令:_pline

指定起点:7,190,70↵

当前线宽为 0.00

指定下一个点或[圆弧(A)/半宽(H)/长度(L)/放弃(U)/宽度(W)]:7,210↵

指定下一点或[圆弧(A)/闭合(C)/半宽(H)/长度(L)/放弃(U)/宽度(W)]:

—53,210↵

指定下一点或[圆弧(A)/闭合(C)/半宽(H)/长度(L)/放弃(U)/宽度(W)]:

—53,190↵

指定下一点或[圆弧(A)/闭合(C)/半宽(H)/长度(L)/放弃(U)/宽度(W)]：
c ↵

2. 调整坐标系

命令：_－view

输入选项[？/删除(D)/正交(O)/恢复(R)/保存(S)/设置(E)/窗口(W)]：
front ↵

命令：_－view

输入选项[？/删除(D)/正交(O)/恢复(R)/保存(S)/设置(E)/窗口(W)]：
sw ↵

3. 绘制线段(扫掠线)

常用→绘图→多段线

命令：_pline

指定起点：－53,70,－190 ↵

当前线框密度：ISOLINES＝4,闭合轮廓创建模式＝实体

指定下一个点或[圆弧(A)/半宽(H)/长度(L)/放弃(U)/宽度(W)]：－33,
270 ↵

4. 创建扫掠实体

实体→实体→扫掠

命令：_sweep

选择要扫掠的对象或[模式(MO)]：(选刚刚创建的多段线)

选择扫掠路径或[对齐(A)/基点(B)/比例(S)/扭曲(T)]：(选刚刚创建的线
段)↵

5. 三维倒角

实体→实体编辑→圆角边

命令：_filletedge

选择边或[链(C)/环(L)/半径(R)]：r ↵

输入圆角半径或[表达式(E)]：10 ↵

选择边或[链(C)/环(L)/半径(R)]：(选扫掠实体外侧竖直方向的两条边)↵

6. 调整坐标系

命令：_－view

输入选项[？/删除(D)/正交(O)/恢复(R)/保存(S)/设置(E)/窗口(W)]：
front ↵

7. 绘制多段线

常用→绘图→多段线

命令:_pline

指定起点:10,60,0↵

当前线框密度:ISOLINES=4,闭合轮廓创建模式=实体

指定下一个点或[圆弧(A)/半宽(H)/长度(L)/放弃(U)/宽度(W)]:-60,60↵

指定下一点或[圆弧(A)/闭合(C)/半宽(H)/长度(L)/放弃(U)/宽度(W)]:-60,130↵

指定下一点或[圆弧(A)/闭合(C)/半宽(H)/长度(L)/放弃(U)/宽度(W)]:c↵

8. 绘制多段线

常用→绘图→多段线

命令:_pline

指定起点:20,250,0↵

当前线框密度:ISOLINES=4,闭合轮廓创建模式=实体

指定下一个点或[圆弧(A)/半宽(H)/长度(L)/放弃(U)/宽度(W)]:-20,250↵

指定下一点或[圆弧(A)/闭合(C)/半宽(H)/长度(L)/放弃(U)/宽度(W)]:-32,110↵

指定下一点或[圆弧(A)/闭合(C)/半宽(H)/长度(L)/放弃(U)/宽度(W)]:5,110↵

指定下一点或[圆弧(A)/闭合(C)/半宽(H)/长度(L)/放弃(U)/宽度(W)]:c↵

9. 切换视图

命令:_-view

输入选项[? /删除(D)/正交(O)/恢复(R)/保存(S)/设置(E)/窗口(W)]:sw↵

10. 拉伸多段线

拉伸多段线,如图 11-27 所示。

常用→建模→拉伸

命令:_extrude

当前线框密度:ISOLINES=4,闭合轮廓创建

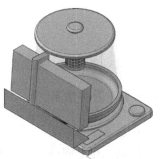

图 11-27　拉伸多段线

模式＝实体

选择要拉伸的对象或［模式（MO）］:（选刚刚创建的两部分多段线）↵

指定拉伸的高度或［方向（D）/路径（P）/倾斜角（T）］:300

11. 差集运算

常用→实体编辑→差集

选择对象:（选把手实体）↵

选择对象:（选刚刚创建两个多段线实体）↵

12. 三维倒角

实体→实体编辑→圆角边

命令:_filletedge

选择边或［链（C）/环（L）/半径（R）］:r↵

输入圆角半径或［表达式（E）］:16↵

选择边或［链（C）/环（L）/半径（R）］:把手内部的所有边缘

13. 三维倒角

实体→实体编辑→圆角边

命令:_filletedge

选择边或［链（C）/环（L）/半径（R）］:r↵

输入圆角半径或［表达式（E）］:2↵

选择边或［链（C）/环（L）/半径（R）］:（把手外部除斜面外的所有边缘）↵

图 11－28　烧水壶把手

14. 保存模型

烧水壶把手最终完成,如图 11－28 所示。

命令:_qsave

11.3　小风扇

小风扇组合由折叠底座、风扇马达、风扇扇叶组成,如图 11－29 所示。

11.3.1　折叠底座

1. 切换工作空间

切换工作空间→三维建模

命令:_wscurrent

输入 WSCURRENT 的新值〈"草图与注释"〉:三维建模

图 11-29　小风扇

2. 切换视图

绘图区域左上角标签为"未命名视图"的控件,然后从菜单中选择"西南等轴测"。

命令:_-view

输入选项[? /删除(D)/正交(O)/恢复(R)/保存(S)/设置(E)/窗口(W)]:sw ↵

3. 视觉样式

绘图→二维线框→灰度

命令:_visualstyles

在"视觉样式管理器"中更改视觉样式为:"灰度"↵

关闭"视觉样式管理器"窗口

4. 绘制多段线

折叠底座,如图 11-30 所示。

常用→绘图→多段线

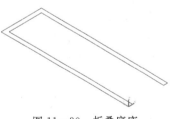

图 11-30　折叠底座

命令:_pline

指定起点:0,0,0 ↵

当前线框密度:ISOLINES=4,闭合轮廓创建模式=实体

指定下一个点或[圆弧(A)/宽(H)/长度(L)/放弃(U)/宽度(W)]:0,160 ↵

指定下一点或[圆弧(A)/闭合(C)/半宽(H)/长度(L)/放弃(U)/宽度(W)]:50,160 ↵

指定下一点或[圆弧(A)/闭合(C)/半宽(H)/长度(L)/放弃(U)/宽度(W)]:50,0 ↵

指定下一点或[圆弧(A)/闭合(C)/半宽(H)/长度(L)/放弃(U)/宽度(W)]:

45,0 ↵

　　指定下一点或[圆弧(A)/闭合(C)/半宽(H)/长度(L)/放弃(U)/宽度(W)]:
45,155 ↵

　　指定下一点或[圆弧(A)/闭合(C)/半宽(H)/长度(L)/放弃(U)/宽度(W)]:
5,155 ↵

　　指定下一点或[圆弧(A)/闭合(C)/半宽(H)/长度(L)/放弃(U)/宽度(W)]:
5,0 ↵

　　指定下一点或[圆弧(A)/闭合(C)/半宽(H)/长度(L)/放弃(U)/宽度(W)]:
c ↵

5. 二维倒角

常用→修改→倒角和圆角→圆角

命令:_fillet

选择第一个对象或[放弃(U)/多段线(P)/半径(R)/修剪(T)/多个(M)]:m ↵

选择第一个对象或[放弃(U)/多段线(P)/半径(R)/修剪(T)/多个(M)]:r ↵
20 ↵

选择第一个对象或[放弃(U)/多段线(P)/半径(R)/修剪(T)/多个(M)]:连
续单击多段线上方靠内的三条线段↵

6. 二维倒角

常用→修改→倒角和圆角→圆角

命令:_fillet

选择第一个对象或[放弃(U)/多段线(P)/半径(R)/修剪(T)/多个(M)]:m ↵

选择第一个对象或[放弃(U)/多段线(P)/半径(R)/修剪(T)/多个(M)]:r ↵
25 ↵

选择第一个对象或[放弃(U)/多段线(P)/半径(R)/修剪(T)/多个(M)]:连
续单击多段线上方靠外的三条线段↵

7. 拉伸多段线

底座拉伸,如图 11-31 所示。

常用→建模→拉伸

命令:_extrude

当前线框密度:ISOLINES=4,闭合轮廓创建模
式=实体

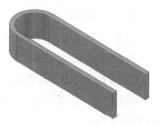

图 11-31　底座拉伸

选择要拉伸的对象或[模式(MO)]:(选多段
线)↵

指定拉伸的高度或[方向(D)/路径(P)/倾斜角(T)]:30↵

8. 三维倒角

实体→实体编辑→圆角边

命令:_filletedge

选择边或[链(C)/环(L)/半径(R)]:r↵

输入圆角半径或[表达式(E)]:15↵

选择边或[链(C)/环(L)/半径(R)]:(实体缺口处的上下两侧四条边)↵

9. 创建长方体(折叠手柄)

常用→建模→长方体

命令:_box

指定第一个角点或[中心(C)]:5,0,0↵

指定其他角点或[立方体(C)/长度(L)]:40,30↵

指定高度或[两点(2P)]:60↵

10. 三维倒角

三维倒角,如图 11-32 所示。

实体→实体编辑→圆角边

命令:_filletedge

选择边或[链(C)/环(L)/半径(R)]:r↵

输入圆角半径或[表达式(E)]:15↵

选择边或[链(C)/环(L)/半径(R)]:(长方体底

部前后两条侧边)↵

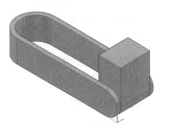

图 11-32　三维倒角

11.3.2　风扇马达

1. 创建长方体(风扇马达)

常用→建模→长方体

命令:_box

指定第一个角点或[中心(C)]:5,10,60↵

指定其他角点或[立方体(C)/长度(L)]:40,20

指定高度或[两点(2P)]:90↵

2. 三维倒角

三维倒角,如图 11-33 所示。

实体→实体编辑→圆角边

命令:_filletedge

图 11-33　三维倒角

选择边或[链(C)/环(L)/半径(R)]:r↵

输入圆角半径或[表达式(E)]:20↵

选择边或[链(C)/环(L)/半径(R)]:(长方体顶部前后两条侧边)↵

3. 并集运算

常用→实体编辑→并集

命令:_union

选择对象:刚刚创建的两个长方体↵

并集运算的目的是为了方便对两个长方体公共边进行倒角。

4. 三维倒角

实体→实体编辑→圆角边

命令:_filletedge

选择边或[链(C)/环(L)/半径(R)]:r↵

输入圆角半径或[表达式(E)]:10↵

选择边或[链(C)/环(L)/半径(R)]:(两个长方体前侧的公共边)↵

5. 三维倒角

实体→实体编辑→圆角边

命令:_filletedge

选择边或[链(C)/环(L)/半径(R)]:r↵

输入圆角半径或[表达式(E)]:5↵

选择边或[链(C)/环(L)/半径(R)]:(手柄实体后侧的所有边)↵

6. 调整坐标系

命令:_-view

输入选项[?/删除(D)/正交(O)/恢复(R)/保存(S)/设置(E)/窗口(W)]:right↵

命令:_-view

输入选项[?/删除(D)/正交(O)/恢复(R)/保存(S)/设置(E)/窗口(W)]:sw↵

7. 创建圆柱体

连接螺纹孔,如图11-34所示。

常用→建模→圆柱体

命令:_cylinder

指定底面的中心点或[三点(3P)/两点(2P)/切点、切点、半径(T)/椭圆(E)]:15,15,0↵

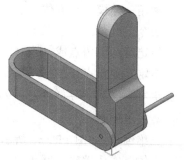

图11-34 连接螺纹孔

指定底面半径或[直径(D)]:2↵

指定高度或[两点(2P)/轴端点(A)]:100↵

8. 差集运算

常用→实体编辑→差集

命令:_subtract

选择对象:底座实体↵

选择对象:刚刚创建的小圆柱体↵

9. 调整坐标系

命令:_－view

输入选项[? /删除(D)/正交(O)/恢复(R)/保存(S)/设置(E)/窗口(W)]:front↵

命令:_－view

输入选项[? /删除(D)/正交(O)/恢复(R)/保存(S)/设置(E)/窗口(W)]:sw↵

10. 创建圆柱体(电机主轴)

常用→建模→圆柱体

命令:_cylinder

指定底面的中心点或[三点(3P)/两点(2P)/切点、切点、半径(T)/椭圆(E)]:25,130,－10↵

指定底面半径或[直径(D)]:5↵

指定高度或[两点(2P)/轴端点(A)]:35↵

11. 调整坐标系

命令:_ucs

指定 UCS 的原点或[面(F)/命名(NA)/对象(OB)/上一个(P)/视图(V)/世界(W)/X/Y/Z/Z 轴(ZA)]〈世界〉:w↵

12. 创建长方体(后侧散热辐条)

常用→建模→长方体

命令:_box

指定第一个角点或[中心(C)]:24,5,140↵

指定其他角点或[立方体(C)/长度(L)]:2,2↵

指定高度或[两点(2P)]:50↵

13. 三维倒角

实体→实体编辑→圆角边

命令:_filletedge

选择边或[链(C)/环(L)/半径(R)]:r↵

输入圆角半径或[表达式(E)]:1↵

选择边或[链(C)/环(L)/半径(R)]:(长方体上方左右两条侧边)↵

14. 调整坐标系

命令:_-view

输入选项[? /删除(D)/正交(O)/恢复(R)/保存(S)/设置(E)/窗口(W)]:
front↵

命令:_-view

输入选项[? /删除(D)/正交(O)/恢复(R)/保存(S)/设置(E)/窗口(W)]:
sw↵

15. 环形阵列

环形阵列,如图 11-35 所示。

常用→修改→环形阵列

命令:_arraypolar

选择对象:刚刚创建的长方体↵

指定阵列的中心点或[基点(B)/旋转轴(A)]:主
轴的圆心↵

在"阵列创建"上下文功能区中修改项目数:30

单击"关闭阵列"

16. 创建圆柱体(风扇后盖)

常用→建模→圆柱体

图 11-35　环形阵列

命令:_cylinder

指定底面的中心点或[三点(3P)/两点(2P)/切点、切点、半径(T)/椭圆(E)]:
25,130,-5↵

指定底面半径或[直径(D)]:15↵

指定高度或[两点(2P)/轴端点(A)]:2↵

17. 取消关联

选择需要取消关联的对象:圆柱体阵列

取消关联:x↵

解除阵列关联是为了方便后续进行并集运算。

18. 并集运算

常用→实体编辑→并集

命令:_union

选择对象:刚刚创建的圆柱体和所有阵列产生的长方体↵

19. 调整坐标系

命令:_ucs

指定 UCS 的原点或[面(F)/命名(NA)/对象(OB)/上一个(P)/视图(V)/世界(W)/X/Y/Z/Z 轴(ZA)]〈世界〉:w

11.3.3　风扇扇叶

1. 绘制多段线(风扇扇叶)

常用→绘图→多段线

命令:_pline

指定起点:20,−7,140 ↵

当前线框密度:ISOLINES=4,闭合轮廓创建模式=实体

指定下一个点或[圆弧(A)/半宽(H)/长度(L)/放弃(U)/宽度(W)]:19,−8↵

指定下一点或[圆弧(A)/闭合(C)/半宽(H)/长度(L)/放弃(U)/宽度(W)]:30,−13 ↵

指定下一点或[圆弧(A)/闭合(C)/半宽(H)/长度(L)/放弃(U)/宽度(W)]:31,−12 ↵

指定下一点或[圆弧(A)/闭合(C)/半宽(H)/长度(L)/放弃(U)/宽度(W)]:c ↵

2. 拉伸多段线

常用→建模→拉伸

命令:_extrude

选择要拉伸的对象或[模式(MO)]:(选多段线)↵

指定拉伸的高度或[方向(D)/路径(P)/倾斜角(T)]:40 ↵

3. 三维倒角

实体→实体编辑→圆角边

命令:_filletedge

选择边或[链(C)/环(L)/半径(R)]:r ↵

选择边或[链(C)/环(L)/半径(R)]:(多段线实体上侧的左右两条侧边)↵

4. 调整坐标系

命令:_−view

输入选项[? /删除(D)/正交(O)/恢复(R)/保存(S)/设置(E)/窗口(W)]:front↵

命令:_ - view

输入选项[? /删除(D)/正交(O)/恢复(R)/保存(S)/设置(E)/窗口(W)]:sw↵

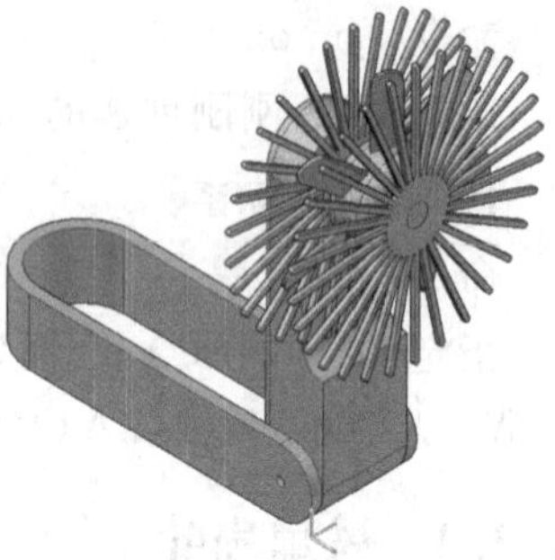

5. 环形阵列

扇叶阵列,如图 11-36 所示。

常用→修改→环形阵列

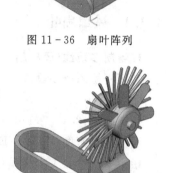

图 11-36　扇叶阵列

命令:_arraypolar

选择对象:刚刚创建的多段线实体↵

指定阵列的中心点或[基点(B)/旋转轴(A)]:主轴的圆心↵

在"阵列创建"上下文功能区中修改项目数:7

单击"关闭阵列"

6. 创建圆柱体

扇叶连接块,如图 11-37 所示。

常用→建模→圆柱体

命令:_cylinder

图 11-37　扇叶连接块

指定底面的中心点或[三点(3P)/两点(2P)/切点、切点、半径(T)/椭圆(E)]:25,130,0↵

指定底面半径或[直径(D)]:20↵

指定高度或[两点(2P)/轴端点(A)]:20↵

7. 取消关联

命令:_explore

选择对象:多段线实体阵列↵

8. 并集运算

常用→实体编辑→并集

命令:union

选择对象:刚刚创建的圆柱体和所有阵列产生的多段线实体↵

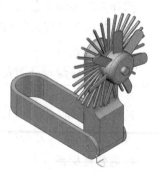

9. 三维倒角

连接块三维倒角,如图 11-38 所示。

实体→实体编辑→圆角边

图 11-38　连接块三维倒角

命令:_filletedge

选择边或[链(C)/环(L)/半径(R)]:r↵

输入圆角半径或[表达式(E)]:5↵

选择边或[链(C)/环(L)/半径(R)]:(扇叶连接块实体的前后两条圆边)↵

10. 创建复制实体

扇叶连接块,如图 11-39 所示。

常用→修改→复制

命令:_copy

选择对象:除底座以外的所有实体↵

指定基点或[位移(D)/模式(O)]〈位移〉:0,0,0↵

指定第二个点或[阵列(A)]〈使用第一个点作为位移〉:0,0,28↵

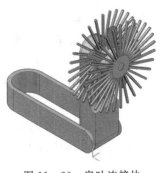

图 11-39　扇叶连接块

11. 创建圆柱体

风扇外罩,如图 11-40 所示。

常用→建模→圆柱体

命令:_cylinder

指定底面的中心点或[三点(3P)/两点(2P)/切点、切点、半径(T)/椭圆(E)]:25,130,-5↵

指定底面半径或[直径(D)]:60↵

指定高度或[两点(2P)/轴端点(A)]:30↵

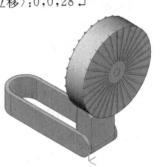

图 11-40　风扇外罩

12. 创建圆柱体

常用→建模→圆柱体

命令:_cylinder

指定底面的中心点或[三点(3P)/两点(2P)/切点、切点、半径(T)/椭圆(E)]:25,130,-5↵

指定底面半径或[直径(D)]:54↵

指定高度或[两点(2P)/轴端点(A)]:100↵

13. 差集运算

常用→实体编辑→差集

命令:_subtract

选择对象:(选刚刚创建的大圆柱体)↵

选择对象:(选刚刚创建的小圆柱体)↵

14. 并集运算

常用→实体编辑→并集

命令：_union

选择对象：刚刚创建的圆环实体和前后两个散热辐条实体↵

15. 创建长方体

风扇开关槽，如图 11-41 所示。

常用→建模→长方体

命令：_box

指定第一个角点或[中心(C)]：15,30,10 ↵

指定其他角点或[立方体(C)/长度(L)]：20,10 ↵

指定高度或[两点(2P)]：15 ↵

图 11-41　风扇开关槽

16. 差集运算

常用→实体编辑→差集

命令：_subtract

选择对象：(选折叠手柄实体)↵

选择对象：(选刚刚创建的长方体)↵

17. 三维倒角

实体→实体编辑→圆角边

命令：_filletedge

选择边或[链(C)/环(L)/半径(R)]：r ↵

输入圆角半径或[表达式(E)]：5 ↵

选择边或[链(C)/环(L)/半径(R)]：(开关槽的四条侧边)↵

18. 创建圆柱体(开关按钮)

常用→建模→圆柱体

命令：_cylinder

指定底面的中心点或[三点(3P)/两点(2P)/切点、切点、半径(T)/椭圆(E)]：20,35,3 ↵

指定底面半径或[直径(D)]：5 ↵

指定高度或[两点(2P)/轴端点(A)]：8 ↵

19. 三维倒角

实体→实体编辑→圆角边

命令：_filletedge

选择边或［链（C）/环（L）/半径（R）］：r↵

输入圆角半径或［表达式（E）］：1↵

选择边或［链（C）/环（L）/半径（R）］：（刚刚创建的圆柱体的圆边）↵

20. 三维倒角

实体→实体编辑→圆角边

命令：_filletedge

选择边或［链（C）/环（L）/半径（R）］：r↵

输入圆角半径或［表达式（E）］：1↵

选择边或［链（C）/环（L）/半径（R）］：（风扇外罩实体的前后两条圆边）↵

21. 三维旋转

三维旋转，如图 11 - 42 所示。

常用→修改→旋转三维

命令：_3drotate

选择对象：（除底座外的所有实体）↵

指定基点：（螺纹孔的圆心）↵

拾取旋转轴：（螺纹孔的轴）↵

指定角的起点或键入角度：－20↵

图 11 - 42　三维旋转

22. 保存模型

命令：_qsave

第 12 章　桌椅家具及小推车

本章通过制作一组常见的写字台等家具以及小推车，学习造型的方法和技巧。用 3D 打印后可直接装配。

12.1　写字台

绘制写字台，如图 12-1 所示。

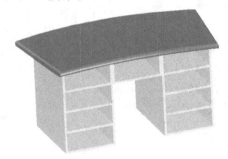

图 12-1　写字台

1. 3D 视点

视图→三维视点→西南

设置西南视点，观看三维效果。

命令：_-view

输入选项[? /删除(D)/正交(O)/恢复(R)/保存(S)/设置(E)/窗口(W)]：_swiso

2. 立方体

绘图→实体→长方体

绘制立方体，构成写字台腿的一部分。

命令：_box

指定第一个角点或[中心(C)]〈0,0,0〉：↵

指定其他角点或[立方体(C)/长度(L)]：@50,80 ↵

指定高度或[两点(2P)]：20 ↵

3. 缩放

视图→缩放→窗口

将写字台的腿用窗口放大。

命令:_zoom

指定窗口的角点,输入比例因子(nX 或 nXP),或者[全部(A)/中心(C)/动态(D)/范围(E)/上一个(P)/比例(S)/窗口(W)/对象(O)]〈实时〉:_w

指定第一个角点:

指定对角点:

4. 抽壳

修改→实体编辑→抽壳

从写字台的腿中挖出抽屉孔,如图 12-2 所示。

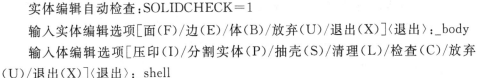

图 12-2　抽屉孔

命令:_solidedit

实体编辑自动检查:SOLIDCHECK=1

输入实体编辑选项[面(F)/边(E)/体(B)/放弃(U)/退出(X)]〈退出〉:_body

输入体编辑选项[压印(I)/分割实体(P)/抽壳(S)/清理(L)/检查(C)/放弃(U)/退出(X)]〈退出〉:_shell

选择三维实体:(选长方体的上前棱)

删除面或[放弃(U)/添加(A)/全部(ALL)]:找到 2 个面,已删除 2 个

删除面或[放弃(U)/添加(A)/全部(ALL)]:↵

输入抽壳偏移距离:2↵

已开始实体校验。

实体校验已完成。

输入体编辑选项[压印(I)/分割实体(P)/抽壳(S)/清理(L)/检查(C)/放弃(U)/退出(X)]〈退出〉:

实体编辑自动检查:SOLIDCHECK=1

输入实体编辑选项[面(F)/边(E)/体(B)/放弃(U)/退出(X)]〈退出〉:↵

5. 层

格式→层

设一新层及颜色,用以绘制抽屉。

命令:_layer

6. 立方体

绘图→实体→长方体

绘制立方体,构成抽屉外形。

命令:_box

指定第一个角点或[中心(C)]⟨0,0,0⟩:2,−1,2↵

指定其他角点或[立方体(C)/长度(L)]:@46,78↵

指定高度或[两点(2P)]:18 ↵

7. 抽壳

修改→实体编辑→抽壳

构成抽屉内孔。

命令:_solidedit

实体编辑自动检查:SOLIDCHECK=1

输入实体编辑选项[面(F)/边(E)/体(B)/放弃(U)/退出(X)]⟨退出⟩:_body

输入体编辑选项[压印(I)/分割实体(P)/抽壳(S)/清理(L)/检查(C)/放弃(U)/退出(X)]⟨退出⟩:_shell

选择三维实体:删除面或[放弃(U)/添加(A)/全部(ALL)]:找到一个面,已删除1个(选长方体的上面)

删除面或[放弃(U)/添加(A)/全部(ALL)]:

输入抽壳偏移距离:2 ↵

已开始实体校验。

实体校验已完成。

输入体编辑选项[压印(I)/分割实体(P)/抽壳(S)/清理(L)/检查(C)/放弃(U)/退出(X)]⟨退出⟩:

实体编辑自动检查:SOLIDCHECK=1

输入实体编辑选项[面(F)/边(E)/体(B)/放弃(U)/退出(X)]⟨退出⟩:↵

8. 颜色

格式→颜色

设一新颜色,用以绘制抽屉把手。

命令:_color

9. 复合线

绘图→复合线

绘制回转体的轮廓线,以便构成回转体抽屉把手,如图12-3(a)所示。

命令:_pline

指定起点:(任选一点)

当前线宽为0.0

指定下一个点或[圆弧(A)/半宽(H)/长度(L)/放弃(U)/宽度(W)]:0,−3↵

指定下一点或［圆弧（A）/闭合（C）/半宽（H）/长度（L）/放弃（U）/宽度（W）］：
@3,0 ↵

指定下一点或［圆弧（A）/闭合（C）/半宽（H）/长度（L）/放弃（U）/宽度（W）］：
a ↵

指定圆弧的端点按住 Ctrl 键以切换方向或［角度（A）/圆心（CE）/闭合（CL）/
方向（D）/半宽（H）/直线（L）/半径（R）/第二点（S）/放弃（U）/宽度（W）］：（任选一
点）

指定圆弧的端点按住 Ctrl 键以切换方向或［角度（A）/圆心（CE）/闭合（CL）/
方向（D）/半宽（H）/直线（L）/半径（R）/第二点（S）/放弃（U）/宽度（W）］：（任选一
点）

指定圆弧的端点按住 Ctrl 键以切换方向或［角度（A）/圆心（CE）/闭合（CL）/
方向（D）/半宽（H）/直线（L）/半径（R）/第二点（S）/放弃（U）/宽度（W）］：L ↵

指定下一点或［圆弧（A）/闭合（C）/半宽（H）/长度（L）/放弃（U）/宽度（W）］：
@0,2 ↵

指定下一点或［圆弧（A）/闭合（C）/半宽（H）/长度（L）/放弃（U）/宽度（W）］：
c ↵

10. 旋转体

绘图→实体→旋转体

用回转体构成一个抽屉把手，如图 12 - 3(b)所示。

命令：_revolve

当前线框密度：ISOLINES＝4,闭合轮廓创建模式＝实体

选择要旋转的对象或［模式（MO）］:找到 1 个（选取轮廓线）

选择要旋转的对象或［模式（MO）］:↵

指定轴起点或根据以下选项之一定义轴［对象（O）/X/Y/Z］:

指定轴端点：（回转轴上第二点）

指定旋转角度〈360〉:↵

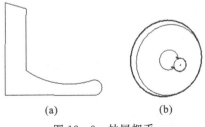

(a)　　　　　　　　(b)

图 12 - 3　抽屉把手

11. 3D 视点

视窗→三维视图→前视

将窗口设为前视图。

命令：_- view

输入选项[? /删除(D)/正交(O)/恢复(R)/保存(S)/设置(E)/窗口(W)]：
_front

12. 移动

修改→移动

将抽屉把手向上移动到对称位置。

命令：_move

选择对象：找到 1 个

选择对象：↵

指定基点或[位移(D)]：0,10 ↵

指定第二个点或〈使用第一点作为位移〉：↵

13. 3D 视点

视图→三维视点→西南

设置西南视点，观看三维效果。

命令：_- view

输入选项[? /删除(D)/正交(O)/恢复(R)/保存(S)/设置(E)/窗口(W)]：
_swiso

14. 求和

修改→实体编辑→并集

将把手与抽屉合成一体，如图 12 - 4 所示。

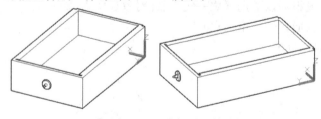

图 12 - 4   有把手的抽屉

命令：_union

选择对象：找到 1 个(选抽屉及把手)

选择对象：找到 1 个,总计 2 个

选择对象:↵

15. 着色

视图→着色→体着色

观看着色效果。

命令:_shademode

输入选项[二维线框(2)/线框(W)/隐藏(H)/真实(R)/概念(C)/着色(S)/带边缘着色(E)/灰度(G)/勾画(SK)/X 射线(X)/其他(O)]〈二维线框〉:_g ↵

16. 调整坐标系

工具→新建 UCS→世界

回到世界坐标系。

命令:_ucs

当前 UCS 名称:* 没有名称*

输入选项[新建(N)/移动(M)/正交(G)/上一个(P)/恢复(R)/保存(S)/删除(D)/应用(A)/? /世界(W)]〈世界〉:_w

17. 三维阵列

修改→三维操作→三维阵列

将所有物体阵列。

命令:_3darray

选择对象:all ↵(全选)

选择对象:(找到 1 个,总计 2 个)

选择对象:

输入阵列类型[矩形(R)/环形(P)]〈矩形〉:↵

输入行数(———)〈1〉:↵(1 行)

输入列数(|||)〈1〉:3 ↵(3 列)

输入层数(...)〈1〉:4 ↵(4 层)

指定列间距(|||):50 ↵

指定层间距(...):20 ↵

18. 3D 视点

视图→三维视图→前视

将视窗的视点设置为前视。

命令:_- view

输入选项[? /删除(D)/正交(O)/恢复(R)/保存(S)/设置(E)/窗口(W)]:

_front

19. 删除

修改→删除

将中间下面的三组抽屉删除,如图12-5所示。

命令:_erase

选择对象:(用鼠标窗选)

指定对角点:(找到6个)

选择对象:↵

20. 3D 视点

视图→三维视图→俯视

将视窗的视点设置为俯视。

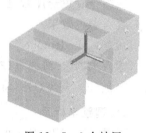

图12-5　9个抽屉

命令:_-view

输入选项[?/删除(D)/正交(O)/恢复(R)/保存(S)/设置(E)/窗口(W)]:_top

21. 层

格式→层

回到前一层,换层到0层。

22. 着色

视图→着色→二维线框

在二维线框的效果下,便于观看图线。

命令:_shademode

当前模式:

输入选项[二维线框(2)/线框(W)/隐藏(H)/真实(R)/概念(C)/着色(S)/带边缘着色(E)/灰度(G)/勾画(SK)/X射线(X)/其他(O)]〈二维线框〉:_g↵

23. 直线

绘图→直线

画一条竖线。

命令:_line

指定第一个点:

指定下一点或[放弃(U)]:

指定下一点或[放弃(U)]:↵

24. 镜像

修改→镜像

捕捉中间抽屉的中点为对称轴,将直线对称复制一条。

命令：_mirror

选择对象：找到 1 个

选择对象：↵

指定镜像线的第一点：

指定镜像线的第二点：

要删除源对象吗？[是(Y)/否(N)]〈N〉：↵

25. 圆弧

绘图→圆弧

重复命令，用三点绘制两条圆弧，如图 12－6(a)所示。

命令：_arc

指定圆弧的起点或[圆心(C)]：(用鼠标捕捉线端点)

指定圆弧的第二个点或[圆心(C)/端点(E)]：

指定圆弧的端点：点(用鼠标捕捉线端点)

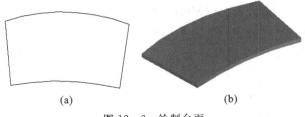

(a)　　　　　　　　　　(b)

图 12－6　绘制台面

26. 边界

绘图→边界

用鼠标点击封闭区域，将其周围的边构成为一条边界，便于制作面域。

命令：_boundary

拾取内部点：正在选择所有对象…

正在选择所有可见对象…

正在分析所选数据…

正在分析内部孤岛…

拾取内部点：

正在分析内部孤岛…

拾取内部点：

BOUNDARY 已创建 2 个多段线

27. 面域

绘图→面域

用鼠标选取两条刚做好的边界,构成面域。

命令:_region

选择对象:指定对角点:找到 1 个

选择对象:

已提取 1 个环。

已创建 1 个面域。

28. 拉伸

绘图→实体→拉伸

拉伸一个立体,构成写字台的面,如图 12-6(b)所示。

命令:_extrude

当前线框密度:ISOLINES=4,闭合轮廓创建模式=实体

选择要拉伸的对象或[模式(MO)]:找到 1 个

选择要拉伸的对象或[模式(MO)]:↵

指定拉伸的高度或[方向(D)/路径(P)/倾角(T)/表达式(E)]:5 ↵

29. 3D 视点

视图→三维视点→西南

设置西南视点(或回到上一窗口)。

命令:_view

输入选项[?/删除(D)/正交(O)/恢复(R)/保存(S)/设置(E)/窗口(W)]:
_swiso

30. 移动

修改→移动

将写字台的面向上移动到位。

命令:_move

选择对象:找到 1 个

选择对象:↵

指定基点或[位移(D)]:0,0,80 ↵

指定第二个点或〈使用第一点作为位移〉:↵

31. 缩放

视图→缩放→窗口

将写字台的面用窗口放大。

命令:_zoom

指定窗口的角点,输入比例因子(nX 或 nXP),或者[全部(A)/中心(C)/动态(D)/范围(E)/上一个(P)/比例(S)/窗口(W)/对象(O)]〈实时〉:_w

指定第一个角点:

指定对角点。

32. 圆角

修改→圆角

给写字台面倒圆角。

命令:_fillet

当前模式:模式＝修剪,半径＝10.0000

选择第一个对象或[多段线(P)/半径(R)/修剪(T)]:

输入圆角半径或[表达式(E)]〈10.0000〉:2 ↵

选择边或[链(C)/环(L)/半径(R)]:(选取桌面四边)

选择边或[链(C)/环(L)/半径(R)]:

选择边或[链(C)/环(L)/半径(R)]:

选择边或[链(C)/环(L)/半径(R)]:

选定圆角的 4 个边。

33. 缩放

视图→缩放→全部

将视窗放至全图,观看所有物体。

命令:_zoom

指定窗口的角点,输入比例因子(nX 或 nXP),或者[全部(A)/中心(C)/动态(D)/范围(E)/上一个(P)/比例(S)/窗口(W)/对象(O)]〈实时〉:_all

34. 层

格式→层

将抽屉所在层关闭。

命令:_layer

35. 求和

修改→三维编辑→并集

将写字台面与腿全部合成一体。

命令:_union

选择对象:

指定对角点:找到 10 个(全选)

选择对象：↵

36. 层

格式→层

将抽屉所在层打开。

命令：_layer

37. 着色效果

视图→着色

观看写字台着色效果。

命令：_shademode

当前模式：二维线框

输入选项[二维线框(2)/线框(W)/隐藏(H)/真实(R)/概念(C)/着色(S)/带边缘着色(E)/灰度(G)/勾画(SK)/X 射线(X)/其他(O)]〈二维线框〉：_g ↵

38. 移动

修改→移动

将抽屉打开两个。

命令：_move(任选一个抽屉)

选择对象：找到 1 个,总计 2

选择对象：↵(任选一个抽屉)

指定基点或[位移(D)]：〈正交开〉(打开正交)

指定第二个点或〈使用第一点作为位移〉

39. 存盘

命令：_qsave

完成如图 12-1 所示的写字台。

12.2　茶　几

开新图绘制茶几,如图 12-7 所示。

1. 样条曲线

绘图→样条曲线

用鼠标绘制如图 12-8 所示的几条样条曲线。

(1)绘制一条封闭的样条曲线,作为茶几面的轮廓形状,如图 12-8(a)所示

图 12-7　茶几

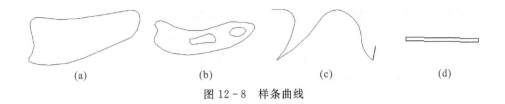

图 12 - 8　样条曲线

(注意不能有交叉点，以便拉伸成立体)。

(2)绘制三条封闭的样条曲线，作为茶几腿的俯视轮廓形状，如图 12 - 8(b)所示(注意不能有交叉点)。

(3)绘制一条样条曲线，作为茶几腿的拉伸路径线，如图 12 - 8(c)所示(也可用 Pline 命令绘制)。

注意掌握好比例关系，茶几腿的轮廓形状不能大于茶几面的轮廓形状，茶几腿的拉伸路径线的 X 方向长度与茶几腿的轮廓形状 X 方向长度基本相等。茶几腿拉伸路径线的上两点为茶几面的支撑点，高度应相等，拉伸路径线的下两点为地脚的支撑点，应在同一水平。

命令:_spline

当前设置:方式＝拟合　节点＝弦

输入第一个点或[方式(M)/节点(K)/对象(O)]:(任选一点)

输入下一个点或[起点切向(T)/公差(L)]

输入下一个点或[端点相切(T)/公差(L)/放弃(U)]

输入下一个点或[端点相切(T)/公差(L)/放弃(U)/闭合(C)]

输入下一个点或[端点相切(T)/公差(L)/放弃(U)/闭合(C)]

指定起点切向:↵

指定端点切向:↵

2. 矩形

绘图→矩形

指定两个对角点绘出矩形，作为茶几腿的断面形状。

命令:_rectang

指定第一个角点或[倒角(C)/标高(E)/圆角(F)/厚度(T)/宽度(W)]:(任选一点)

指定另一个角点或[面积(A)/尺寸(D)/旋转(R)]:(用鼠标点)

3. 三维旋转

修改→三维操作→三维旋转

用三维旋转将矩形绕 Y 轴旋转 90°,茶几腿的拉伸路径线垂直。重复命令,将拉伸路径线与矩形一起绕X轴旋转90°,以便茶几腿垂直于水平面。

命令:_rotate3d

当前正向角度:ANGDIR=逆时针 ANGBASE=0

选择对象:找到1个(选取矩形)

选择对象:↵

指定轴上的第一个点或定义轴依据[对象(O)/最近的(L)/视图(V)/X/Y/Z/两点(2)]:y↵

指定Y轴上的点⟨0,0,0⟩:(捕捉矩形的点)

指定旋转角度或[参照(R)]:90 ↵

4. 设置颜色

格式→颜色

在制作三维立体时,要边做边改更换颜色,不要将颜色设为随层,否则绘制立体的求和或求差后为不同颜色。如让颜色随层而变,当求和或求差后各部分的颜色变为一样。

命令:_color

5. 拉伸体

绘图→实体→拉伸体

(1)拉伸茶几面的轮廓,高度10,绘制成茶几面立体,如图12-9(a)所示。

(2)分别拉伸茶几腿的三条曲线,高度相等,绘制成茶几腿部分立体,如图12-9(b)所示。

(3)沿茶几腿的拉伸路径线拉伸矩形断面,绘制成茶几腿部分立体,如图12-9(c)所示。

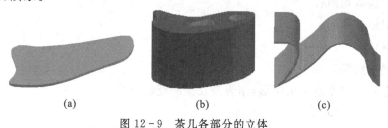

(a)　　　　　　　　　(b)　　　　　　　(c)

图12-9　茶几各部分的立体

命令:_extrude

当前线框密度:ISOLINES=4,闭合轮廓创建模式=实体

选择要拉伸的对象或[模式(MO)]:找到1个

选择要拉伸的对象或[模式(MO)]:↵

指定拉伸的高度或[方向(D)/路径(P)/倾斜角(T)/表达式(E)]:(自定)

沿路径拉伸茶几腿的柱体。

命令：_extrude

当前线框密度：ISOLINES＝4，闭合轮廓创建模式＝实体

选择要拉伸的对象或［模式（MO）］：找到 1 个（选矩形）

选择要拉伸的对象或［模式（MO）］：↵

指定拉伸的高度或［方向（D）/路径（P）/倾斜角（T）/表达式（E）］：p↵

选择拉伸路径或［倾斜角（T）］：（选路径线）

6. 求差

修改→实体编辑→差集

从茶几腿上减去两孔，如图 12－10 所示。

命令：_subtract

选择要从中减去的实体、曲面和面域…

选择对象：找到 1 个（选大立体）

图 12－10　茶几腿挖孔

选择对象：↵

选择要减去的实体、曲面和面域…

选择对象：找到 1 个（选两孔）

选择对象：找到 1 个，总计 2 个

选择对象：↵

7. 移动

修改→移动

重复命令，从俯视及前视，两个方向观察，将两部分茶几腿移动重合在一起，以便求交，如图 12－11所示。

图 12－11　茶几腿的对位

命令：_move

选择对象：找到 1 个

选择对象：↵

指定基点或［位移（D）］：

指定第二个点或〈使用第一个点作为位移〉：

8. 交集（求交）

修改→实体编辑→交集

将两部分茶几腿求交，得到茶几腿，如图 12－12所示。

命令：_intersect

图 12－12　茶几腿求交

选择对象：找到 1 个

选择对象：找到 1 个，总计 2 个

选择对象：↵

9. 圆角

修改→圆角

将茶几腿圆角，如图 12-13 所示。

图 12-13　茶几腿圆角

命令：_fillet

当前设置：模式＝修剪，半径＝10.0000

选择第一个对象或［放弃(U)/多段线(P)/半径(R)/修剪(T)/多个(M)］：（选择体要圆角的边）

输入圆角半径或［表达式(E)］：〈10.0000〉↵

选择边或［链(C)/环(L)/半径(R)］：↵

选定圆角的 1 个边。

10. 复制

修改→复制

将茶几面再复制一个。

命令：_copy

选择对象：指定对角点：找到 1 个

选择对象：↵

指定基点或［位移(D)/模式(O)］〈位移〉：

指定第二个点或〈使用第一个点作为位移〉：

11. 比例

修改→比例

将一个茶几面再缩小。

命令：_scale

选择对象：找到 1 个

选择对象：↵

指定基点：（给定基准点或鼠标点选）

指定比例因子或［复制(C)/参照(R)］：0.7 ↵（自定）

12. 移动

修改→移动

重复命令，从俯视及前视两个方向观察，将茶几腿、茶几面及缩小的茶几面移动并重合在一起。

命令：_move

选择对象：找到 1 个

选择对象：↵

指定基点或［位移(D)］：

指定第二个点或〈使用第一个点作为位移〉：

13. 求和

修改→实体编辑→并集

将对称的两部分及中间部分合并成一体。

命令：_union

选择对象：找到 1 个

选择对象：找到 1 个,总计 2 个

选择对象：找到 1 个,总计 3 个

选择对象：↵

14. 着色

视图→着色→体着色

观看着色效果。

命令：_shademode

当前模式：二维线框

输入选项［二维线框(2)/线框(W)/隐藏(H)/真实(R)/概念(C)/着色(S)/带边缘着色(E)/灰度(G)/勾画(SK)/X 射线(X)/其他(O)]〈二维线框〉：_g ↵

15. 三维动态观察器

用三维动态观察器(3DORBIT)旋转查看模型中的任意视图方向。

命令：_3dorbit

16. 存盘

文件→存盘

命令：_qsave

12.3　竹　椅

开新图绘制竹椅,如图 12-14 所示。

1. 复合线

绘图→复合线(Draw→Polyline)

用直线、圆、复合线等绘制平面图形,如图12-15所示。其绘制的几段线是头连成一体的,注意掌握好比例关系。

(1)绘制两条椅子扶手的拉伸路径线,作为竹椅扶手的轮廓形状,如图12-15(a)所示,绘制两个圆、一条切线,再将多余部分剪去。

(2)绘制两条椅子靠背的拉伸路径线,作为竹椅靠背的左视轮廓形状,如图12-15(b)所示。绘制圆、切线,再将多余部分剪去。

(3)绘制一条封闭的椅子面的拉伸路径线,作为竹椅面的拉伸路径线,如图12-15(c)所示。绘制两个圆、两条切线,再将多余部分剪去。

(4)绘制两条加固圈的拉伸路径线,作为拉伸路径线,如图12-15(d)所示。绘制一条复合线,再圆角。

图12-14　竹椅

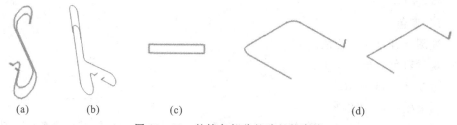

(a)　　　　　　(b)　　　　　　(c)　　　　　　　　　　(d)

图12-15　竹椅各部分的路径轮廓线

命令:_pline

指定起点:

当前线宽为0.0

指定下一个点或[圆弧(A)/半宽(H)/长度(L)/放弃(U)/宽度(W)]:

指定下一点或[圆弧(A)/闭合(C)/半宽(H)/长度(L)/放弃(U)/宽度(W)]:

指定下一点或[圆弧(A)/闭合(C)/半宽(H)/长度(L)/放弃(U)/宽度(W)]:↵

2. 复合线编辑

修改→复合线

选取已绘制的拉伸路径线绘制,可将其变为复合线,再键入选项将两条或多条头尾相接的复合线连接成一条,作为拉伸体的路径。

命令:_pedit

选择多段线或[多条(M)]:

输入选项[闭合(C)/合并(J)/宽度(W)/编辑顶点(E)/拟合(F)/样条曲线(S)/非曲线化(D)/线型生成(L)/放弃(U)]:↵(复合线连接)

重复命令,将几条头尾相接的复合线连接成一条。

命令:_pedit

选择多段线或[多条(M)]:(先选第一条线)

输入选项[闭合(C)/合并(J)/宽度(W)/编辑顶点(E)/拟合(F)/样条曲线(S)/非曲线化(D)/线型生成(L)/放弃(U)]:j↵(复合线连接)

选择对象:找到 1 个(再选取第二条线)

选择对象:找到 1 个,总计 2 个

选择对象:↵

2 段线加入了复合线。

输入选项[闭合(C)/合并(J)/宽度(W)/编辑顶点(E)/拟合(F)/样条曲线(S)/非曲线化(D)/线型生成(L)/放弃(U)]:↵

3. 矩形

绘图→矩形

指定两个对角点绘出矩形,作为竹子的断面形状。

命令:_rectang

指定第一个角点或[倒角(C)/标高(E)/圆角(F)/厚度(T)/宽度(W)]:(任选一点)

指定另一个角点或[面积(A)/尺寸(D)/旋转(R)]:(用鼠标点)

4. 三维旋转

修改→三维操作→三维旋转

用三维旋转命令将矩形绕相应的轴旋转 90°,与拉伸路径线垂直。重复命令,将拉伸路径线与矩形一起绕相应的轴旋转 90°,以便椅子各部分的方向对位并垂直于水平面。如图 12-16 所示。

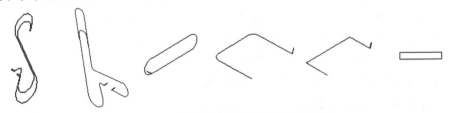

图 12-16　竹椅各部分的路径线与断面对位

命令:_rotate3d

当前正向角度:ANGDIR=逆时针 ANGBASE=0

选择对象:找到 1 个(选取矩形)

选择对象:↵

指定轴上的第一个点或定义轴依据[对象(O)/最近的(L)/视图(V)/X 轴(X)/Y 轴(Y)/Z 轴(Z)/两点(2)]:y ↵

指定 Y 轴上的点⟨0,0,0⟩:(捕捉矩形的点)

指定旋转角度或[参照(R)]:90 ↵

5. 拉伸体

绘图→实体→拉伸体

(1)分别沿竹椅子扶手的路径线拉伸矩形断面,绘制成竹椅扶手部分立体,如图 12－17(a)所示。

(2)分别沿椅子靠背的路径线拉伸矩形断面,绘制成竹椅靠背的部分立体,如图 12－17(b)所示。

(3)沿竹椅面的路径线拉伸矩形断面,绘制成竹椅面的部分立体,如图 12－17(c)所示。

(4)分别沿两条加固圈的路径线拉伸矩形断面,绘制成竹椅加固圈立体,如图 12－17(d)所示。

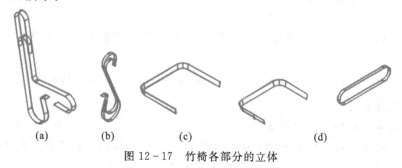

(a)　　　　(b)　　　　(c)　　　　　　　　(d)

图 12－17　竹椅各部分的立体

命令:_extrude

当前线框密度:ISOLINES＝4,闭合轮廓创建模式＝实体

选择要拉伸的对象或[模式(MO)]:找到 1 个(选矩形)

选择要拉伸的对象或[模式(MO)]:↵

指定拉伸的高度或[方向(D)/路径(P)/倾角(T)/表达式(E)]:p ↵

选择拉伸路径或[倾斜角(T)]:(选路径线)

6. 阵列

修改→阵列

给定行数或列数将竹椅扶手、竹椅靠背、竹椅面按矩形阵列复制多个图形,重

复命令如图 12-18 所示。

选择图 12-17(b)、(d)图,阵列复制后,生成图 12-18。

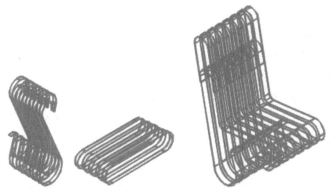

图 12-18　竹椅阵列各部分

命令:_array
选择对象:找到 1 个
选择对象:↵

7. 移动

修改→移动
重复命令,从俯视及前视两个方向观察,将竹椅的各部分腿移动重合在一起。
命令:_move
选择对象:找到 1 个
选择对象:↵
指定基点或[位移(D)]:
指定第二个点或〈使用第一个点作为位移〉:

8. 三维镜像

修改→三维操作→三维镜像
将所选竹椅扶手以 YZ 面为对称面左右镜像。
命令:_mirror3d
正在初始化...
选择对象:找到 1 个(选图形)
选择对象:↵
指定镜像平面的第一个点(三点)或[对象(O)/最近的(L)/Z 轴(Z)/视图(V)/XY(XY)/YZ(YZ)/ZX(ZX)/三点(3)]〈三点〉:yz↵(以 YZ 面为对称面镜像)

指定 YZ 平面上的点〈0,0,0〉:

要删除源对象吗? [是(Y)/否(N)]〈否〉:↵

9. 求和

修改→实体编辑→并集

将对称的两部分及中间部分合并成一体。

命令:_union

选择对象:找到 1 个

选择对象:找到 1 个,总计 2 个

选择对象:找到 1 个,总计 3 个

选择对象:↵

10. 着色

视图→着色→体着色

观看着色效果。

命令:_shademode

输入选项[二维线框(2)/线框(W)/隐藏(H)/真实(R)/概念(C)/着色(S)/带边缘着色(E)/灰度(G)/勾画(SK)/X 射线(X)/其他(O)]〈二维线框〉:_g↵

11. 三维动态观察器

用三维动态观察器(3DORBIT)旋转查看模型中的任意视图方向。

命令:_3dorbit

12. 存盘

文件→存盘

12.4 平板小推车

平板小推车由平板、车轮、轮轴、把手、销轴等六部分组成,如图 12-19 所示。

12.4.1 平板

完成后的平板如图 12-20 所示。

1. 长方体

绘图→实体→长方体

命令:_box

指定第一个角点或[中心(C)]:0,0,0

图 12-19 平板小推车

指定其他角点或[立方体(C)/长度(L)]：

90,60,5

2. 圆角

修改→圆角

命令：_fillet

半径＝1.0000

选择边或[链(C)/环(L)/半径(R)]：

选择边或[链(C)/环(L)/半径(R)]：

选择边或[链(C)/环(L)/半径(R)]：

已选定 2 个边用于圆角。

按 Enter 键接受圆角或[半径(R)]：R

指定半径或[表达式(E)]〈1.0000〉：15

按 Enter 键接受圆角或[半径(R)]：

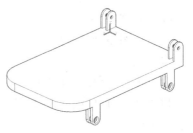

图 12-20　平板

3. 圆柱体

绘图→实体→圆柱体

命令：_cylinder

指定底面的中心点或[三点(3P)/两点(2P)/切点、切点、半径(T)/椭圆(E)]：3P

　　指定第一点：7,0,-9

　　指定第二点：13,0,-9

　　指定第三点：10,0,-6

　　指定高度或[两点(2P)/轴端点(A)]〈5.0000〉：A

　　指定轴端点：10,5,-9

4. 长方体

绘图→实体→长方体

命令：_box

指定第一个角点或[中心(C)]：7,0,0

指定其他角点或[立方体(C)/长度(L)]：13,5,-9

5. 并集

修改→实体编辑→并集

命令：_union

选择对象：指定对角点：找到 1 个

选择对象：指定对角点：找到 1 个,总计 2 个

6. 长方体

绘图→实体→长方体

命令:_box

指定第一个角点或[中心(C)]:7,1.5,0

指定其他角点或[立方体(C)/长度(L)]:13,3.5,−15

7. 差集

修改→实体编辑→差集

命令:_subtract

选择要从中减去的实体、曲面和面域…

选择对象:找到 1 个

选择对象:

选择要减去的实体、曲面和面域…

选择对象:找到 1 个

8. 圆柱体

绘图→实体→圆柱体

命令:_cylinder

指定底面的中心点或[三点(3P)/两点(2P)/切点、切点、半径(T)/椭圆(E)]:

指定底面半径或[直径(D)]〈4.0000〉:2

指定高度或[两点(2P)/轴端点(A)]〈−7.0000〉:

9. 差集

修改→实体编辑→差集

命令:_subtract

选择要从中减去的实体、曲面和面域…

选择对象:找到 1 个

10. 复制

修改→复制

命令:_copy

选择对象:指定对角点:找到 1 个

选择对象:

当前设置:复制模式=多个

指定基点或[位移(D)/模式(O)]〈位移〉:

指定第二个点或[阵列(A)]〈使用第一个点作为位移〉:0,55,0

指定第二个点或[阵列(A)]〈使用第一个点作为位移〉:60,0,0

指定第二个点或[阵列(A)]〈使用第一个点作为位移〉:60,55,0

指定第二个点或[阵列(A)]〈使用第一个点作为位移〉:

11. 并集

修改→实体编辑→并集

命令:_union

选择对象:指定对角点:找到 1 个

选择对象:指定对角点:找到 1 个,总计 2 个

选择对象:指定对角点:找到 1 个,总计 3 个

选择对象:

正在恢复执行 UNION 命令。

选择对象:指定对角点:找到 1 个,总计 4 个

选择对象:指定对角点:找到 1 个,总计 5 个

选择对象:

12. 长方体

绘图→实体→长方体

命令:_box

指定第一个角点或[中心(C)]:0,0,5

指定其他角点或[立方体(C)/长度(L)]:7,5,12

13. 圆柱体

绘图→实体→圆柱体

命令:_cylinder

指定底面的中心点或[三点(3P)/两点(2P)/切点、切点、半径(T)/椭圆(E)]:3P

指定第一点:0,0,12

指定第二点:7,0,12

指定第三点:3.5,0,15.5

指定高度或[两点(2P)/轴端点(A)]〈5.0000〉:-5

14. 圆柱体

绘图→实体→圆柱体

命令:_cylinder

指定底面的中心点或[三点(3P)/两点(2P)/切点、切点、半径(T)/椭圆(E)]:

正在恢复执行 CYLINDER 命令

指定底面的中心点或[三点(3P)/两点(2P)/切点、切点、半径(T)/椭圆(E)]:

正在恢复执行 CYLINDER 命令

　　指定底面的中心点或[三点(3P)/两点(2P)/切点、切点、半径(T)/椭圆(E)]:

　　指定底面半径或[直径(D)]〈3.5000〉:1

　　指定高度或[两点(2P)/轴端点(A)]〈5.0000〉:—7

15. 并集

修改→实体编辑→并集

命令:_union

选择对象:指定对角点:找到 1 个

选择对象:指定对角点:找到 1 个,总计 2 个

16. 差集

修改→实体编辑→差集

命令:_subtract

选择要从中减去的实体、曲面和面域...

选择对象:找到 1 个

选择对象:

选择要减去的实体、曲面和面域...

选择对象:找到 1 个

17. 复制

修改→复制

命令:_copy

选择对象:指定对角点:找到 1 个

选择对象:

当前设置:复制模式＝多个

指定基点或[位移(D)/模式(O)]〈位移〉:

指定第二个点或[阵列(A)]〈使用第一个点作为位移〉:0,55,0

指定第二个点或[阵列(A)/退出(E)/放弃(U)]〈退出〉:* 取消*

18. 长方体

绘图→实体→长方体

命令:_box

指定第一个角点或[中心(C)]:0,1,5

指定其他角点或[立方体(C)/长度(L)]:7,4,20

19. 复制

修改→复制

命令:_copy

选择对象:指定对角点:找到 1 个

选择对象:

当前设置:复制模式＝多个

指定基点或[位移(D)/模式(O)]〈位移〉:

指定第二个点或[阵列(A)]〈使用第一个点作为位移〉:0,55,0

20. 差集

分别选择生成的长方体,做差集。

修改→实体编辑→差集

命令:_subtract

选择要从中减去的实体、曲面和面域...

选择对象:找到 1 个

选择对象:

选择要减去的实体、曲面和面域...

选择对象:找到 1 个

选择对象:找到 1 个,总计 2 个

选择对象:

21. 保存(存盘)

文件→保存

命令:_qsave

12.4.2　车轮

完成后的车轮如图 12 - 21 所示。

1. 圆柱体

绘图→实体→圆柱体

命令:_cylinder

指定底面的中心点或[三点(3P)/两点(2P)/切点、切点、

半径(T)/椭圆(E)]:0,0,0

指定底面半径或[直径(D)]〈1.0000〉:9

指定高度或[两点(2P)/轴端点(A)]〈-7.0000〉:2

2. 圆柱体

绘图→实体→圆柱体

命令:_cylinder

图 12 - 21　车轮

指定底面的中心点或[三点(3P)/两点(2P)/切点、切点、半径(T)/椭圆(E)]：0,0,0

　　　指定底面半径或[直径(D)]〈9.0000〉:2

　　　指定高度或[两点(2P)/轴端点(A)]〈2.0000〉:4

3. 差集

生成的大圆柱体与小圆柱体的差集,分别选择大小圆柱体。

修改→实体编辑→差集

命令:_subtract

选择要从中减去的实体、曲面和面域...

选择对象:找到 1 个

选择对象:

选择要减去的实体、曲面和面域...

选择对象:找到 1 个

选择对象:

4. 圆角

修改→圆角

命令:_fillet

当前设置:模式＝修剪　半径＝0.00

选择第一个对象或[放弃(U)/多段线(P)/半径(R)/修剪(T)/多个(M)]:

半径＝1.0000

选择边或[链(C)/环(L)/半径(R)]:

选择边或[链(C)/环(L)/半径(R)]:

选择边或[链(C)/环(L)/半径(R)]:

选择边或[链(C)/环(L)/半径(R)]:

已选定 4 个边用于圆角。

按 Enter 键接受圆角或[半径(R)]:R

指定半径或[表达式(E)]〈1.0000〉:0.5

按 Enter 键接受圆角或[半径(R)]:

12.4.3　轮轴

完成后的轮轴如图 12－22 所示。

1. 圆柱体

绘图→实体→圆柱体

命令:_cylinder

指定底面的中心点或[三点(3P)巴蜀/两点(2P)/切点、切
点、半径(T)/椭圆(E)]:0,0,0

指定底面半径或[直径(D)]〈2.0000〉:2

指定高度或[两点(2P)/轴端点(A)]〈4.0000〉:5

图 12 - 22　轮轴

2. 圆角

修改→圆角

命令:_fillet

当前设置:模式=修剪　半径=0.00

选择第一个对象或[放弃(U)/多段线(P)/半径(R)/修剪(T)/多个(M)]:

半径=1.0000

选择边或[链(C)/环(L)/半径(R)]:

选择边或[链(C)/环(L)/半径(R)]:

已选定 2 个边用于圆角。

按 Enter 键接受圆角或[半径(R)]:R

指定半径或[表达式(E)]〈1.0000〉:0.5

按 Enter 键接受圆角或[半径(R)]:

12.4.4　把手

完成后的小推车把手如图 12 - 23 所示。

1. 圆柱体

绘图→实体→圆柱体

命令:_cylinder

指定底面的中心点或[三点(3P)/两点(2P)/切
点、切点、半径(T)/椭圆(E)]:0,0,0

图 12 - 23　小推车把手

指定底面半径或[直径(D)]〈2.0000〉:D

指定直径〈4.0000〉:3

指定高度或[两点(2P)/轴端点(A)]〈15.0000〉:

正在恢复执行 CYLINDER 命令。

指定高度或[两点(2P)/轴端点(A)]〈15.0000〉:

正在恢复执行 CYLINDER 命令。

指定高度或[两点(2P)/轴端点(A)]〈15.0000〉:73

2. 圆柱体

绘图→实体→圆柱体

命令：_cylinder

指定底面的中心点或［三点（3P）/两点（2P）/切点、切点、半径（T）/椭圆（E）］：3P

指定第一点：0，−5，4

指定第二点：0，−5，6

指定第三点：1，−5，5

指定高度或［两点（2P）/轴端点（A）］〈73.0000〉：A

指定轴端点：0，5，5

3. 差集

修改→实体编辑→差集

命令：_subtract

选择要从中减去的实体、曲面和面域...

选择对象：找到 1 个

选择对象：

选择要减去的实体、曲面和面域...

选择对象：指定对角点：找到 1 个

选择对象：

边缘倒圆角

4. 圆角

修改→圆角

命令：_fillet

半径＝1.0000

选择边或［链（C）/环（L）/半径（R）］：

选择边或［链（C）/环（L）/半径（R）］：

已选定 1 个边用于圆角。

按 Enter 键接受圆角或［半径（R）］：

5. 复制

修改→复制

命令：_copy

选择对象：指定对角点：找到 1 个

选择对象：

当前设置:复制模式＝多个

指定基点或[位移(D)/模式(O)]〈位移〉:

正在恢复执行 COPY 命令。

指定第二个点或[阵列(A)]〈使用第一个点作为位移〉:0,55,0

指定第二个点或[阵列(A)/退出(E)/放弃(U)]〈退出〉:*取消*

6. 圆柱体

绘图→实体→圆柱体

命令:_cylinder

指定底面的中心点或[三点(3P)/两点(2P)/切点、切点、半径(T)/椭圆(E)]:3P

指定第一点:0,0,73

指定第二点:0,0,70

指定第三点:1.5,0,71.5

指定高度或[两点(2P)/轴端点(A)]〈10.0000〉:A

指定轴端点:0,55,71.5

7. 复制

修改→复制

命令:_copy

选择对象:指定对角点:找到 1 个

选择对象:

指定第二个点或[阵列(A)]〈使用第一个点作为位移〉:0,0,−20

指定第二个点或[阵列(A)/退出(E)/放弃(U)]〈退出〉:*取消*

8. 并集

修改→实体编辑→并集

命令:_union

选择对象:指定对角点:找到 1 个

选择对象:指定对角点:找到 1 个,总计 2 个

选择对象:指定对角点:找到 1 个,总计 3 个

选择对象:指定对角点:找到 1 个,总计 4 个

12.4.5 销轴

完成后的销轴如图 12-24 所示。

1. 圆柱体

绘图→实体→圆柱体

命令:_cylinder

指定底面的中心点或[三点(3P)/两点(2P)/切点、切点、半径(T)/椭圆(E)]:0,0,0

指定底面半径或[直径(D)]〈1.5000〉:1

指定高度或[两点(2P)/轴端点(A)]〈55.0000〉:60

选择一条边或[环(L)/距离(D)]:

选择同一个面上的其他边或[环(L)/距离(D)]:

2. 倒角

给轴做倒角,分别选取两端角边。

修改→倒角

命令:_chamfer

("修剪"模式)当前倒角距离 1=0.0,距离 2=0.0

选择第一条直线或[放弃(U)/多段线(P)/距离(D)/角度(A)/修剪(T)/方式(E)/多个(M)]:

基面选择...

输入曲面选择选项[下一个(N)/当前(OK)]〈当前(OK)〉:

指定基面的倒角距离或[表达式(E)]:0.5

指定其他曲面的倒角距离或[表达式(E)]〈0.1〉:

选择边或[环(L)]:

选择边或[环(L)]:

图 12-24　销轴

第 13 章　房屋与建筑

本章通过制作一组房屋与建筑组件,学习造型的方法和技巧。用 3D 打印后可直接装配。

13.1　尖顶楼

绘制尖顶楼,如图 13-1 所示。

1. 切换工作空间

点击右下角此标志 ⚙ ,选中三维建模。

命令:_wscurrent

输入 WSCURRENT 的新值〈〉:三维建模

2. 3D 视点

视图→未保存的视图→东南等轴测

设置东南视点,观看三维效果。

命令:_-view

输入选项[? /删除(D)/正交(O)/恢复(R)/保存(S)/设置(E)/窗口(W)]:_seiso ↵

3. 缩放

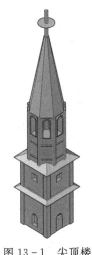

图 13-1　尖顶楼

视图缩放中心点(ViewZoomCenter) 🔍

按中心点缩放。(作图过程中,用户可按需随意缩放)

命令:_zoom

指定窗口的角点,输入比例因子(nX 或 nXP),或者

[全部(A)/中心(C)/动态(D)/范围(E)/上一个(P)/比例(S)/窗口(W)/对象(O)]〈实时〉:_c ↵

指定中心点:0,0 ↵

输入比例或高度〈646.9262〉:1000 ↵

也可以通过将鼠标放在要缩放的地方,滚动鼠标滚轮实现缩小或放大。

4. 平移

视图→平移

将视图平移到合适的位置，以便绘制轮廓线，此命令经常使用，不再详细列出。

命令：_pan

按 Esc 或 Enter 键退出，或单击右键显示快捷菜单。

5. 多段线

绘图→多段线

绘制楼底座形状，如图 13 - 2 所示。

命令：_pline

指定起点：0，370 ↵

当前线宽为 0.00

图 13 - 2　多线段绘制

指定下一个点或［圆弧（A）/半宽（H）/长度（L）/放弃（U）/宽度（W）］：@300,0 ↵

指定下一点或［圆弧（A）/闭合（C）/半宽（H）/长度（L）/放弃（U）/宽度（W）］：@0,30 ↵

指定下一点或［圆弧（A）/闭合（C）/半宽（H）/长度（L）/放弃（U）/宽度（W）］：@100,0 ↵

指定下一点或［圆弧（A）/闭合（C）/半宽（H）/长度（L）/放弃（U）/宽度（W）］：@0，-100↵

指定下一点或［圆弧（A）/闭合（C）/半宽（H）/长度（L）/放弃（U）/宽度（W）］：@-30,0 ↵

指定下一点或［圆弧（A）/闭合（C）/半宽（H）/长度（L）/放弃（U）/宽度（W）］：@0，-600↵

指定下一点或［圆弧（A）/闭合（C）/半宽（H）/长度（L）/放弃（U）/宽度（W）］：@30,0 ↵

指定下一点或［圆弧（A）/闭合（C）/半宽（H）/长度（L）/放弃（U）/宽度（W）］：@0，-100↵

指定下一点或［圆弧（A）/闭合（C）/半宽（H）/长度（L）/放弃（U）/宽度（W）］：@-100,0 ↵

指定下一点或［圆弧（A）/闭合（C）/半宽（H）/长度（L）/放弃（U）/宽度（W）］：@0,30 ↵

指定下一点或［圆弧（A）/闭合（C）/半宽（H）/长度（L）/放弃（U）/宽度（W）］：@-300,0 ↵

指定下一点或［圆弧（A）/闭合（C）/半宽（H）/长度（L）/放弃（U）/宽度

（W）]：↵

6. 镜像

常用→修改镜像

绘制楼底座，如图 13－3 所示。

命令：_mirror

选择对象：找到 1 个

选择对象：

指定镜像线的第一点：0,0 ↵

指定镜像线的第二点：0,400 ↵

要删除源对象吗？[是(Y)/否(N)]〈否〉：↵

图 13－3　楼底座镜像

7. 合并

修改→编辑多段线

将两条多段线合为一条。

命令：_pedit

选择多段线或[多条(M)]：(用鼠标点击其中一条多段线)

输入选项[闭合(C)/合并(J)/宽度(W)/编辑顶点(E)/拟合(F)/样条曲线(S)/非曲线化(D)/线性生成(L)/反转(R)/放弃(U)]:J ↵

选择对象：找到 1 个↵

选择对象：

多段线已增加 11 条线段

输入选项[打开(O)/合并(J)/宽度(W)/编辑顶点(E)/拟合(F)/样条曲线(S)/非曲线化(D)/线性生成(L)/反转(R)/放弃(U)]：↵

8. 拉伸体

建模→拉伸

拉伸多段线，生成尖顶楼第一层，如图 13－4 所示。

命令：_extrude

当前线框密度：ISOLINES＝4,闭合轮廓创建模式
＝实体

选择要拉伸的对象或[模式(MO)]：mo ↵

闭合轮廓创建模式[实体(SO)/曲面(SU)]：so ↵

选择要拉伸的对象或[模式(MO)]：找到 1 个↵

选择要拉伸的对象或[模式(MO)]：

指定拉伸的高度或[方向(D)/路径(P)/倾斜角(T)/表达式(E)]：900 ↵

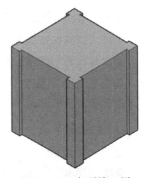

图 13－4　尖顶楼一层

9. 矩形

绘图→矩形

绘制房檐底部

命令:_rectang

指定第一个角点或[倒角(C)/标高(E)/圆角(F)/厚度(T)/宽度(W)]:500,500,900↵

指定另一个角点或[面积(A)/尺寸(O)/旋转(R)]:−500,−500↵

10. 矩形

绘图→矩形

绘制房檐顶部

命令:_rectang

指定第一个角点或[倒角(C)/标高(E)/圆角(F)/厚度(T)/宽度(W)]:400,400,950↵

指定另一个角点或[面积(A)/尺寸(O)/旋转(R)]:−400,−400↵

11. 放样

建模→放样

绘制房檐,如图13−5所示。

命令:_loft

当前线框密度:ISOLINES=4,闭合轮廓创建模式=实体

按放样次序选择截面或[点(PO)/合并多条边(J)/模式(MO)]:找到1个

按放样次序选择截面或[点(PO)/合并多条边(J)/模式(MO)]:找到1个,总计2个

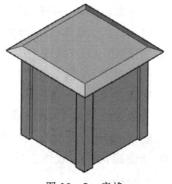

图13−5　房檐

按放样次序选择截面或[点(PO)/合并多条边(J)/模式(MO)]:↵

选中了2个横截面

输入选项[导向(G)/路径(P)/仅横截面(C)/设置(S)]〈仅横截面〉:↵

12. 多段线

绘图→多段线

绘制尖顶楼第二层轮廓,如图13−6所示。

命令:_pline

指定起点:0,370,950↵

当前线宽为0.00

指定下一个点或［圆弧（A）/半宽（H）/长度（L）/
放弃（U）/宽度（W）］:@300,0↵

指定下一点或［圆弧（A）/闭合（C）/半宽（H）/长
度（L）/放弃（U）/宽度（W）］:@0,30↵

指定下一点或［圆弧（A）/闭合（C）/半宽（H）/长
度（L）/放弃（U）/宽度（W）］:@100,0↵

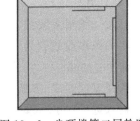
图13-6 尖顶楼第二层轮廓

指定下一点或［圆弧（A）/闭合（C）/半宽（H）/长
度（L）/放弃（U）/宽度（W）］:@0,-100↵

指定下一点或［圆弧（A）/闭合（C）/半宽（H）/长度（L）/放弃（U）/宽度（W）］:
@-30,0↵

指定下一点或［圆弧（A）/闭合（C）/半宽（H）/长度（L）/放弃（U）/宽度（W）］:
@0,-600↵

指定下一点或［圆弧（A）/闭合（C）/半宽（H）/长度（L）/放弃（U）/宽度（W）］:
@30,0↵

指定下一点或［圆弧（A）/闭合（C）/半宽（H）/长度（L）/放弃（U）/宽度（W）］:
@0,-100↵

指定下一点或［圆弧（A）/闭合（C）/半宽（H）/长度（L）/放弃（U）/宽度（W）］:
@-100,0↵

指定下一点或［圆弧（A）/闭合（C）/半宽（H）/长度（L）/放弃（U）/宽度（W）］:
@0,30↵

指定下一点或［圆弧（A）/闭合（C）/半宽（H）/长度（L）/放弃（U）/宽度（W）］:
@-300,0↵

指定下一点或［圆弧（A）/半宽（H）/长度（L）/放弃（U）/宽度（W）］:↵

13. 镜像

常用→修改镜像

绘制尖顶楼第二层镜像图,如图13-7所示。

命令:_mirror

选择对象:找到1个

选择对象:

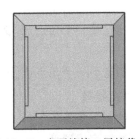
图13-7 尖顶楼第二层镜像图

指定镜像线的第一点:0,50↵

指定镜像线的第二点:0,-50↵

要删除源对象吗？［是（Y）/否（N）］〈否〉:↵

14. 合并

修改→编辑多段线

将两条多段线合为一条

命令:_pedit

选择多段线或[多条(M)]:(用鼠标点击其中一条多段线)

输入选项[闭合(C)/合并(J)/宽度(W)/编辑顶点(E)/拟合(F)/样条曲线(S)/非曲线化(D)/线性生成(L)/反转(R)/放弃(U)]:J↵

选择对象:找到 1 个

选择对象:

多段线已增加 11 条线段

输入选项[闭合(C)/合并(J)/宽度(W)/编辑顶点(E)/拟合(F)/样条曲线(S)/非曲线化(D)/线性生成(L)/反转(R)/放弃(U)]:↵

15. 拉伸体

建模→拉伸

拉伸多段线,生成尖顶楼第二层

命令:_extrude

当前线框密度:ISOLINES=4,闭合轮廓创建模式=实体

选择要拉伸的对象或[模式(MO)]:找到 1 个

选择要拉伸的对象或[模式(MO)]:

指定拉伸的高度或[方向(D)/路径(P)/倾斜角(T)/表达式(E)]:700↵

16. 矩形

绘图→矩形

绘制房檐底部。

命令:_rectang

指定第一个角点或[倒角(C)/标高(E)/圆角(F)/厚度(T)/宽度(W)]:500,500,1650↵

指定另一个角点或[面积(A)/尺寸(D)/旋转(R)]:-500,-500↵

17. 矩形

绘图→矩形

绘制房檐顶部

命令:_rectang

指定第一个角点或[倒角(C)/标高(E)/圆角(F)/厚度(T)/宽度(W)]:200,200,1800↵

指定另一个角点或［面积（A）/尺寸（D）/旋转（R）］:-200,-200 ↵

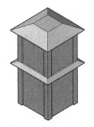

图 13-8　第二层房檐

18. 放样

建模→放样

绘制第二层房檐,如图 13-8 所示。

命令:_loft

当前线框密度:ISOLINES=4,闭合轮廓创建模式＝实体

按放样次序选择截面或［点（PO）/合并多条边（J）/模式（MO）］:找到 1 个

按放样次序选择截面或［点（PO）/合并多条边（J）/模式（MO）］:找到 1 个,共计 2 个

按放样次序选择截面或［点（PO）/合并多条边（J）/模式（MO）］:↵

选中了 2 个横截面

输入选项［导向（G）/路径（P）/仅横截面（C）/设置（S）］〈仅横截面〉:↵

19. 多边形

绘图→多边形

绘制尖顶楼第三层房檐,如图 13-9 所示。

命令:_polygon

输入侧面数〈4〉:8 ↵

指定正多边形的中心点或［边（E）］:0,0,2900 ↵

输入选项［内接于圆（I）/外接于圆（C）］〈I〉:↵

指定圆的半径:400 ↵

图 13-9　第三层房檐

20. 拉伸体

建模→拉伸

拉伸多边形,生成尖顶楼第三层,如图 13-10 所示。

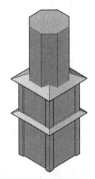

命令:_extrude

当前线框密度:ISOLINES=4,闭合轮廓创建模式＝实体

选择要拉伸的对象或［模式（MO）］:找到 1 个

选择要拉伸的对象或［模式（MO）］:

图 13-10　尖顶楼第三层

指定拉伸的高度或［方向（D）/路径（P）/倾斜角（T）/表达式（E）］:-1250 ↵

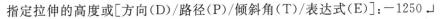

21. 圆柱体

建模→圆柱体

绘制尖顶楼顶层圆柱,如图 13 - 11 所示。

命令:_cylinder

指定底面的中心点或[三点(3P)/两点(2P)/切点、切点、半径(T)/椭圆(E)]:(选中刚做的尖顶楼第三层拉伸体顶面的某个角)↵

指定底面半径或[直径(D)]:40 ↵

指定高度或[两点(2P)/轴端点(A)]:−1250↵

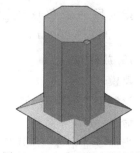

图 13 - 11　尖顶楼顶层圆柱

22. 阵列

修改→阵列

在对话框中,选环形阵列,指定阵列中心点(0,0),数目 8 个,将柱子阵列 8 个

命令:_array

选择对象:找到 1 个

选择对象:

输入阵列类型[矩形(R)/路径(PA)/极轴(PO)]:po ↵

类型=极轴　关联=是

指定阵列的中心点或[基点(B)/旋转轴(A)]:a ↵

指定旋转轴上的第一个点:0,0,0 ↵

指定旋转轴上的第二个点:0,0,1 ↵

选择夹点以编辑阵列或[关联(AS)/基点(B)/项目(I)/项目间角度(A)/填充角度(F)/行(ROW)/层(L)/旋转项目(ROT)/退出(X)]:I ↵

输入阵列中的项目数或[表达式(E)]:8 ↵

选择夹点以编辑阵列或[关联(AS)/基点(B)/项目(I)/项目间角度(A)/填充角度(F)/行(ROW)/层(L)/旋转项目(ROT)/退出(X)]:↵

23. 多边形

绘图→多边形

修饰尖顶楼顶层

命令:_polygon

输入侧面数〈4〉:8 ↵

指定正多边形的中心点或[边(E)]:0,0,1850 ↵

输入选项[内接于圆(I)/外接于圆(C)]〈I〉:↵

指定圆的半径:420 ↵

24. 拉伸体

建模→拉伸

拉伸多边形,修饰尖顶楼顶层

命令:_extrude

当前线框密度:ISOLINES=4,闭合轮廓创建模式=实体

选择要拉伸的对象或[模式(MO)]:找到 1 个

选择要拉伸的对象或[模式(MO)]:

指定拉伸的高度或[方向(D)/路径(P)/倾斜角(T)/表达式(E)]:40 ↵

25. 多边形

绘图→多边形

修饰尖顶楼顶层

命令:_polygon

输入侧面数〈4〉:8 ↵

指定正多边形的中心点或[边(E)]:0,0,2200 ↵

输入选项[内接于圆(I)/外接于圆(C)]〈I〉:↵

指定圆的半径:420 ↵

26. 拉伸体

建模→拉伸

拉伸多边形,修饰尖顶楼顶层

命令:_extrude

当前线框密度:ISOLINES=4,闭合轮廓创建模式=实体

选择要拉伸的对象或[模式(MO)]:找到 1 个

选择要拉伸的对象或[模式(MO)]:

指定拉伸的高度或[方向(D)/路径(P)/倾斜角(T)/表达式(E)]:40 ↵

27. 网格圆锥体

网格→网格圆锥体

绘制尖顶楼顶,如图 13 - 12 所示。

命令:mesh

当前平滑度设置为:0

输入选项[长方体(B)/圆锥体(C)/圆柱体(CY)/棱锥体(P)/球体(S)/楔体(W)/圆环体(T)/设置(SE)]:c ↵

指定底面的中心点或[三点(3P)/两点(2P)/切点、切

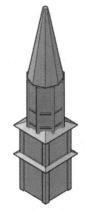

图 13 - 12　尖顶楼顶

点、半径（T）/椭圆（E）]:0,0,2900 ↵

指定底面半径或[直径（D）]:400 ↵

指定高度或[两点（2P）/轴端点（A）/顶面半径（T）]:t ↵

指定顶面半径:50 ↵

指定高度或[两点（2P）/轴端点（A）]:1800 ↵

28. 旋转

修改→旋转（Modify→Rotate）

旋转楼顶与第三层对齐，如图 13 - 13 所示。

命令:_rotate

UCS 当前的正角方向:ANGDIR＝逆时针
ANGBASS＝0

选择对象:找到 1 个

选择对象:

指定基点:0,0 ↵

指定旋转角度，或[复制（C）\参照（R）]:22.5 ↵

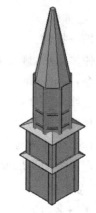

图 13 - 13　尖顶楼楼顶旋转

29. 视点

视图→俯视

将视点变为主视图，绘制楼顶装饰如图 13 - 14。

命令:_ - view

输入选项[? /删除（D）/正交（O）/恢复（R）/保存（S）/设置（E）/窗口（W）]:_front↵

30. 多段线

绘图→多段线

绘制楼顶装饰

命令:_pline

指定起点:0,4700 ↵

当前线宽为 0.00

指定下一个点或[圆弧（A）/半宽（H）/长度（L）/放弃（U）/宽度（W）]:@35,0 ↵

指定下一点或[圆弧（A）/闭合（C）/半宽（H）/长度（L）/放弃（U）/宽度（W）]:@0,300 ↵

指定下一点或[圆弧（A）/闭合（C）/半宽（H）/长度（L）/放弃（U）/宽度（W）]:

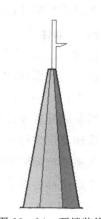

图 13 - 14　顶楼装饰

@60,0 ↵

　　指定下一点或［圆弧（A）/闭合（C）/半宽（H）/长度（L）/放弃（U）/宽度（W）］:
@90,40 ↵

　　指定下一点或［圆弧（A）/闭合（C）/半宽（H）/长度（L）/放弃（U）/宽度（W）］:
@−150,0 ↵

　　指定下一点或［圆弧（A）/闭合（C）/半宽（H）/长度（L）/放弃（U）/宽度（W）］:
@0,300 ↵

　　指定下一点或［圆弧（A）/闭合（C）/半宽（H）/长度（L）/放弃（U）/宽度（W）］:
@−35,0 ↵

　　指定下一点或［圆弧（A）/闭合（C）/半宽（H）/长度（L）/放弃（U）/宽度（W）］:
c ↵

31. 变换坐标系

工具→新建 UCS→世界

回到世界坐标系

当前 UCS 名称:＊前视＊

命令:_ucs

指定 UCS 的原点或［面（F）/命名（NA）/对象（OB）/上
一个（P）/视图（V）/世界（W）/X/Y/Z/Z 轴（ZA）］〈世界〉:
w ↵

转到 3d 视角

32. 旋转

顶楼旋转,如图 13-15 所示。

实体旋转

命令:_revolve

当前线框密度:ISOLINES＝4,闭合轮廓创建模式＝实体

选择要旋转的对象或［模式（MO）］:找到 1 个

选择要旋转的对象或［模式（MO）］:

指定轴起点或根据以下选项之一定义轴［对象（O）/X/Y/Z］:z ↵

指定旋转角度或［起点角度（ST）/反转（R）/表达式（EX）］〈360〉:↵

33. 视点

视图→主视

将视点变为主视图,绘制门洞。

命令:_-view

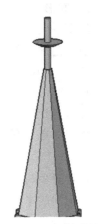

图 13-15　顶楼旋转

输入选项[? /删除(D)/正交(O)/恢复(R)/保存(S)/设置(E)/窗口(W)]：
_front↵

34. 矩形

绘图→矩形

绘制门洞，如图 13 - 16。

命令：_rectang

指定第一个角点或[倒角(C)/标高(E)/圆角
(F)/厚度(T)/宽度(W)]：100,0,400 ↵

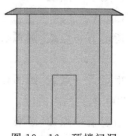

图 13 - 16　顶楼门洞

指定另一个角点或[面积(A)/尺寸(D)/旋转
(R)]：-100,400 ↵

35. 圆形

绘图→圆形

顶楼门洞绘制圆形，如图 13 - 17 所示。

命令：_circle

指定圆的圆心或[三点(3P)/两点(2P)/切
点、切点、半径(T)]：t↵

指定对象与圆的第一个切点：(鼠标选中矩
形左边)

图 13 - 17　顶楼门洞绘制圆形

指定对象与圆的第二个切点：(鼠标选中矩形上边)

指定圆的半径：100 ↵

36. 修剪

修改→修剪

命令：trim

当前设置：投影＝UCS,边＝无,模式＝快速

选择要修剪的对象，或按住 Shift 键选择要延伸的对象或[剪切边(T)/窗交
(C)/模式(O)/投影(P)/删除(R)]：t↵

选择要修剪的对象，或按住 Shift 键选择要延伸的对象或[剪切边(T)/窗交
(C)/模式(O)/投影(P)/删除(R)]：t↵

选择对象或〈全部选择〉：找到 1 个

选择对象：找到 1 个,总计 2 个

选择要修剪的对象，或按住 Shift 键选择要延伸的对象或[剪切边(T)/窗交
(C)/模式(O)/投影(P)/删除(R)]：(点击矩形左上部分、右上部分和圆的下半部
分将其裁掉)↵

37. 合并

修改→编辑多段线

将两条多段线合为一条。

命令：_pedit

选择多段线或[多条(M)]:(用鼠标点击矩形部分)

输入选项[闭合(C)/合并(J)/宽度(W)/编辑顶点(E)/拟合(F)/样条曲线(S)/非曲线化(D)/线性生成(L)/反转(R)/放弃(U)]:J↵

选择对象:找到 1 个

选择对象：

多段线已增加 1 条线段

输入选项[打开(O)/合并(J)/宽度(W)/编辑顶点(E)/拟合(F)/样条曲线(S)/非曲线化(D)/线性生成(L)/反转(R)/放弃(U)]:↵

38. 变换坐标系

工具→新建 UCS→世界

回到世界坐标系。

当前 UCS 名称：* 世界 *

命令：_ucs

指定 UCS 的原点或[面(F)/命名(NA)/对象(OB)/上一个(P)/视图(V)/世界(W)/X/Y/Z/Z 轴(ZA)]〈世界〉:w↵

转到 3d 视角。

39. 拉伸体

建模→拉伸

拉伸多边形，绘制尖顶楼门洞。

命令：_extrude

当前线框密度：ISOLINES＝4,闭合轮廓创建模式＝实体

选择要拉伸的对象或[模式(MO)]:找到 1 个

选择要拉伸的对象或[模式(MO)]:

指定拉伸的高度或[方向(D)/路径(P)/倾斜角(T)/表达式(E)]:－100 ↵

40. 实体,差集

实体编辑实体,差集

门洞差集效果,如图 13 - 18 所示。

制作门洞。

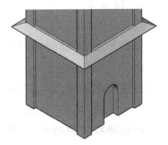

图 13 - 18　门洞差集效果图

命令:_subtract

选择要从中减去的实体、曲面和面域...

选择对象:找到 1 个

选择对象:找到 1 个,总计 2 个

41. 视点

视图→主视

将视点变为主视图,绘制门。

命令:_-view

输入选项[?/删除(D)/正交(O)/恢复(R)/保存(S)/设置(E)/窗口(W)]:
_front↵

42. 矩形

绘图→矩形

绘制门。

命令:_rectang

指定第一个角点或[倒角(C)/标高(E)/圆角(F)/厚度(T)/宽度(W)]:100,
0,360 ↵

指定另一个角点或[面积(A)/尺寸(D)/旋转(R)]:-100,300 ↵

43. 变换坐标系

工具→新建 UCS→世界

回到世界坐标系。

当前 UCS 名称:*前视*

命令:_ucs

指定 UCS 的原点或[面(F)/命名(NA)/对象(OB)/上一个(P)/视图(V)/世
界(W)/X/Y/Z/Z 轴(ZA)]〈世界〉:w ↵

转到 3d 视角

44. 拉伸体

建模→拉伸

拉伸多边形,绘制尖顶楼门。

命令:_extrude

当前线框密度:ISOLINES=4,闭合轮廓创建模式=实体

选择要拉伸的对象或[模式(MO)]:找到 1 个

选择要拉伸的对象或[模式(MO)]:

指定拉伸的高度或[方向(D)/路径(P)/倾斜角(T)/表达式(E)]:-50 ↵

45. 视点

视图→左视

将视点变为左视图,绘制窗户

命令:_-view

输入选项[?/删除(D)/正交(O)/恢复(R)/保存(S)/设置(E)/窗口(W)]:_left↵

46. 矩形

绘图→矩形

绘制窗户。

命令:_rectang

指定第一个角点或[倒角(C)/标高(E)/圆角(F)/厚度(T)/宽度(W)]:80,100,400 ↵

指定另一个角点或[面积(A)/尺寸(D)/旋转(R)]:-80,320 ↵

47. 圆形

绘图→圆形

命令:_circle

指定圆的圆心或[三点(3P)/两点(2P)/切点、切点、半径(T)]:2p ↵

指定圆直径的第一个端点:(鼠标选中矩形左上角)

指定圆直径的第二个端点:(鼠标选中矩形右上角)

48. 修剪

修改→修剪

命令:_trim

当前设置:投影=UCS,边=无,模式=快速

选择要修剪的对象,或按住 Shift 键选择要延伸的对象或[剪切边(T)/窗交(C)/模式(O)/投影(P)/删除(R)]:t ↵

选择对象:(选中矩形)

选择对象:(选中圆)↵

选择要修剪的对象,或按住 Shift 键选择要延伸的对象或[剪切边(T)/窗交(C)/模式(O)/投影(P)/删除(R)]:(点击矩形上边和圆的下半部分将其裁掉)↵

选择要修剪的对象,或按住 Shift 键选择要延伸的对象或[剪切边(T)/窗交(C)/模式(O)/投影(P)/删除(R)]:↵

49. 合并

修改→编辑多段线

将两条多段线合为一条。

命令:_pedit

选择多段线或[多条(M)]:用鼠标点击矩形部分↵

输入选项[闭合(C)/合并(J)/宽度(W)/编辑顶点(E)/拟合(F)/样条曲线(S)/非曲线化(D)/线性生成(L)/反转(R)/放弃(U)]:J↵

选择对象:找到 1 个

选择对象:

多段线已增加 1 条线段

输入选项[闭合(C)/合并(J)/宽度(W)/编辑顶点(E)/拟合(F)/样条曲线(S)/非曲线化(D)/线性生成(L)/反转(R)/放弃(U)]:↵

50. 变换坐标系

工具→新建 UCS→世界

回到世界坐标系。

当前 UCS 名称:*世界*

命令:_ucs

指定 UCS 的原点或[面(F)/命名(NA)/对象(OB)/上一个(P)/视图(V)/世界(W)/X/Y/Z/Z 轴(ZA)]〈世界〉:w↵

转到 3d 视角。

51. 拉伸体

建模→拉伸

拉伸多边形,绘制尖顶楼窗户,如图 13-19 所示。

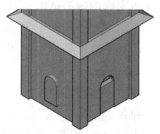

图 13-19　尖顶楼窗户

命令:_extrude

当前线框密度:ISOLINES=4,闭合轮廓创建模式=实体

选择要拉伸的对象或[模式(MO)]:找到 1 个

选择要拉伸的对象或[模式(MO)]:

指定拉伸的高度或[方向(D)/路径(P)/倾斜角(T)/表达式(E)]:-100↵

52. 阵列

修改→阵列

阵列三个窗户的拉伸体。

命令:_array

选择对象:找到 1 个

选择对象：

输入阵列类型[矩形(R)/路径(PA)/极轴(PO)]:po↵

类型＝极轴　关联＝是

指定阵列的中心点或[基点(B)/旋转轴(A)]:a↵

指定旋转轴上的第一个点:0,0,0↵

指定旋转轴上的第二个点:0,0,1↵

选择夹点以编辑阵列或[关联(AS)/基点(B)/项目(I)/项目间角度(A)/填充角度(F)/行(ROW)/层(L)/旋转项目(ROT)/退出(X)]:I↵

输入阵列中的项目数或[表达式(E)]:3↵

选择夹点以编辑阵列或[关联(AS)/基点(B)/项目(I)/项目间角度(A)/填充角度(F)/行(ROW)/层(L)/旋转项目(ROT)/退出(X)]:a↵

选择夹点以编辑阵列或[关联(AS)/基点(B)/项目(I)/项目间角度(A)/填充角度(F)/行(ROW)/层(L)/旋转项目(ROT)/退出(X)]:90↵

类型＝极轴　关联＝是

选择夹点以编辑阵列或[关联(AS)/基点(B)/项目(I)/项目间角度(A)/填充角度(F)/行(ROW)/层(L)/旋转项目(ROT)/退出(X)]:f↵

选择夹点以编辑阵列或[关联(AS)/基点(B)/项目(I)/项目间角度(A)/填充角度(F)/行(ROW)/层(L)/旋转项目(ROT)/退出(X)]:-180↵

选择夹点以编辑阵列或[关联(AS)/基点(B)/项目(I)/项目间角度(A)/填充角度(F)/行(ROW)/层(L)/旋转项目(ROT)/退出(X)]:↵

53. 分解

修改分解

将阵列体分解成三个部分。

命令:_explode

选择对象:找到 1 个

54. 实体,差集

实体编辑实体,差集

制作窗户。

命令:_subtract

选择要从中减去的实体、曲面和面域…

选择对象:找到 1 个

选择对象:找到 1 个,总计 2 个

转换 3d 视角(再次提醒:点击右上角坐标正方体的角可以转换 3d 视角)

重复 54 步,将三个窗户做出来。

55. 视图→主视

将视点变为主视图,绘制第二层窗户。

命令:_-view

输入选项[? /删除(D)/正交(O)/恢复(R)/保存(S)/设置(E)/窗口(W)]:
_front↵

56. 矩形

绘图→矩形

绘制第二层窗户。

命令:_rectang

指定第一个角点或[倒角(C)/标高(E)/圆角(F)/厚度(T)/宽度(W)]:80,
1400,400 ↵

指定另一个角点或[面积(A)/尺寸(D)/旋转(R)]:-80,1240 ↵

57. 变换坐标系

工具→新建 UCS→世界

回到世界坐标系。

当前 UCS 名称:*世界*

命令:_ucs

指定 UCS 的原点或[面(F)/命名(NA)/对象(OB)/上一个(P)/视图(V)/世
界(W)/X/Y/Z/Z 轴(ZA)]〈世界〉:w ↵

转到 3d 视角。

58. 拉伸体

建模→拉伸

拉伸多边形,绘制尖顶楼第二层窗户。

命令:_extrude

当前线框密度:ISOLINES=4,闭合轮廓创建模式=实体

选择要拉伸的对象或[模式(MO)]:找到 1 个

选择要拉伸的对象或[模式(MO)]:

指定拉伸的高度或[方向(D)/路径(P)/倾斜角(T)/表达式(E)]:-100 ↵

59. 阵列

修改→阵列

阵列四个窗户的拉伸体。

命令:_array

选择对象:找到 1 个

选择对象：

输入阵列类型［矩形（R）/路径（PA）/极轴（PO）］:po ↵

类型＝极轴　关联＝是

指定阵列的中心点或［基点（B）/旋转轴（A）］:a ↵

指定旋转轴上的第一个点:0,0,0

指定旋转轴上的第二个点:0,0,1

选择夹点以编辑阵列或［关联（AS）/基点（B）/项目（I）/项目间角度（A）/填充角度（F）/行（ROW）/层（L）/旋转项目（ROT）退出（X）］:I ↵

输入阵列中的项目数或［表达式（E）］:4 ↵

选择夹点以编辑阵列或［关联（AS）/基点（B）/项目（I）/项目间角度（A）/填充角度（F）/行（ROW）/层（L）/旋转项目（ROT）/退出（X）］:↵

60.分解

修改分解（ModifyExplode）

将阵列体分解成四个部分。

命令:_explode

选择对象:（点击做出来的拉伸体）↵

61.实体,差集

实体编辑实体,差集

制作窗户,如图 13 - 20 所示。

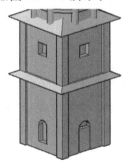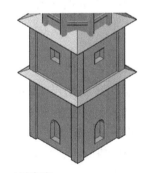

图 13 - 20　二层窗户

命令:_subtract

选择要从中减去的实体、曲面和面域...

选择对象:找到 1 个

选择对象:找到 1 个,总计 2 个

转换 3d 视角（再次提醒:点击右上角坐标正方体的角可以转换 3d 视角）

重复 62 步,将四个窗户做出来。

62. 视点

视图→主视

将视点变为主视图,绘制第三层窗户。

命令:_-view

输入选项[? /删除(D)/正交(O)/恢复(R)/保存(S)/设置(E)/窗口(W)]:_front↵

63. 矩形

绘图→矩形

绘制尖顶楼第三层窗户。

命令:_rectang

指定第一个角点或[倒角(C)/标高(E)/圆角(F)/厚度(T)/宽度(W)]:90,2400,400 ↵

指定另一个角点或[面积(A) 尺寸(D) 旋转(R)]:-90,2800 ↵

64. 圆形

绘图圆形

命令:_circle

指定圆的圆心或[三点(3P)/两点(2P)/切点、切点、半径(T)]:2p ↵

指定圆直径的第一个端点:(鼠标选中矩形左上角)↵

指定圆直径的第二个端点:(鼠标选中矩形右上角)↵

65. 修剪

修改→修剪

命令:_trim

当前设置:投影=UCS,边=无,模式=快速

选择要修剪的对象,或按住 Shift 键选择要延伸的对象或[剪切边(T)/窗交(C)/模式(O)/投影(P)/删除(R)]:t ↵

选择对象:(选中矩形)

选择对象:(选中圆)↵

选择要修剪的对象,或按住 Shift 键选择要延伸的对象或[剪切边(T)/窗交(C)/模式(O)/投影(P)/删除(R)]:(点击矩形上边和圆的下半部分将其裁掉)↵

66. 合并

修改→编辑多段线

将两条多段线合为一条

命令:_pedit

选择多段线或[多条(M)]:(用鼠标点击矩形部分)

输入选项[闭合(C)/合并(J)/宽度(W)/编辑顶点(E)/拟合(F)/样条曲线(S)/非曲线化(D)/线性生成(L)/反转(R)/放弃(U)]:J↵

选择对象:找到 1 个

选择对象:

多段线已增加 1 条线段

输入选项[闭合(C)/合并(J)/宽度(W)/编辑顶点(E)/拟合(F)/样条曲线(S)/非曲线化(D)/线性生成(L)/反转(R)/放弃(U)]:↵

67. 变换坐标系

工具→新建 UCS→世界

回到世界坐标系。

当前 UCS 名称:* 世界 *

命令:_ucs

指定 UCS 的原点或[面(F)/命名(NA)/对象(OB)/上一个(P)/视图(V)/世界(W)/X/Y/Z/Z 轴(ZA)]⟨世界⟩:w↵

转到 3d 视角。

68. 拉伸体

建模→拉伸

拉伸多边形,绘制尖顶楼第三层窗户。

命令:_extrude

当前线框密度:ISOLINES=4,闭合轮廓创建模式=实体

选择要拉伸的对象或[模式(MO)]:找到 1 个

选择要拉伸的对象或[模式(MO)]:

指定拉伸的高度或[方向(D)/路径(P)/倾斜角(T)/表达式(E)]:-100↵

69. 视点

视图→主视

将视点变为主视图,绘制第三层窗户。

命令:_- view

输入选项[? /删除(D)/正交(O)/恢复(R)/保存(S)/设置(E)/窗口(W)]:_front↵

70. 矩形

绘图→矩形

绘制尖顶楼第三层窗户。

命令:_rectang

指定第一个角点或[倒角(C)/标高(E)/圆角(F)/厚度(T)/宽度(W)]:75,2415,500↵

指定另一个角点或[面积(A)/尺寸(D)/旋转(R)]:-75,2800↵

71. 圆形

绘图→圆形

命令:_circle

指定圆的圆心或[三点(3P)/两点(2P)/切点、切点、半径(T)]:2p↵

指定圆直径的第一个端点:(鼠标选中矩形左上角)

指定圆直径的第二个端点:(鼠标选中矩形右上角)

72. 修剪

修改修剪

命令:_trim

当前设置:投影=UCS,边=无,模式=快速

选择要修剪的对象,或按住 Shift 键选择要延伸的对象或[剪切边(T)/窗交(C)/模式(O)/投影(P)/删除(R)]:(点击矩形上边和圆的下半部分将其裁掉)↵

73. 合并

修改→编辑多段线

将两条多段线合为一条。

命令:_pedit

选择多段线或[多条(M)]:(用鼠标点击矩形部分)

输入选项[闭合(C)/合并(J)/宽度(W)/编辑顶点(E)/拟合(F)/样条曲线(S)/非曲线化(D)/线性生成(L)/反转(R)/放弃(U)]:J↵

选择对象:找到 1 个

选择对象:

多段线已增加 1 条线段

输入选项[闭合(C)/合并(J)/宽度(W)/编辑顶点(E)/拟合(F)/样条曲线(S)/非曲线化(D)/线性生成(L)/反转(R)/放弃(U)]:↵

74. 变换坐标系

工具→新建 UCS→世界

回到世界坐标系。

当前 UCS 名称:* 世界 *

命令:_ucs

指定 UCS 的原点或[面(F)/命名(NA)/对象(OB)/上一个(P)/视图(V)/世界(W)/X/Y/Z/Z 轴(ZA)]〈世界〉:w ↵

转到 3d 视角。

75. 拉伸体

建模→拉伸

拉伸多边形,绘制尖顶楼第三层窗户,如图 13-21 所示。

命令:_extrude

当前线框密度:ISOLINES=4,闭合轮廓创建模式=实体

选择要拉伸的对象或[模式(MO)]:找到 1 个

选择要拉伸的对象或[模式(MO)]:

图 13-21　8 个窗户拉伸

指定拉伸的高度或[方向(D)/路径(P)/倾斜角(T)/表达式(E)]:−400 ↵

76. 阵列

修改→阵列

在对话框中,选环形阵列,指定阵列中心点(0,0),数目 8 个,将柱子阵列 8 个

命令:_array

选择对象:找到 1 个

选择对象:

输入阵列类型[矩形(R)/路径(PA)/极轴(PO)]:po ↵

类型=极轴　关联=是

指定阵列的中心点或[基点(B)/旋转轴(A)]:a ↵

指定旋转轴上的第一个点:0,0,0 ↵

指定旋转轴上的第二个点:0,0,1 ↵

选择夹点以编辑阵列或[关联(AS)/基点(B)/项目(I)/项目间角度(A)/填充角度(F)/行(ROW)/层(L)/旋转项目(ROT)/退出(X)]:I ↵

输入阵列中的项目数或[表达式(E)]:8 ↵

选择夹点以编辑阵列或[关联(AS)/基点(B)/项目(I)/项目间角度(A)/填充角度(F)/行(ROW)/层(L)/旋转项目(ROT)/退出(X)]:↵

77. 分解

修改分解

将阵列体分解。

命令:_explode

选择对象：(点击刚才阵列的拉伸体)↵

78. 实体,差集

8个窗户差集,如图 13 - 22 所示。

实体编辑实体,差集

制作窗户。

命令：_subtract

选择要从中减去的实体、曲面和面域…

选择对象：(选中尖顶楼第三层主体和短的拉伸

图 13 - 22　8个窗户差集

体,可以通过点击坐标转换视角,把8个短拉伸体都选中)找到9个↵

选择对象：

选择要从中减去的实体、曲面和面域…

选择对象：(选中8个长拉伸体)找到8个

选择对象：

79. 着色

视图→视觉样式

命令：_visualstyles

双击选中的样式可以查看效果。

80. 存盘

命令：qsave

13.2　六角凉亭

　　六角凉亭组合由凉亭基座、凉亭环凳、凉亭上支
柱、凉亭下支柱、凉亭顶棚圈梁、凉亭顶棚、凉亭台阶
与凉亭石桌组成,如图 13 - 23 所示。

13.2.1　凉亭基座

打印1件,完成后如图 13 - 26 所示。

1. 创建文件

文件→新建

另存为 pavilionbase.dwg

2. 正多边形

绘制拉伸截面图形。

图 13 - 23　六角凉亭

绘图→正多边形

命令:_polygon

输入边的数目⟨4⟩:6

指定正多边形的中心点或[边(E)]:0,0

输入选项[内接于圆(I)/外切于圆(C)]⟨I⟩:

指定圆的半径:28

3. 面域(构成面域)

绘图→面域

命令:_region

选择对象:找到 1 个

选择对象:

已提取 1 个环。

已创建 1 个面域。

4. 拉伸

拉伸成六棱柱。

绘图→实体→拉伸

命令:_extrude

当前线框密度:ISOLINES＝4,闭合轮廓创建模式＝实体

选择对象:找到 1 个

选择对象:

指定拉伸高度或[方向(D)/路径(P)/倾斜角(T)/表达式(E)]:8

5. 正多边形

设置凉亭支柱中心位置。

绘图→正多边形

命令:_polygon

输入侧面数⟨6⟩:

指定正多边形的中心点或[边(E)]:0,0

输入选项[内接于圆(I)/外切于圆(C)]⟨I⟩:

指定圆的半径:24

6. 圆

绘制石桌及支柱插孔截面图形。

绘图→圆

命令:_circle

指定圆的圆心或[三点(3P)/两点(2P)/相切、相切、半径(T)]:0,0
指定圆的半径或[直径(D)]:1

7. 复制

复制至7个。

修改→复制

命令:_copy

选择对象:找到1个

选择对象:复制模式＝多个

指定基点或[位移(D)]〈位移〉:

指定第二个点或〈使用第一个点作为位移〉:

指定第二个点或[退出(E)/放弃(U)]〈退出〉:

指定第二个点或[退出(E)/放弃(U)]〈退出〉:

指定第二个点或[退出(E)/放弃(U)]〈退出〉:

指定第二个点或[退出(E)/放弃(U)]〈退出〉:

指定第二个点或[退出(E)/放弃(U)]〈退出〉:

指定第二个点或[退出(E)/放弃(U)]〈退出〉:

8. 删除

删除定位用六边形。

修改→删除

命令:_erase

选择对象:找到1个

9. 面域

将7个圆构成面域。

绘图→面域

命令:_region

选择对象:找到1个

选择对象:找到1个,总计2个

选择对象:找到1个,总计3个

选择对象:找到1个,总计4个

选择对象:找到1个,总计5个

选择对象:找到1个,总计6个

选择对象:找到1个,总计7个

选择对象:

已提取 7 个环。

已创建 7 个面域。

10. 拉伸

将 7 个圆构成的面域拉伸成 7 个圆柱。

绘图→实体→拉伸

命令:_extrude

当前线框密度:ISOLINES=4,闭合轮廓创建模式=实体

选择要拉伸的对象或[模式(MO)]:找到 1 个

选择要拉伸的对象或[模式(MO)]:找到 1 个,总计 2 个

选择要拉伸的对象或[模式(MO)]:找到 1 个,总计 3 个

选择要拉伸的对象或[模式(MO)]:找到 1 个,总计 4 个

选择要拉伸的对象或[模式(MO)]:找到 1 个,总计 5 个

选择要拉伸的对象或[模式(MO)]:找到 1 个,总计 6 个

选择要拉伸的对象或[模式(MO)]:找到 1 个,总计 7 个

选择对象:

指定拉伸高度或[方向(D)/路径(P)/倾斜角(T)/表达式(E)]:8

11. 差集

修改→实体编辑→差集(从六棱柱中开出 7 个圆柱孔)

命令:_subtract

选择要从中减去的实体或面域...

选择对象:找到 1 个

选择对象:

选择要减去的实体或面域...

选择对象:找到 1 个

选择对象:找到 1 个,总计 2 个

选择对象:找到 1 个,总计 3 个

选择对象:找到 1 个,总计 4 个

选择对象:找到 1 个,总计 5 个

选择对象:找到 1 个,总计 6 个

选择对象:找到 1 个,总计 7 个

12. 仰视

转换视角,以便底面抽壳。

视图→三维视图→仰视

命令:_-view

输入选项[? /删除(D)/正交(O)/恢复(R)/保存(S)/设置(E)/窗口(W)]:_bottom

正在重生成模型。

13. 抽壳

底面挖空,如图 13-24 所示。

修改→实体编辑→抽壳

命令:_solidedit

实体编辑自动检查:SOLIDCHECK=1

图 13-24　底面抽壳

输入实体编辑选项[面(F)/边(E)/体(B)/放弃(U)/退出(X)]〈退出〉:_body

输入体编辑选项[压印(I)/分割实体(P)/抽壳(S)/清除(L)/检查(C)/放弃(U)/退出(X)]〈退出〉:_shell

选择三维实体:

删除面或[放弃(U)/添加(A)/全部(ALL)]:找到一个面,已删除 1 个。

删除面或[放弃(U)/添加(A)/全部(ALL)]:

输入抽壳偏移距离:2

已开始实体校验。

已完成实体校验。

14. 俯视(转换视角)

视图→三维视图→俯视

命令:_-view

输入选项[? /删除(D)/正交(O)/恢复(R)/保存(S)/设置(E)/窗口(W)]:_top正在重新生成模型。

15. 东北等轴测(转换视角)

视图→三维视图→东北等轴测

命令:_-view

输入选项[? /删除(D)/正交(O)/恢复(R)/保存(S)/设置(E)/窗口(W)]:_neiso

正在重新生成模型。

16. 圆角

顶面及侧面每个边倒圆角。

修改→圆角

命令:_fillet

当前设置:模式=修剪,半径=0.0

选择第一个对象或[放弃(U)/多段线(P)/半径(R)/修剪(T)/多个(M)]:

输入圆角半径:0.3

选择边或[链(C)/半径(R)]:

选择边或[链(C)/半径(R)]:

选择边或[链(C)/半径(R)]:

选择边或[链(C)/半径(R)]:

选择边或[链(C)/半径(R)]:

选择边或[链(C)/半径(R)]:

选择边或[链(C)/半径(R)]:

选择边或[链(C)/半径(R)]:

选择边或[链(C)/半径(R)]:

选择边或[链(C)/半径(R)]:

选择边或[链(C)/半径(R)]:

已选定 12 个边用于圆角。

17. 长方体

设置开槽区域,如图 13－25 所示。

绘图→实体→长方体

命令:_box

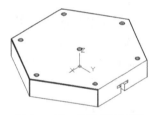

图 13－25　基座侧面开槽

指定第一个角点或[中心(C)]〈0,0,0〉:−1,10,0

指定其他角点或[立方体(C)/长度(L)]:1,30,3

18. 长方体

设置开槽区域。

绘图→实体→长方体

命令:_box

指定第一个角点或[中心(C)]〈0,0,0〉:−3,10,3

指定其他角点或[立方体(C)/长度(L)]:3,30,4

19. 差集

基座侧面开槽,如图 13－25 所示。

修改→实体编辑→差集

命令:_subtract

选择要从中减去的实体或面域...

选择对象:找到 1 个

选择对象:选择要减去的实体或面域...

选择对象:找到 1 个

选择对象:找到 1 个,总计 2 个

20. 长方体

设置中心孔卡槽区域。

绘图→实体→长方体

命令:_box

指定第一个角点或[中心(C)]〈0,0,0〉:-0.5,0,8

指定其他角点或[立方体(C)/长度(L)]:0.5,1.5,7

21. 差集

修改→实体编辑→差集

命令:_subtract

选择要从中减去的实体或面域...

选择对象:找到 1 个

选择对象:选择要减去的实体或面域...

选择对象:找到 1 个

22. 体着色

赋予实体色彩,如图 13-26 所示。

视图→色→体着色

命令:_shademode

当前模式:二维线框

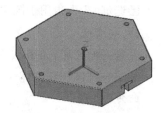

图 13-26 凉亭基座

输入选项[二维线框(2)/线框(W)/隐藏(H)/真实(R)/概念(C)/着色(S)/带边缘着色(E)/灰度(G)/勾画(SK)/X 射线(X)/其他(O)]〈二维线框〉:_g

23. 保存(存盘)

文件→保存

命令:_qsave

13.2.2 凉亭环凳

打印 1 件,完成后如图 13-28 所示。

1. 创建文件

文件→新建

另存为 pavilionstool. dwg

2. 正多边形

绘制环凳外圈截面轮廓。

绘图→正多边形

命令:_polygon

输入边的数目⟨4⟩:6

指定正多边形的中心点或[边(E)]:0,0

输入选项[内接于圆(I)/外切于圆(C)]⟨I⟩:

指定圆的半径:26.5

3. 面域(构成面域)

绘图→面域

命令:_region

选择对象:找到 1 个

选择对象:

已提取 1 个环。

已创建 1 个面域。

4. 拉伸(拉伸成体)

绘图→实体→拉伸

命令:_extrude

当前线框密度:ISOLINES=4,闭合轮廓创建模式=实体

选择要拉伸的对象或[模式(MO)]:找到 1 个

选择要拉伸的对象或[模式(MO)]:

指定拉伸高度或[方向(D)/路径(P)/倾斜角(T)/表达式(E)]:2

5. 正多边形

绘制环凳内圈截面轮廓。

绘图→正多边形

命令:_polygon

输入边的数目⟨4⟩:6

指定正多边形的中心点或[边(E)]:0,0

输入选项[内接于圆(I)/外切于圆(C)]⟨I⟩:

指定圆的半径:22

6. 面域(构成面域)

绘图→面域

命令:_region

选择对象:找到 1 个

选择对象:

已提取 1 个环。

已创建 1 个面域。

7. 拉伸(拉伸成体)

绘图→实体→拉伸

命令:_extrude

当前线框密度:ISOLINES＝4,闭合轮廓创建模式＝实体

选择要拉伸的对象或[模式(MO)]:找到 1 个

选择要拉伸的对象或[模式(MO)]:

指定拉伸高度或[方向(D)/路径(P)/倾斜角(T)/表达式(E)]:2

8. 差集

从大六棱柱中去除小六棱柱。

修改→实体编辑→差集

命令:_subtract

选择要从中减去的实体或面域...

选择对象:找到 1 个

选择对象:选择要减去的实体或面域...

选择对象:找到 1 个

9. 正多边形

设置凉亭支柱孔中心位置。

绘图→正多边形

命令:_polygon

输入边的数目〈6〉:

指定正多边形的中心点或[边(E)]:0,0

输入选项[内接于圆(I)/外切于圆(C)]〈I〉:

指定圆的半径:24

10. 圆

绘制支柱孔截面图形,以小六边形角点为圆心。

绘图→圆

命令:_circle

指定圆的圆心或[三点(3P)/两点(2P)/相切、相切、半径(T)]:

指定圆的半径或[直径(D)]:1

11. 复制

复制至 6 个,中心位置在小六边形的角点。

修改→复制

命令:_copy

选择对象:找到 1 个

选择对象:

当前设置:复制模式=多个

指定基点或[位移(D)/模式(O)]〈位移〉:

指定第二个点或[阵列(A)]〈使用第一个点作为位移〉:

指定第二个点或[阵列(A)/退出(E)/放弃(U)]〈退出〉:

指定第二个点或[阵列(A)/退出(E)/放弃(U)]〈退出〉:

指定第二个点或[阵列(A)/退出(E)/放弃(U)]〈退出〉:

指定第二个点或[阵列(A)/退出(E)/放弃(U)]〈退出〉:

指定第二个点或[阵列(A)/退出(E)/放弃(U)]〈退出〉:

12. 面域

将 6 个圆构成面域。

绘图→面域

命令:_region

选择对象:找到 1 个

选择对象:找到 1 个,总计 2 个

选择对象:找到 1 个,总计 3 个

选择对象:找到 1 个,总计 4 个

选择对象:找到 1 个,总计 5 个

选择对象:找到 1 个,总计 6 个

选择对象:

已提取 6 个环。

已创建 6 个面域。

13. 拉伸

将 6 个圆构成的面域拉伸成六个圆柱。

绘图→实体→拉伸

命令:_extrude

当前线框密度:ISOLINES=4,闭合轮廓创建模式=实体

选择要拉伸的对象或[模式(MO)]:找到 1 个

选择要拉伸的对象或［模式(MO)］:找到 1 个,总计 2 个

选择要拉伸的对象或［模式(MO)］:找到 1 个,总计 3 个

选择要拉伸的对象或［模式(MO)］:找到 1 个,总计 4 个

选择要拉伸的对象或［模式(MO)］:找到 1 个,总计 5 个

选择要拉伸的对象或［模式(MO)］:找到 1 个,总计 6 个

选择要拉伸的对象或［模式(MO)］:

指定拉伸高度或［方向(D)/路径(P)/倾斜角(T)/表达式(E)］:2

指定拉伸的倾斜角度〈0〉:

14. 差集

从六棱柱中开出 6 个圆柱孔。

修改→实体编辑→差集

命令:_subtract

选择要从中减去的实体或面域...

选择对象:找到 1 个

选择对象:选择要减去的实体或面域...

选择对象:找到 1 个

选择对象:找到 1 个,总计 2 个

选择对象:找到 1 个,总计 3 个

选择对象:找到 1 个,总计 4 个

选择对象:找到 1 个,总计 5 个

选择对象:找到 1 个,总计 6 个

15. 删除

删除孔中心定位六边形。

修改→删除

命令:_erase

选择对象:找到 1 个

16. 东北等轴测(转换视角)

视图→三维视图→东北等轴测

命令:_ - view

输入选项［? /删除(D)/正交(O)/恢复(R)/保存(S)/设置(E)/窗口(W)］:
_neiso

正在重新生成模型。

17. 圆角

侧面每个边倒圆角。

修改→圆角

命令：_fillet

当前设置：模式＝修剪,半径＝0.0

选择第一个对象或[放弃(U)/多段线(P)/半径(R)/修剪(T)/多个(M)]：

输入圆角半径或[表达式(E)]：2

选择边或[链(C)/环(L)/半径(R)]：

选择边或[链(C)/环(L)/半径(R)]：

选择边或[链(C)/环(L)/半径(R)]：

选择边或[链(C)/环(L)/半径(R)]：

选择边或[链(C)/环(L)/半径(R)]：

选择边或[链(C)/环(L)/半径(R)]：

已选定 6 个边用于圆角。

18. 长方体(绘制开口区域)

绘图→实体→长方体

命令：_box

指定第一个角点或[中心(C)]〈0,0,0〉：-9.5,0,0

指定其他角点或[立方体(C)/长度(L)]：9.5,30,2

19. 差集

一面开口,如图 13-27 所示。

修改→实体编辑→差集

命令：_subtract

选择要从中减去的实体或面域...

选择对象：找到 1 个

选择对象：选择要减去的实体或面域...

选择对象：找到 1 个

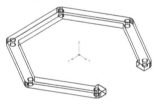

图 13-27　一面开口

20. 圆角

开口边沿倒圆角。

修改→圆角

命令：_fillet

当前设置：模式＝修剪,半径＝2.0

选择第一个对象或[放弃(U)/多段线(P)/半径(R)/修剪(T)/多个(M)]：

输入圆角半径或[表达式(E)]〈2.0〉：1.5

选择边或[链(C)/环(L)/半径(R)]：

选择边或[链(C)/环(L)/半径(R)]:

选择边或[链(C)/环(L)/半径(R)]:

选择边或[链(C)/环(L)/半径(R)]:

已选定 4 个边用于圆角。

21. 体着色

赋予实体色彩,如图 13 - 28 所示。

视图→着色→体着色

命令:_shademode

当前模式:二维线框

图 13 - 28　凉亭环凳

输入选项[二维线框(2)/线框(W)/隐藏(H)/真实(R)/概念(C)/着色(S)/带边缘着色(E)/灰度(G)/勾画(SK)/X 射线(X)/其他(O)]〈二维线框〉:_g

22. 保存(存盘)

文件→保存

命令:_qsave

13.2.3　凉亭下支柱

打印 6 件,完成后如图 13 - 30 所示。

1. 创建文件

文件→新建

另存为 pavilionpillard. dwg

2. 东北等轴测(转换视角)

视图→三维视图→东北等轴测

命令:_ - view

输入选项[? /删除(D)/正交(O)/恢复(R)/保存(S)/设置(E)/窗口(W)]:_neiso

正在重生成模型。

3. 圆柱体

制成 3 段圆柱,如图 13 - 29 所示。

绘图→实体→圆柱体

命令:_cylinder

指定底面的中心点或[三点(3P)/两点(2P)/切点、切点、半径(T)/椭圆(E)]:0,0,0

指定底面半径或[直径(D)]:1

图 13 - 29　制成 3 段圆柱

指定高度或[两点(2P)/轴端点(A)]:8

命令:_cylinder

指定底面的中心点或[椭圆(E)]〈0,0,0〉:0,0,8

指定底面半径或[直径(D)]:2

指定高度或[两点(2P)/轴端点(A)]:10

命令:_cylinder

指定底面的中心点或[椭圆(E)]〈0,0,0〉:0,0,18

指定底面半径或[直径(D)]:1

指定高度或[两点(2P)/轴端点(A)]:5

4. 并集

合并 3 段圆柱成一体。

修改→实体编辑→并集

命令:_union

选择对象:找到 1 个

选择对象:找到 1 个,总计 2 个

选择对象:找到 1 个,总计 3 个

5. 倒角

分别对顶端与底端作倒角。

修改→倒角

命令:_chamfer

("修剪"模式)当前倒角距离 1=0.0,距离 2=0.0

选择第一条直线或[放弃(U)/多段线(P)/距离(D)/角度(A)/修剪(T)/方式(E)/多个(M)]:

基面选择...

输入曲面选择选项[下一个(N)/当前(OK)]〈当前〉:

指定基面倒角距离或[表达式(E)]:0.2

指定其他曲面倒角距离或[表达式(E)]〈0.2〉:

选择边或[环(L)]:CHAMFER

("修剪"模式)当前倒角距离 1=0.2,距离 2=0.2

选择第一条直线或[放弃(U)/多段线(P)/距离(D)/角度(A)/修剪(T)/方式(E)/多个(M)]:

基面选择...

输入曲面选择选项[下一个(N)/当前(OK)]〈当前〉:

指定基面倒角距离或[表达式(E)]〈0.2〉:

指定其他曲面倒角距离或[表达式(E)]〈0.2〉：

选择边或[环(L)]：

6. 体着色

赋予实体色彩，如图 13 - 30 所示。

视图→着色→体着色

命令：_shademode

当前模式：二维线框

输入选项[二维线框(2)/线框(W)/隐藏(H)/真实
(R)/概念(C)/着色(S)/带边缘着色(E)/灰度(G)/勾画
(SK)/X 射线(X)/其他(O)]〈二维线框〉：_g

图 13 - 30　凉亭下支柱

7. 保存(存盘)

文件→保存

命令：_qsave

13. 2. 4　凉亭上支柱

打印 6 件，完成后如图 13 - 31 所示。

1. 创建文件

文件→新建

另存为 pavilionpillardu. dwg

2. 东北等轴测(转换视角)

视图→三维视图→东北等轴测

命令：_ - view

图 13 - 31　凉亭上支柱

输入选项[? /删除(D)/正交(O)/恢复(R)/保存(S)/设置(E)/窗口(W)]：
_neiso

正在重新生成模型。

3. 圆柱体

形成 2 段圆柱。

绘图→实体→圆柱体

命令：_cylinder

指定底面的中心点或[三点(3P)/两点(2P)/切点、切点、半径(T)/椭圆(E)]：
0,0,0

指定底面半径或[直径(D)]：2

指定高度或[两点(2P)/轴端点(A)]：30

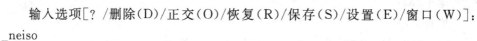

命令:_cylinder

指定底面的中心点或[椭圆(E)]〈0,0,0〉:0,0,30

指定底面半径或[直径(D)]:1

指定高度或[两点(2P)/轴端点(A)]:2

4. 并集

合并 2 段圆柱成一体。

修改→实体编辑→并集

命令:_union

选择对象:找到 1 个

选择对象:找到 1 个,总计 2 个

5. 倒角

对顶端作倒角。

修改→倒角

命令:_chamfer

("修剪"模式)当前倒角距离 1＝0.0,距离 2＝0.0

选择第一条直线或[放弃(U)/多段线(P)/距离(D)/角度(A)/修剪(T)/方式(E)/多个(M)]:

基面选择...

输入曲面选择选项[下一个(N)/当前(OK)]〈当前〉:

指定基面倒角距离或[表达式(E)]:0.2

指定其他曲面倒角距离或[表达式(E)]〈0.2〉:

选择边或[环(L)]:

6. 圆柱体

形成开孔区域。

绘图→实体→圆柱体

命令:_cylinder

指定底面的中心点或[三点(3P)/两点(2P)/切点、切点、半径(T)/椭圆(E)]:0,0,0

指定底面半径或[直径(D)]:1

指定高度或[两点(2P)/轴端点(A)]:4

7. 差集

下端开圆柱孔。

修改→实体编辑→差集

命令：_subtract

选择要从中减去的实体、曲面和面域…

选择对象：找到 1 个

选择对象：选择要减去的实体、曲面和面域…

选择对象：找到 1 个

8. 体着色

赋予实体色彩，如图 13 - 31 所示。

视图→着色→体着色

命令：_shademode

当前模式：二维线框

输入选项[二维线框(2)/线框(W)/隐藏(H)//真实(R)/概念(C)/着色(S)/带边缘着色(E)/灰度(G)/勾画(SK)/X 射线(X)/其他(O)]〈二维线框〉：_g ↵

9. 保存(存盘)

文件→保存

命令：_qsave

13.2.5　凉亭顶棚圈梁

打印 1 件，完成后如图 13 - 35 所示。

1. 创建文件

文件→新建

另存为 pavilionringbeam. dwg

2. 圆

绘制圈梁外截面。

绘图→圆

命令：_circle

指定圆的圆心或[三点(3P)/两点(2P)/相切、相切、半径(T)]：0,0

指定圆的半径或[直径(D)]〈2.0〉：26

3. 面域(构成面域)

绘图→面域

命令：_region

选择对象：指定对角点：找到 1 个

选择对象：

已提取 1 个环。

已创建 1 个面域。

4. 拉伸(拉伸成体)

绘图→实体→拉伸

命令:_extrude

当前线框密度:ISOLINES=4,闭合轮廓创建模式=实体

选择要拉伸的对象或[模式(MO)]:找到 1 个

选择要拉伸的对象或[模式(MO)]:

指定拉伸高度或[方向(O)/路径(P)/倾斜角(T)/表达式(E)]:2

5. 圆

绘制圈梁内截面。

绘图→圆

命令:_circle

指定圆的圆心或[三点(3P)/两点(2P)/相切、相切、半径(T)]:0,0

指定圆的半径或[直径(D)]〈2.0〉:22

6. 面域(构成面域)

绘图→面域

命令:_region

选择对象:指定对角点:找到 1 个

选择对象:

已提取 1 个环。

已创建 1 个面域。

7. 拉伸(拉伸成体)

绘图→实体→拉伸

命令:_extrude

当前线框密度:ISOLINES=4,闭合轮廓创建模式=实体

选择要拉伸的对象或[模式(MO)]:找到 1 个

选择要拉伸的对象或[模式(MO)]:

指定拉伸高度或[方向(O)/路径(P)/倾斜角(T)/表达式(E)]:2

8. 差集

形成环状,如图 13-32 所示。

修改→实体编辑→差集

命令:_subtract

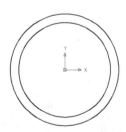

图 13-32　环状圈梁

选择要从中减去的实体、曲面和面域…

选择对象:找到 1 个

选择对象:选择要减去的实体、曲面和面域…

选择对象:找到 1 个

9. 正多边形

设置凉亭支柱孔中心位置。

绘图→正多边形

命令:_polygon

输入侧面数〈6〉:

指定正多边形的中心点或[边(E)]:0,0

输入选项[内接于圆(I)/外切于圆(C)]〈I〉:

指定圆的半径:24

10. 圆

绘制支柱孔截面图形,以小六边形角点为圆心。

绘图→圆

命令:_circle

指定圆的圆心或[三点(3P)/两点(2P)/相切、相切、半径(T)]:

指定圆的半径或[直径(D)]:1

11. 复制

复制 6 个圆,中心位置在小六边形的角点,如图

13-33 所示。

修改→复制

命令:_copy

选择对象:找到 1 个

选择对象:

当前设置:复制模式=多个

指定基点或[位移(D)]〈位移〉:

指定第二个点或〈使用第一个点作为位移〉:

指定第二个点或[阵列(A)/退出(E)/放弃(U)]〈退出〉:

指定第二个点或[阵列(A)/退出(E)/放弃(U)]〈退出〉:

指定第二个点或[阵列(A)/退出(E)/放弃(U)]〈退出〉:

指定第二个点或[阵列(A)/退出(E)/放弃(U)]〈退出〉:

指定第二个点或[阵列(A)/退出(E)/放弃(U)]〈退出〉:

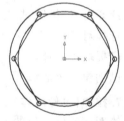

图 13-33　复制 6 个圆

12. 面域

将 6 个圆构成面域。

绘图→面域

命令:_region

选择对象:指定对角点:找到 1 个

选择对象:找到 1 个,总计 2 个

选择对象:找到 1 个,总计 3 个

选择对象:找到 1 个,总计 4 个

选择对象:找到 1 个,总计 5 个

选择对象:找到 1 个,总计 6 个

选择对象:

已提取 6 个环。

已创建 6 个面域。

13. 拉伸

将 6 个圆构成的面域拉伸成 6 个圆柱。

绘图→实体→拉伸

命令:_extrude

当前线框密度:ISOLINES＝4,闭合轮廓创建模式＝实体

选择要拉伸的对象或[模式(MO)]:找到 1 个

选择要拉伸的对象或[模式(MO)]:找到 1 个,总计 2 个

选择要拉伸的对象或[模式(MO)]:找到 1 个,总计 3 个

选择要拉伸的对象或[模式(MO)]:找到 1 个,总计 4 个

选择要拉伸的对象或[模式(MO)]:找到 1 个,总计 5 个

选择要拉伸的对象或[模式(MO)]:找到 1 个,总计 6 个

选择要拉伸的对象或[模式(MO)]:

指定拉伸高度或[方向(O)/路径(P)/倾斜角(T)/表达式(E)]:2

14. 差集

开出 6 个圆柱孔。

修改→实体编辑→差集

命令:_subtract

选择要从中减去的实体、曲面和面域...

选择对象:找到 1 个

选择对象:

选择要减去的实体、曲面和面域...

选择对象:找到 1 个

选择对象:找到 1 个,总计 2 个

选择对象:找到 1 个,总计 3 个

选择对象:找到 1 个,总计 4 个

选择对象:找到 1 个,总计 5 个

选择对象:找到 1 个,总计 6 个

15. 删除

删除孔中心定位六边形,如图 13-34 所示。

修改→删除

命令:_erase

选择对象:找到 1 个

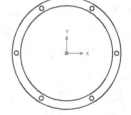

图 13-34　删除定位六边形

16. 东北等轴测(转换视角)

视图→三维视图→东北等轴测

命令:_-view

输入选项[? /删除(D)/正交(O)/恢复(R)/保存(S)/设置(E)/窗口(W)]:

_neiso

正在重新生成模型。

17. 倒角

顶面外边沿做倒角。

修改→倒角

命令:_chamfer

("修剪"模式)当前倒角距离 1=0.0,距离 2=0.0

选择第一条直线或[放弃(U)/多段线(P)/距离(D)/角度(A)/修剪(T)/方式(E)/多个(M)]:

基面选择...

输入曲面选择选项[下一个(N)/当前(OK)]〈当前(OK)〉:

指定基面的倒角距离或[表达式(E)]:0.2

指定其他曲面的倒角距离或[表达式(E)]〈0.2〉:

选择边或[环(L)]:

18. 体着色

赋予实体色彩,如图 13-35 所示。

视图→着色→体着色

图 13-35　凉亭顶棚圈梁

命令:_shademode

当前模式:二维线框

输入选项[二维线框(2)/线框(W)/隐藏(H)/真实(R)/概念(C)/着色(S)/带边缘着色(E)/灰度(G)/勾画(SK)/X 射线(X)/其他(O)]〈二维线框〉:_g

19. 保存(存盘)

文件→保存

命令:_qsave

13.2.6 凉亭台阶

打印 1 件,完成后如图 13-39 所示。

1. 创建文件

文件→新建

另存为 pavilionsteps. dwg

2. 直线

绘制台阶拉伸截面,如图 13-36 所示。

绘图→直线

命令:_line

指定第一点:0,0

指定下一点或[放弃(U)]:12,0

指定下一点或[放弃(U)]:12,2

指定下一点或[闭合(C)/放弃(U)]:8,2

指定下一点或[闭合(C)/放弃(U)]:8,4

指定下一点或[闭合(C)/放弃(U)]:4,4

指定下一点或[闭合(C)/放弃(U)]:4,6

指定下一点或[闭合(C)/放弃(U)]:0,6

指定下一点或[闭合(C)/放弃(U)]:c

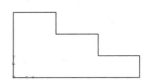

图 13-36 绘制拉伸截面

3. 面域(构成面域)

绘图→面域

命令:_region

选择对象:指定对角点:找到 8 个

选择对象:

已提取 1 个环。

已创建 1 个面域。

4. 拉伸(拉伸成体)

绘图→实体→拉伸

命令:_extrude

当前线框密度:ISOLINES＝4,闭合轮廓创建模式＝实体

选择要拉伸的对象或[模式(MO)]:找到 1 个

选择要拉伸的对象或[模式(MO)]:

指定拉伸高度或[方向(O)/路径(P)/倾斜角(T)/表达式(E)]:20

5. 西南等轴测(转换视角)

视图→三维视图→西南等轴测

命令:_- view

输入选项[? /删除(D)/正交(O)/恢复(R)/保存(S)/设置(E)/窗口(W)]:
_swiso

正在重新生成模型。

6. 抽壳

底面挖空,如图 13 - 37 所示。

修改→实体编辑→抽壳

命令:_solidedit

实体编辑自动检查:SOLIDCHECK＝1

输入实体编辑选项[面(F)/边(E)/体(B)/放弃(U)/
退出(X)]〈退出〉:_body

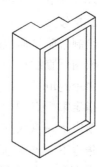

输入体编辑选项[压印(I)/分割实体(P)/抽壳(S)/清
除(L)/检查(C)/放弃(U)/退出(X)]〈退出〉:_shell

图 13 - 37 底面挖空

选择三维实体:

删除面或[放弃(U)/添加(A)/全部(ALL)]:找到一个面,已删除 1 个。

删除面或[放弃(U)/添加(A)/全部(ALL)]:

输入抽壳偏移距离:1

已开始实体校验。

已完成实体校验。

7. 长方体(制作卡块)

绘图→实体→长方体

命令:_box

指定第一个角点或[中心(C)]〈0,0,0〉:0,0,9

指定其他角点或[立方体(C)/长度(L)]:-2,3,11

8. 长方体(制作卡块)

绘图→实体→长方体

命令:_box

指定第一个角点或[中心(C)]〈0,0,0〉:0,3,7

指定其他角点或[立方体(C)/长度(L)]:-2,4,13

9. 并集

将卡块与主体合并,如图 13-38 所示。

修改→实体编辑→并集

命令:_union

选择对象:找到 1 个

选择对象:找到 1 个,总计 2 个

选择对象:找到 1 个,总计 3 个

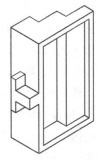

图 13-38　合并卡块

10. 圆角

对卡块侧面边角倒圆角。

修改→圆角

命令:_fillet

当前设置:模式=修剪,半径=0.0

选择第一个对象或[放弃(U)/多段线(P)/半径(R)/修剪(T)/多个(M)]:

输入圆角半径:0.1

选择边或[链(C)/半径(R)]:

选择边或[链(C)/半径(R)]:

选择边或[链(C)/半径(R)]:

选择边或[链(C)/半径(R)]:

已选定 4 个边用于圆角。

11. 左视(转换视角)

视图→三维视图→左视

命令:_-view

输入选项[?/删除(D)/正交(O)/恢复(R)/保存(S)/设置(E)/窗口(W)]:
_left

正在重新生成模型。

12. 倒角

对卡块正面边角做倒角。

修改→倒角

命令:_chamfer

("修剪"模式)当前倒角距离 1＝0.0,距离 2＝0.0

选择第一条直线或[放弃(U)/多段线(P)/距离(D)/角度(A)/修剪(T)/方式(E)/多个(M)]:

基面选择…

输入曲面选择选项[下一个(N)/当前(OK)]〈当前(OK)〉:

指定基面倒角距离或[表达式(E)]:0.2

指定其他曲面倒角距离或[表达式(E)]〈0.2〉:

选择边或[环(L)]:选择边或[环(L)]:选择边或[环(L)]:选择边或[环(L)]:

选择边或[环(L)]:选择边或[环(L)]:选择边或[环(L)]:选择边或[环(L)]:

13. 俯视(转换视角)

视图→三维视图→俯视

命令:_-view

输入选项[? /删除(D)/正交(O)/恢复(R)/保存(S)/设置(E)/窗口(W)]:_top

正在重新生成模型。

14. 西南等轴测(转换视角)

视图→三维视图→西南等轴测

命令:_-view

输入选项[? /删除(D)/正交(O)/恢复(R)/保存(S)/设置(E)/窗口(W)]:_swiso

正在重新生成模型。

15. 体着色

赋予实体色彩,如图 13－39 所示。

视图→着色→体着色

命令:_shademode

当前模式:二维线框

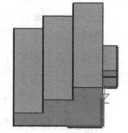

图 13－39　凉亭台阶

输入选项[二维线框(2)/线框(W)/隐藏(H)/真实(R)/概念(C)/着色(S)/带边缘着色(E)/灰度(G)/勾画(SK)/X 射线(X)/其他(O)]〈二维线框〉:_g

16. 保存(存盘)

文件→保存

命令:_qsave

13.2.7　凉亭石桌

打印 1 件,完成后如图 13-42 所示。

1. 创建文件
文件→新建

另存为 paviliontable. dwg

2. 直线
绘制旋转截面图形。

绘图→直线

命令:_line

指定第一个点:-2,0

指定下一点或[放弃(U)]:-1,0

指定下一点或[放弃(U)]:-1,-8

指定下一点或[闭合(C)/放弃(U)]:0,-8

指定下一点或[闭合(C)/放弃(U)]:0,12

指定下一点或[闭合(C)/放弃(U)]:-8,12

指定下一点或[闭合(C)/放弃(U)]:-8,11

3. 样条曲线
绘制旋转截面图形,如图 13-40 所示。

绘图→样条曲线

命令:_spline

当前设置:方式=拟合　节点=弦

指定第一个点或[方式(W)/节点(K)/对象(O)]:-8,11

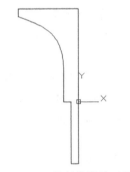

图 13-40　绘制旋转截面图

输入下一个点或:-3,8

输入下一个点或或[端点相切(T)/公差(L)/放弃(U)/闭合(C)]〈起点切向〉:
-2,4

输入下一个点或或[端点相切(T)/公差(L)/放弃(U)/闭合(C)]〈起点切向〉:
-2,3

输入下一个点或或[端点相切(T)/公差(L)/放弃(U)/闭合(C)]〈起点切向〉:
-2,2

输入下一个点或或[端点相切(T)/公差(L)/放弃(U)/闭合(C)]〈起点切向〉:
-2,1

输入下一个点或或[端点相切(T)/公差(L)/放弃(U)/闭合(C)]〈起点切向〉:

－2,0

输入下一个点或或[端点相切(T)/公差(L)/放弃(U)/闭合(C)]〈起点切向〉：

4. 面域(构成面域)

绘图→面域

命令：_region

选择对象：指定对角点：找到 7 个

选择对象：

已提取 1 个环。

已创建 1 个面域。

5. 旋转

旋转成体，如图 13-41 所示。

绘图→实体→旋转

命令：_revolve

当前线框密度：ISOLINES＝4，闭合轮廓创建模式
＝实体

选择要拉伸的对象或[模式(MO)]：找到 1 个

选择要拉伸的对象或[模式(MO)]：

指定轴的起点或根据以下选项之一

定义轴[对象(O)/X/Y/Z]：Y

指定旋转角度或[起点角度(ST)/反转(R)/表达式(E)]〈360〉：

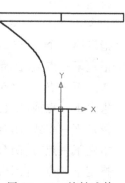

图 13-41　旋转成体

6. 倒角(下端倒角)

修改→倒角

命令：_chamfer

("修剪"模式)当前倒角距离 1＝0.0，距离 2＝0.0

选择第一条直线或[放弃(U)/多段线(P)/距离(D)/角度(A)/修剪(T)/方式
(E)/多个(M)]：

基面选择...

输入曲面选择选项[下一个(N)/当前(OK)]〈当前(OK)〉：

指定基面的倒角距离或[表达式(E)]：0.2

指定其他曲面的倒角距离或[表达式(E)]〈0.2〉：

选择边或[环(L)]：

选择边或[环(L)]

7. 圆角

桌面上下边沿倒圆角。

修改→圆角

命令：_fillet

当前设置：模式＝修剪，半径＝0.0

选择第一个对象或［放弃(U)/多段线(P)/半径(R)/修剪(T)/多个(M)］:

输入圆角半径或［表达式(E)］:0.2

选择边或［链(C)/环(L)/半径(R)］:

选择边或［链(C)/环(L)/半径(R)］:

已选定 2 个边用于圆角。

8. 后视(转换视角)

视图→三维视图→后视

命令：_- view

输入选项［? /删除(D)/正交(O)/恢复(R)/保存(S)/设置(E)/窗口(W)］:
_back

正在重生成模型。

9. 插入字体

在这之前先打开一个 Word 文档，插入艺术字"雅"。字体格式为华文行楷，字号 96，复制至剪切板。

编辑→选择性粘贴→AutoCAD 图元

命令：_pastespec

指定插入点：(移动鼠标确定放置在中心位置)

10. 缩放

缩放到适当大小，以下放大比例根据具体情况确定。

修改→缩放

命令：_scale

选择对象：指定对角点：找到 8 个

选择对象：

指定基点：0,0

指定比例因子或［复制(C)/参照(R)］〈1.0〉:5

11. 删除

删去多余重复图形，一般粘贴过来图线有两层，删去一层。

修改→删除

命令:_erase

选择对象:找到 1 个

选择对象:找到 1 个,总计 2 个

选择对象:找到 1 个,总计 3 个

选择对象:

12. 分解(分解字体)

修改→分解

命令:_explode

选择对象:找到 1 个

选择对象:找到 1 个,总计 2 个

选择对象:找到 1 个,总计 3 个

13. 面域

将字体图形构成面域。如在创建面域过程中出现问题,可局部修改文字笔画,以确保形成一个或多个独立的封闭图形。

绘图→面域

命令:_region

选择对象:找到 1 个

选择对象:找到 1 个,总计 2 个

选择对象:找到 1 个,总计 3 个

选择对象:

已提取 3 个环。

已创建 3 个面域。

14. 拉伸

将字体拉伸出厚度。

绘图→三维实体→拉伸

命令:_extrude

当前线框密度:ISOLINES=4,闭合轮廓创建模式=实体

选择要拉伸的对象或[模式(MO)]:找到 1 个

选择要拉伸的对象或[模式(MO)]:找到 1 个,总计 2 个

选择要拉伸的对象或[模式(MO)]:找到 1 个,总计 3 个

选择要拉伸的对象或[模式(MO)]:

指定拉伸的高度或[方向(O)/路径(P)/倾斜角(T)/表达式(E)]:0.5

15. 并集

将字体合并成一个整体。

修改→实体编辑→并集

命令:_union

选择对象:找到 1 个

选择对象:找到 1 个,总计 2 个

选择对象:找到 1 个,总计 3 个

16. 移动

将文字造型体移动位置。

修改→移动

命令:_move

选择对象:找到 1 个

选择对象:

指定基点或[位移(D)]〈位移〉:0,0,0

指定第二个点或〈使用第一个点作为位移〉:0,0,11.5

17. 差集

石桌体刻出字体实体。

修改→实体编辑→差集

命令:_subtract

选择要从中减去的实体、曲面和面域...

选择对象:找到 1 个

选择对象:选择要减去的实体、曲面和面域...

选择对象:找到 1 个

18. 长方体(形成卡块)

绘图→实体→长方体

命令:_box

指定第一个角点或[中心(C)]〈0,0,0〉:−0.5,0,0

指定其他角点或[立方体(C)/长度(L)]:0.5,−1.5,−1

19. 并集

合并卡块到石桌。

修改→实体编辑→并集

命令:_union

选择对象:找到 1 个

选择对象:找到 1 个,总计 2 个

20. 体着色

赋予实体色彩。

视图→着色→体着色

命令：_shademode

当前模式：二维线框

输入选项[二维线框(2)/线框(W)/隐藏(H)/真实(R)/概念(C)/着色(S)/带边缘着色(E)/灰度(G)/勾画(SK)/X 射线(X)/其他(O)]〈二维线框〉：_g

21. 着色面

将字体凹面赋予其他颜色。

修改→实体编辑→着色面

命令：_solidedit

实体编辑自动检查：SOLIDCHECK＝1

输入实体编辑选项[面(F)/边(E)/体(B)/放弃(U)/退出(X)]〈退出〉：_face

输入面编辑选项[拉伸(E)/移动(M)/旋转(R)/偏移(O)/倾斜(T)/删除(D)/复制(C)/着色(L)/放弃(U)/退出(X)]〈退出〉：_color

选择面或[放弃(U)/删除(R)]：找到一个面。

选择面或[放弃(U)/删除(R)/全部(ALL)]：找到一个面

选择面或[放弃(U)/删除(R)/全部(ALL)]：找到一个面

选择面或[放弃(U)/删除(R)/全部(ALL)]：

22. 动态观察

转换视角以露出卡块朝外面。

视图→三维动态观察器

命令：_3dorbit

按 ESC 或 ENTER 键退出，或者单击鼠标右键显示快捷菜单。

23. 倒角

对卡块朝外面边沿做倒角。

修改→倒角

命令：_chamfer

（"修剪"模式）当前倒角距离 1＝0.2,距离 2＝0.2

选择第一条直线或[放弃(U)/多段线(P)/距离(D)/角度(A)/修剪(T)/方式(E)/多个(M)]：

基面选择...

输入曲面选择选项[下一个(N)/当前(OK)]〈当前(OK)〉：

指定基面倒角距离或[表达式(E)]〈0.2〉：0.1

指定其他曲面倒角距离或[表达式(E)]〈0.2〉：0.1

选择边或[环(L)]:选择边或[环(L)]:选择边或[环(L)]:选择边或[环(L)]:

24. 俯视(转换视角)

视图→三维视图→俯视

命令:_-view

输入选项[?/删除(D)/正交(O)/恢复(R)/保存(S)/设置(E)/窗口(W)]:_top

正在重新生成模型。

25. 西南等轴测(转换视角)

视图→三维视图→西南等轴测

命令:_-view

输入选项[?/删除(D)/正交(O)/恢复(R)/保存(S)/设置(E)/窗口(W)]:_nwiso

正在重新生成模型。

26. 三维旋转(变换位置)

修改→三维操作→三维旋转

命令:_rotate3d

当前正向角度:ANGDIR=逆时针 ANGBASE=0

选择对象:找到1个

选择对象:

指定轴上的第一个点或定义轴依据[对象(O)/最近的(L)/视图(V)/X轴(X)/Y轴(Y)/Z轴(Z)/两点(2)]:X

指定X轴上的点<0,0,0>:

指定旋转角度或[参照(R)]:90

27. 俯视(转换视角)

视图→三维视图→俯视

命令:_-view

输入选项[?/删除(D)/正交(O)/恢复(R)/保存(S)/设置(E)/窗口(W)]:_top

正在重新生成模型。

28. 东北等轴测

转换视角,如图13-42所示。

视图→三维视图→东北等轴测

命令:_-view

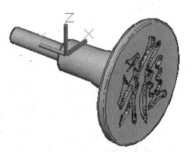

图13-42　凉亭石桌

输入选项[？/删除（D）/正交（O）/恢复（R）/保存（S）/设置（E）/窗口（W）]：_neiso

正在重新生成模型。

29. 保存（存盘）

文件→保存

命令：_qsave

13.2.8　凉亭顶棚

打印 1 件，完成后如图 13 - 47 所示。

1. 创建文件

文件→新建

另存为 pavilionceiling. dwg

2. 直线

绘制旋转截面图形。

绘图→直线

命令：_line

指定第一个点：0,35

指定下一点或[放弃（U）]：0,0

指定下一点或[放弃（U）]：-33,0

指定下一点或[闭合（C）/放弃（U）]：-33,1

指定下一点或[闭合（C）/放弃（U）]：

3. 样条曲线

绘制旋转截面图形，如图 13 - 43 所示。

绘图→样条曲线

命令：_spline

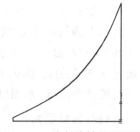

图 13 - 43　绘制旋转截面图形

当前设置：方式＝拟合　节点＝弦

指定第一个点或[方式（M）/节点（K）/对象（O）]：-33,1

指定下一个点或[起点切身（T）/公差（L）]：〈对象捕捉关〉-27,3.8

指定下一个点或[端点相切（T）/公差（L）/放弃（U）]：-20,7.7

指定下一个点或[端点相切（T）/公差（L）/放弃（U）/闭合（C）]：-15,11.5

指定下一个点或[端点相切（T）/公差（L）/放弃（U）/闭合（C）]：-10.5,16.3

指定下一个点或[端点相切（T）/公差（L）/放弃（U）/闭合（C）]：-6,22.5

指定下一个点或[端点相切（T）/公差（L）/放弃（U）/闭合（C）]：-2.5,29

指定下一个点或[端点相切(T)/公差(L)/放弃(U)/闭合(C)]:0,35

指定下一个点或[端点相切(T)/公差(L)/放弃(U)/闭合(C)]:

4. 面域(构成面域)

绘图→面域

命令:_region

选择对象:指定对角点:指定对角点:找到 4 个

选择对象:

已提取 1 个环。

已创建 1 个面域。

5. 旋转(旋转成体)

绘图→实体→旋转

命令:_revolve

当前线框密度:ISOLINES=4,闭合轮廓创建模式=实体

选择要旋转的对象或[模式(MO)]:指定对角点:找到 1 个

选择要旋转的对象或[模式(MO)]:

指定轴起点或根据以下选项之一定义轴[对象(O)/X/Y/Z]〈对象〉:Y

指定旋转角度或[起点角度(ST)/反转(R)/表达式(EX)]〈360〉:

6. 东北等轴测(转换视角)

视图→三维视图→东北等轴测

命令:_-view

输入选项[?/删除(D)/正交(O)/恢复(R)/
保存(S)/设置(E)/窗口(W)]:_neiso

正在重新生成模型。

7. 三维旋转

变换位置,如图 13-44 所示。

修改→三维操作→三维旋转

命令:_rotate3d

当前正向角度:ANGDIR=逆时针 ANGBASE=0

选择对象:找到 1 个

选择对象:

指定轴上的第一个点或定义轴依据[对象(O)/最近的(L)/视图(V)/X 轴
(X)/Y 轴(Y)/Z 轴(Z)/两点(2)]:x

指定 X 轴上的点〈0,0,0〉:

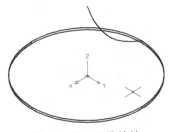

图 13-44　三维旋转

指定旋转角度或[参照(R)]:90

8.圆柱体

设置顶棚圈梁卡槽区域。

绘图→实体→圆柱体

命令:_cylinder

指定底面的中心点或[三点(3P)/两点(2P)/切点、切点、半径(T)/椭圆(E)]〈0,0,0〉:

　指定底面半径或[直径(D)]:26

　指定高度或[两点(2P)/轴端点(A)]:2

9.圆柱体

设置顶棚圈梁卡槽挡环区域。

绘图→实体→圆柱体

命令:_cylinder

指定底面的中心点或[三点(3P)/两点(2P)/切点、切点、半径(T)/椭圆(E)]〈0,0,0〉:0,0,2

　指定底面半径或[直径(D)]:25

　指定高度或[两点(2P)/轴端点(A)]:1

10.差集

切出卡槽及挡环,如图13-45所示。

修改→实体编辑→差集

命令:_subtract

选择要从中减去的实体、曲面和面域...

选择对象:找到1个

选择对象:选择要减去的实体、曲面和面域...

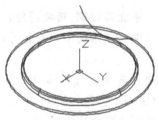

图13-45　切出卡槽及挡环

选择对象:找到1个

选择对象:找到1个,总计2个

11.球体

设置顶棚尖端球体造型。

绘图→实体→球体

命令:_sphere

指定中心点或[三点(3P)/两点(2P)/切点、切点、半径(T)]:0,0,35

指定半径或[直径(D)]:3

12. 并集

球体与主体合并,如图 13-46 所示。

修改→实体编辑→并集

命令:_union

选择对象:找到 1 个

选择对象:找到 1 个,总计 2 个

13. 截切

上下分成两段,以便做抽壳处理。

绘图→实体→截切

命令:_slice

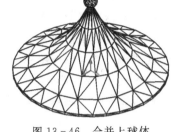

图 13-46　合并上球体

选择要剖切的对象:找到 1 个

选择要剖切的对象:

指定切面的起点或[平面对象(O)/曲面(S)/Z 轴(Z)/视图(V)/XY(XY)/YZ(YZ)/ZX(ZX)/三点(3)]〈三点〉:0,0,30

指定平面上的第二个点:-10,0,30

指定平面上的第三个点:0,10,30

在所需的侧面上指定点或[保留两个侧面(B)]〈保留两个侧面〉:b

14. 仰视(转换视角)

视图→三维视图→仰视

命令:_-view

输入选项[?/删除(D)/正交(O)/恢复(R)/保存(S)/设置(E)/窗口(W)]:_bottom

正在重新生成模型。

15. 抽壳

底面挖空。

修改→实体编辑→抽壳

命令:_solidedit

实体编辑自动检查:SOLIDCHECK=1

输入实体编辑选项[面(F)/边(E)/体(B)/放弃(U)/退出(X)]〈退出〉:_body

输入体编辑选项[压印(I)/分割实体(P)/抽壳(S)/清除(L)/检查(C)/放弃(U)/退出(X)]〈退出〉:_shell

选择三维实体:

删除面或[放弃(U)/添加(A)/全部(ALL)]:找到一个面,已删除 1 个。

删除面或[放弃(U)/添加(A)/全部(ALL)]:

输入抽壳偏移距离:1

已开始实体校验。

已完成实体校验。

16. 俯视(转换视角)

视图→三维视图→俯视

命令:_-view

输入选项[?/删除(D)/正交(O)/恢复(R)/保存(S)/设置(E)/窗口(W)]:
_top

正在重新生成模型。

17. 东北等轴测(转换视角)

视图→三维视图→东北等轴测

命令:_-view

输入选项[?/删除(D)/正交(O)/恢复(R)/保存(S)/设置(E)/窗口(W)]:
_neiso

正在重新生成模型。

18. 并集

将分开的上下两段合并。

修改→实体编辑→并集

命令:_union

选择对象:找到1个

选择对象:找到1个,总计2个

19. 圆角

对顶棚下边沿倒圆角。

修改→圆角

命令:_fillet

当前设置:模式=修剪,半径=0.0

选择第一个对象或[放弃(U)/多段线(P)/半径(R)/修剪(T)/多个(M)]:

输入圆角半径或[表达式(E)]:0.5

选择边或[链(C)/环(L)/半径(R)]:

选择边或[链(C)/环(L)/半径(R)]:

已选定2个边用于圆角。

20. 体着色

赋予实体色彩,如图13-47所示。

视图→着色→体着色

命令：_shademode

当前模式：二维线框

输入选项［二维线框（2）/线框（W）/隐藏（H）//真实（R）/概念（C）/着色（S）/带边缘着色（E）/灰度（G）/勾画（SK）/X 射线（X）/其他（O）]〈二维线框〉：_g

图 13 - 47　凉亭顶棚

21. 保存（存盘）

文件→保存

命令：_qsave

13.3　标准间立体图

根据平面图，绘制标准间的立体图，如图 13 - 48 所示。

1. 打开文件

文件→打开

打开已存储的标准间的平面图，将尺寸及家具层冻结或删除，如图 13 - 49 所示。

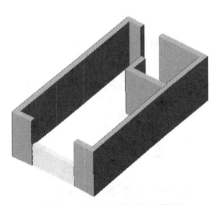

图 13 - 48　标准间的立体图

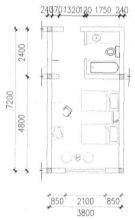

图 13 - 49　标准间的平面图

命令：_open

2. 设置水平及厚度（键入命令）

设置水平及厚度，用二维绘制命令绘制有高度的图形。

命令：elev ↙（键入命令）

指定新的缺省标高〈0.0000〉:↵

指定新的缺省厚度〈0.0000〉:2200 ↵

(墙的高度)

3. 多段线

绘图→多段线

设置水平和厚度后,重复命令,用二维多段(复合)线命令来描绘有宽度的所有线,其绘制的线段是立体的墙,如图 13 - 48 所示。

命令:pline

指定起点:(任选一点)

当前线宽为 0.0

指定下一点或[圆弧(A)/闭合(C)/半宽(H)/长度(L)/放弃(U)/宽度(W)]: w ↵

指定起点宽度〈0.0〉:240 ↵(墙厚)

指定端点宽度〈240.0〉:↵

指定下一点或[圆弧(A)/半宽(H)/长度(L)/放弃(U)/宽度(W)]:(捕捉点)

指定下一点或[圆弧(A)/闭合(C)/半宽(H)/长度(L)/放弃(U)/宽度(W)]:

指定下一点或[圆弧(A)/闭合(C)/半宽(H)/长度(L)/放弃(U)/宽度(W)]:↵

4. 3D 视点

视图→三维视图→东南等轴测

设置东南视点,观看三维效果,如图 13 - 48 所示。

命令:_ view

输入选项[? /正交(O)/删除(D)/恢复(R)/保存(S)/UCS(U)/窗口(W)]: _seiso

13.4　房屋建筑

房屋建筑造型时,主要精心设计一间房屋或一层房屋及楼顶部分,再阵列复制其他层即可。绘制高层建筑时,主要绘制一层、二层和楼顶部分。中间的都一样,用三维阵列或变换坐标后二维阵列,即可容易地进行高层建筑造型。

1. 多段线

绘图→多段线

新建一张图,用二维多段(复合)线命令来绘制房间的外轮廓线。

2. 复制

修改→复制

再将图形复制一个。

3. 3D 视点

视图→三维视点→西南

设置西南视点，观看三维效果。

命令：_- view

输入选项［？/删除（D）/正交（O）/恢复（R）/保存（S）/设置（E）/窗口（W）］：
_swiso

4. 拉伸

绘图→实体→拉伸

选取二维多段（复合）线，拉伸一个实体，如图 13 - 50（a）所示。

命令：_extrude

当前线框密度：ISOLINES＝4，闭合轮廓创建模式＝实体

选择要拉伸的对象或［模式（MO）］：找到 1 个

选择要拉伸的对象或［模式（MO）］：↵

指定拉伸高度或［方向（D）/路径（P）/倾斜角（T）/表达式（E）］：30 ↵

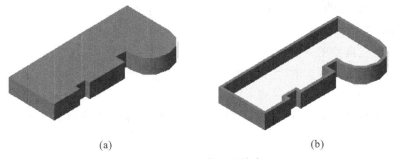

（a）　　　　　　　　　　　　　　　（b）

图 13 - 50　实体面的抽壳

5. 抽壳

修改→实体编辑→抽壳

用抽壳命令，选取上面，将实体以指定距离（墙厚）制作成外墙及地板壳体，如
图 13 - 50（b）所示。

命令：_solidedit

实体编辑自动检查：SOLIDCHECK＝1

输入实体编辑选项［面（F）/边（E）/体（B）/放弃（U）/退出（X）］〈退出〉：_body

输入体编辑选项[压印(I)/分割实体(P)/抽壳(S)/清理(L)/检查(C)/放弃(U)/退出(X)]〈退出〉:_shell

选择三维实体:(用鼠标选取实体)

删除面或[放弃(U)/添加(A)/全部(ALL)]:找到 1 个面,已删除 1 个。(选取上面)

删除面或[放弃(U)/添加(A)/全部(ALL)]:↵

输入抽壳偏移距离:4 ↵

输入实体编辑选项[压印(I)/分割实体(P)/抽壳(S)/清理(L)/检查(C)/放弃(U)/退出(X)]〈退出〉:

实体编辑自动检查:SOLIDCHECK＝1

输入实体编辑选项[面(F)/边(E)/体(B)/放弃(U)/退出(X)]〈退出〉:↵

6. 长方体

绘图→实体→长方体

用立方体绘制窗户下部。

命令:_box

指定第一个角点或[中心(C)]〈0,0,0〉:↵

指定其他角点或[立方体(C)/长度(L)]:@8,8 ↵

指定高度或[两点(2P)]:10 ↵

7.3D 视点

视图→三维视图→主视

将视窗的视点变为前(主)视图。

命令:_-view

输入选项[? /删除(D)/正交(O)/恢复(R)/保存(S)/设置(E)/窗口(W)]:_front

8. 圆柱体

绘图→实体→圆柱体

命令:_cylinder

指定底面的中心点或[三点(3P)/两点(2P)/切点、切点、半径(T)/椭圆(E)]〈0,0,0〉:(捕捉立方体中点)

指定底面半径或[直径(D)]:4

指定高度或[两点(2P)/轴端点(A)]:8

9. 并集

修改→实体编辑→并集(求和)

将相交的两个物体加成一个窗户,如图 13 - 51 所示。

图 13 - 51   窗户立体形状

命令:_union

选择对象:找到 1 个

选择对象:找到 1 个,总计 2 个

选择对象:

10. 坐标系变换

工具→新建 UCS→世界坐标系

回到世界坐标系(一定要回到世界坐标系)。

命令:_ucs

当前 UCS 名称:*世界*

UCS 指定 UCS 的原点或[面(F)/命名(NA)/对象(O)/上一个(P)/视图(V)/世界(W)/X/Y/Z/Z 轴(ZA)]〈世界〉:_w

11. 块

绘图→块→创建

将一些窗户制作成图块,起名 window。

命令:_block

选择对象:指定对角点:(选窗户)

找到一个

选择对象:↵

12. 定距等分

绘图→点→定距等分

用窗户块按长度定距等分,如图 13 - 52 所示。

命令:_measure

选择要定距等分的对象:

图 13 - 52   沿线定距等分窗户

指定线段长度或[块(B)]:b↵

输入要插入的块名:window↵(窗户)

是否对齐块和对象?[是(Y)/否(N)]⟨Y⟩:↵

指定线段长度:30↵(测量等分长度)

13. 分解

修改→分解

将窗户块分解后才能进行布尔运算。注意只能分解一次,再分解,体就变成面,也不能进行布尔运算了。

命令:_explode

选择对象:找到20个(选取窗户块)

选择对象:↵

14. 移动

修改→移动

将位置不合理窗户块删除或移动到合适位置,如图13-53所示。再将窗户块移动到与墙体对应的新位置,如图13-54所示。

图 13-53　移动窗户

图 13-54　移动窗户到位

命令:_move

选择对象:找到1个

选择对象:↵

指定基点或[位移(D)]⟨位移⟩:

指定位移的第二点或⟨用第一点作位移⟩:

15. 差集(求差)

修改→实体编辑→差集

从墙体中减去窗户,如图13-55所示。

命令:_subtract

选择要从中删除的实体或面域…

选择对象:找到1个(先选墙体)

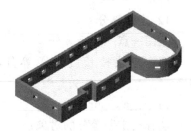
图 13-55　挖出窗户

选择对象:选择要删除的实体或面域…

选择对象:找到 20 个(选减去窗户)

选择对象:

16. 复制

修改→复制

再将图形复制一个二层,如图 13－56 所示。

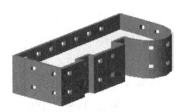

图 13－56　复制两层

17. 拉伸面

修改→实体编辑→拉伸面

用鼠标点选一层的一个窗台面按负值拉伸,拉伸成门,如图 13－57 所示。

图 13－57　拉伸门

命令:_solidedit

实体编辑自动检查:SOLIDCHECK＝1

输入实体编辑选项[面(F)/边(E)/体(B)/放弃(U)/退出(X)]〈退出〉:_face

输入面编辑选项[拉伸(E)/移动(M)/旋转(R)/偏移(O)/倾斜(T)/删除(D)/复制(C)/颜色(L)/材质(A)/放弃(U)/退出(X)]〈退出〉:_extrude

选择面或[放弃(U)/删除(R)]:找到一个面

选择面或[放弃(U)/删除(R)/全部(ALL)]:

指定拉伸高度或[路径(P)]:－7

指定拉伸的倾斜角度〈0〉:

已开始实体校验。

已完成实体校验。

输入面编辑选项[拉伸(E)/移动(M)/旋转(R)偏移(O)/倾斜(T)/删除(D)/复制(C)/颜色(L)/材质(A)/放弃(U)/退出(X)]〈退出〉:

实体编辑自动检查:SOLIDCHECK＝1

输入实体编辑选项[面(F)/边(E)/体(B)/放弃(U)/退出(X)]〈退出〉:

18. 三维阵列

修改→三维操作→三维阵列

选二层按需阵列复制多层,如图 13－58 所示。

命令:_3darray

选择对象:找到 1 个(选取二楼)

选择对象:

输入阵列类型[矩形(R)/环形(P)]〈矩形〉:

输入行数(－－－)〈1〉:

输入列数(||||)〈1〉:1

图 13－58　阵列楼房

输入层次数(...)〈1〉:8

指定层间距(...):30

19. 拉伸

绘图→实体→拉伸

选取二维多段(复合)线,拉伸一个房顶,如图 13-59 所示。

命令:_extrude

当前线框密度:ISOLINES=4,闭合轮廓创建模式=实体

选择要拉伸的对象或[模式(MO)]:找到 1 个

选择要拉伸的对象或[模式(MO)]:

指定拉伸高度或[路径(P)]:30

指定拉伸的倾斜角度〈0〉:

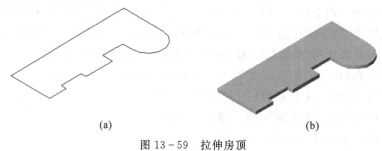

(a)　　　　　　　　　　　(b)

图 13-59　拉伸房顶

20. 移动

修改→移动

将房顶移动到合适位置

命令:_move

选择对象:找到 1 个

选择对象:

指定基点或位移:

指定位移的第二点或〈用第一点作位移〉:

21. 求和

修改→实体编辑→并集

用布尔运算将房顶和楼层合成一体,如图

图 13-60　将房顶与楼层合并

13-60 所示。

第 14 章　3D 打印概述

14.1　3D 打印的起源

三维打印又称 3D 打印，从制造方式来说被称为增材制造，是一个颠覆性的创新技术，它的发展可追溯到 19 世纪。1860 年法国人弗朗索瓦·威廉（François Willème）申请了照相雕塑（Photosculpture）专利，这是 3D 打印技术的初想。而 3D 打印技术的核心制造思想最早起源于美国。1892 年，布兰特（Blanther）在专利中曾主张采用分层方法制造三维地形图。1904 年卡洛·贝泽（Carlo Baese）发表了名为"Phptpgraphic Process for the Reproduction of Plastic Objects"（塑料物体复制的摄影过程）的专利，阐述了利用光敏聚合物制造塑料件的原理。美国 3M 公司的艾伦 J. 赫伯特（Alan J. Hebert）、日本的小玉秀男、美国 UVP 公司的查尔斯（Charles）和日本的丸谷洋二分别在 1978 年、1980 年、1982 年和 1983 年各自独立提出 3D 打印的概念。1986 年 Charles 发明了光固化成型（Stereo Lithography Apparatus，SLA）技术，并申请获得了专利，这是 3D 打印发展的一个重要里程碑。随后，许多三维打印的概念和技术，如德卡德（Deckard）发明的激光选区烧结（Selective Laser Sintering，SLS）技术、克伦普（Crump）提出的熔丝沉积成型（Fused Deposition Modeling，FDM）技术、萨克斯（Sachs）发明的立体喷墨打印技术也相继涌现。

随着 3D 打印技术的不断创新和发展，相应的生产设备也陆续被研发出来。1986 年，Charles 作为联合创办人，成立了 3D Systems 公司，并于 1988 年推出了世界第一台商业化的 3D 打印机 SLA‑250。1992 年 DTM 公司生产出了首台激光选区烧结（SLS）设备。1996 年 3D Systems 公司基于喷墨打印技术制造出 Actua2100。2005 年 Zcorp 公司发布了世界第一台高精度彩色 3D 打印机 Spectrum Z510。2005 年，英国巴斯大学（University of Bath）机械工程学院高级讲师阿德里安·鲍耶（Adrian Bowyer）在其博客上介绍了一台外观类似蜘蛛的快速复制原型机（Replicating Rapid Prototyper），简称 RepRap 机。这台打印机可以轻松打印出另一台 RepRap 机的零件，然后与电机组装起来形成新的 RepRap 机。另外 Bowyer 还开发了开放源码平台，利用互联网使全球各地的人们都可快速、经济地开发出 3D 打印机，从此掀开了普及 3D 打印的浪潮。

3D 打印被美国自然科学基金会称为 20 世纪最重要的制造技术创新。2012 年,奥巴马的顾问委员会向他提出了制造业具有竞争力的三大利器:人工智能、机器人、3D 打印;2018 年,特朗普政府将增材制造技术列为关键出口管制技术;2022 年,拜登政府宣布"增材制造前沿(AM Forward)计划",再次强调该技术的重要性。近年来,我国也对 3D 打印愈发重视,2015 年、2017 年、2020 年先后印发了《国家增材制造产业发展推进计划》《增材制造发展行动计划》《增材制造标准领航行动》等文件。2023 年,国家科学技术部将"增材制造与激光制造"列为国家重点研发计划的重点专项之一。根据 3D 打印领域权威年度报告 Wohlers Report(2022 版)所示,2021 年全球增材制造市场规模达到 152.44 亿美元,相比 2020 年增长 19.5%,2018—2021 年平均增长率为 20.4%。受到疫情的影响,近年来增材制造产业的增长速度有所放缓。然而,可以预见的是,随着疫情逐渐得到控制,增材制造产业将呈现高速发展势头。

14.2　3D 打印的特点与应用

增材制造,即材料一点点地累加,形成所需要的形状。而传统的车、铣、刨、磨是通过切削去除材料,达到设计形状,称为减材制造。铸、锻、焊在制造过程中材料的重量基本不变,属于等材制造。此外,3D 打印也被称为快速成型(Rapid Prototyping),它集 CAD/CAM、激光技术、材料科学、计算机和数控技术为一体,被认为是近三十年来制造领域的一次重大突破,其对制造行业的影响可与 20 世纪五六十年代的数控技术相比。3D 打印采用材料累加的制造概念,可以直接根据 CAD 数据,在计算机控制下,快速制造出三维实体模型,无需传统的刀具和夹具。其基本过程是:首先对零件的 CAD 数据进行分层处理,得到零件的二维截面数据;然后根据每一层的截面数据,以特定的方法(如固化光敏树脂或烧结金属粉末等)生成与该层截面形状一致的薄片;这一过程反复进行,逐层累加,直至"生长"出零件的实体模型。目前商业化的 3D 打印方法主要有立体光造型法(Stereolithography,SL)、叠层制造法(Laminated Object Manufacturing,LOM)、选择性激光烧结法(Selected Laser Sintering,SLS)、熔化沉积制造法(Fused Deposition Modeling,FDM)、掩模固化法(Solid Ground Curing,SGC)、三维印刷法(Three Dimensional Printing,3DP)、喷粒法(Ballistic Particle Manufacturing,BPM)等。

与传统制造技术相比,3D 打印制造有如下特点:

(1)3D 打印无处不在:3D 打印可以打印多种材料、任意复杂形状、任意批量的产品,适用于各工业和生活领域,可以在车间、办公室以及家里实现制造。在 10 年、20 年后,3D 打印机将成为我们生活必需品,就和我们现在的家用电脑、手机一样,越来越普及。从理论上说,3D 打印无处不在,无所不能。但许多材料的打印、工艺的成熟度、打印的成本和效率等尚不尽如人意,需要多学科交叉的创新研究,使之更好、更快、更廉价。

(2)支持产品快速开发:利用 3D 打印可以制造形状复杂的零件,所想即所得。其直接由设计数据驱动,不需要传统制造必须的工装夹具、模具制造等生产装备,编程简单。在产品创新设计与设计验证中,特别方便。利用 3D 打印技术,可以使产品开发周期与费用至少降低为原来的一半,同时有可能使产品的机械性能大幅提高,必将成为机电产品和装备快速开发的利器。此外,利用 3D 打印技术可以将数十个、数百个甚至更多的零件组装的产品一体化一次制造出来,大大简化了制造工序,节约了制造和装配成本。如 GE 航空公司,将 150 多个零件合并为一个,采用 3D 打印代替传统铸造,使零件的重量和成本降低了 30%,交货时间也从九个多月减少到两个半月,显示出巨大的成本、重量和时间节省。

(3)节材制造:增材制造即 3D 打印仅在需要的地方堆积材料,材料利用率接近 100%。航空航天等大型复杂结构件采用传统切削加工时,往往有 95%~97% 的昂贵材料被切除。而在航空航天装备研发制造中采用增材制造将会大大节约材料和制造成本。

(4)个性化制造:可以快速、低成本实现单件制造,使单件制造的成本接近批量制造。尤其适合个性化医疗和高端医疗器械。如人工骨、手术模型、骨科导航模板等。

(5)再制造:3D 打印可以用于修复磨损零部件的再制造,如飞机发动机叶片、轧钢机轧辊等,以极少的代价,获得超值的效果。应用在军械、远洋轮船、海洋钻井平台以及空间站等场景的现场制造,具备独特的优势。

(6)开拓了创新设计的新空间:利用 3D 打印可以制造传统制造技术无法实现的结构,为设计和创新提供了广阔的空间。以 3D 打印新工艺的视角对产品、装备再设计,可能是 3D 打印为制造业带来的最大效益所在。

(7)引领生产模式变革:3D 打印可能成为可穿戴电子、家居用品、文化产业、服装设计等行业的个性化定制生产模式。一些专家认为,3D 打印等数字化设计制造将引领生产从大批量制造走向个性化定制的第三次工业革命。

(8)创材:专家指出,增材制造的前景是"创材",以 3D 打印设备作为材料基因组计划的研制验证平台,可按照材料基因组,研制出超高强度、超高耐温、超高韧性、超高抗蚀、超高耐磨的各种优秀新材料。例如,目前利用 3D 打印已可制造出耐温 3315 ℃的高温合金,该合金用于龙飞船 2 号,大幅度增强了飞船推力。

(9)创生:可应用于组织支架制造、细胞打印等技术,实现生物活性器官的制造,一定意义上的创造生命。为生命科学研究和人类健康服务。

此外,3D 打印已经成为创客最欢迎的工具,它可以培养、启发年轻人的智力。3D 打印展现了全民创新的通途,将有力促进大众创业、万众创新。GE 公司在网上发布了一条消息,挑战 3D 打印,将飞机的一个零部件让创客设计。第一名只用了原始结构的 1/6 的重量就完成了全部测试,而设计者是 19 岁的年轻人。互联网＋3D 打印的制造模式:收集大众的个性化需求,由创客完成设计,设计方案由 3D 打印件进行验证;再由虚拟制造组织生产,由物联网来配送。美国众创公司,拥有 15000 名访客和 6000 名创客。亚马逊利用网络销售 3D 打印商品,营业额已达数十亿美元,利润 30％。所以互联网＋3D 打印＝大众创业、万众创新的最佳技术途径。另外,互联网＋先进制造业＋现代服务业,可以成就制造业美好的未来,即一半以上的制造为个性化及定制,一半以上的价值由创新设计体现,一半以上的企业业务由众包完成,一半以上的创新研发为极客创客实现。

目前,3D 打印的技术尚有待深入广泛研究发展,其应用还很有限,但其创造的价值高,利润空间大。随着研发的深入,应用的推广,其创造的价值会越来越高。不久的将来,不仅在制造概念上,减材、等材、增材三足鼎立,从创造的价值上,也必将走向三分天下。

3D 打印技术的作用主要有以下几个方面。

1. 产品的设计评估与审核

在现代产品设计中,设计手段日趋先进,CAD 计算机辅助设计使得产品设计快捷、直观,但由于软件和硬件的局限,设计人员仍无法直观地评价所设计产品的效果、结构的合理性以及生产工艺的可行性。为提高设计质量,缩短生产试制周期,3D 打印系统可在几个小时或一二天内将设计人员的图纸或 CAD 模型转化成现实的模型和样件。这样就可进行设计评定,迅速地取得用户对设计的反馈意见。同时也有利于产品制造者加深对产品的理解,合理地确定生产方式、工艺流程。与传统模型制造相比,3D 打印方法速度快,能够随时通过 CAD 进行修改与再验证,使设计走向尽善尽美。表 14－1 列出了传统的手工模型制作与 3D 打印制作在产品的设计与评估中各环节的差异。

表 14－1　传统的手工模型制作与 3D 打印在产品的设计与评估中的比较

对比项	传统的手工模型制作	3D 打印
制作精度	低	高
制作时间	较长	较短
表面质量	差	高
可装配性	不可装配	较好

续表

对比项	传统的手工模型制作	3D 打印
外形逼真程度	较差	与实物一致
美观效应	较差	好
制作成本	低	高

由表 14-1 中的比较可以看出,虽然 3D 打印的成本高一些,但在新产品的快速开发方面优势明显。在企业生存与发展的瓶颈的市场环境下,3D 打印已成为企业新产品开发的必要环节。

2. 产品功能试验

由 3D 打印制作的原型具有一定的强度,可用于传热、流体力学试验,也可用于产品受载应力应变的实验分析。例如,美国 GM(通用汽车公司)在为其推出的某车型开发中,直接使用 3D 打印制作的模型进行车内空调系统、冷却循环系统及冬用加热取暖系统的传热学试验,较之以往的同类试验节省花费达 40% 以上。Chrysler(克莱斯勒汽车公司)则直接利用 3D 打印制造的车体原型进行高速风洞流体动力学试验,节省成本达 70%。西安某国防厂引信叶轮开发的传统流程为:设计—制作钢模具—尼龙 66 成型—功能实验—设计修改,开发周期为 3~5 个月,费用为 2~4 万元,后来采用 3D 打印工艺制作叶轮的树脂模型,直接用于弹道试验,引信叶轮的临界转速高达 50000 r/min,制作时间为 1.5 h,费用仅为 400 元,极大地加快了我国导弹引信的开发速度。

3. 与客户或订购商的交流手段

在国内外,制作 3D 打印原型成为某些制造商家争夺订单的手段。例如,位于美国 Detroit 的一家仅组建两年的制造商,装备了两台不同型号的 3D 打印机并以此为基础开发了快速精铸技术,在接到福特公司标书后的四个工作日内,该公司便生产出了第一个功能样件,从而在众多的竞争者中夺得了为福特公司生产年总产值 3000 万美元的发动机缸盖精铸件的合同。西安某公司,利用西安交通大学LPS600 型 3D 打印机及以此为基础的快速模具制造技术,仅在接到某进口轿车公司油箱制造标书后的 6 个工作日内便设计生产出了第一个功能样件,从而在众多的竞争商中夺到年总产值达 1000 万美元的油箱件的供应合同。除此之外,客户总是更乐意对实物原型"指手划脚",提出对产品的修改意见,因此 3D 打印制作的模型成为设计制造商与客户交流沟通的基本条件。

4. 快速模具制造

以 3D 打印制作的实体模型,再结合精铸、金属喷涂、电镀及电极研磨等技术可以快速制造出企业产品所需要的功能模具或工艺装备,其制造周期一般为传统数控切削方法的 1/10~1/5,而成本也仅为其 1/5~1/3。模具的几何复杂程度越高,其效益愈显著。据一家位于美国芝加哥的模具供应商(仅有 20 名员工)声称,其车间在接到客户 CAD 设计文件后 1 周内可提供任意复杂的注塑模具,而实际上80%的模具可在 24~48 h 内完工。国内外根据模具材料、生产成本、3D 打印原型的材料、生产批量、模具的精度要求也已开发出了多种多样的工艺方法。由此说明,3D 打印技术及以其为基础的快速模具技术在企业新产品的快速开发中有着重要的作用,它可以极大地缩短新产品的开发周期,降低开发阶段的成本,避免开发风险。

目前 3D 打印技术已经广泛应用于汽车、航空航天、船舶、家电、工业设计、医疗、建筑、工艺品制作以及儿童玩具等多个领域,特别是在医疗领域中,正突显其独特的作用。例如,在个性化医疗方面,在骨替代物制造、牙科整形与修补等方面已经有初步应用,效果显著;在汽车零配件、轻工产品、家电等产品开发中降低产品开发周期与费用一半以上;在航空航天产品研发中,可以制造与锻件性能媲美的大型构件;小型 FDM 桌面机已经应用于教学培训、创意设计等方面,形成了全球销量最大的 3D 打印设备;大型 FDM 设备在提高质量与效率的同时,已经开始成为复合材料汽车车身、无人机等大型产品的开发乃至小批量生产的工具等,这些技术正在成为改造传统行业和创造新型企业的重要工具和方向。目前虽然 3D 打印技术已开展推广应用,但仍需大量的工程验证、一些针对性的研发与系统集成。

14.3　3D 打印的基本原理

基于材料累加原理的 3D 打印的成型过程其实是一层一层地离散制造零件。为了形象化这种操作,可以想象:长城是由一层砖一层砖,层层累积而成的,而每一层面,又可以看成是一块块砖(点)构成的。即三维立体是由二维平面叠加构成的,二维平面可以看成是一维直线构成的,一维直线又可以是无数的点构成的。所以3D 打印就是由一个个点成型构成线,再由一条条线成型构成面,一个个分层的平面叠加,再构成立体模型零件,如图 14-1 所示。

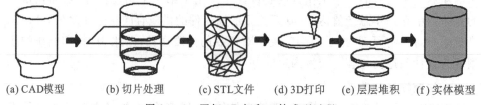

(a) CAD模型　　(b) 切片处理　　(c) STL文件　　(d) 3D打印　　(e) 层层堆积　　(f) 实体模型

图 14-1　了解 3D 打印工件成型过程

3D 打印有很多种工艺方法,但所有的 3D 打印工艺方法都是一层一层地制造零件,区别是制造每一层的方法和材料不同而已。3D 打印的一般工艺流程如图 14-2 所示。

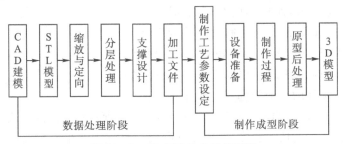

图 14-2　3D 打印技术工艺流程

14.3.1　三维模型的构造

在三维 CAD 设计软件中建模,现在已经有很多成熟的软件,如 CATIA、Pro/E、UG、SolidWorks、CAXA、AutoCAD 等,均可获得零件的三维模型文件,所以本书首先让读者学习一个三维制作软件 CATIA。在制作好模型以后,不需要专业技术,即可容易使用 3D 打印机打印模型。由于 3D 打印的火热,目前又有很多专门为 3D 打印编制的简单建模软件,如 Autodesk 公司收购的 Netfabb,据说不但能编辑 STL 文件,而且能通过在线的云服务对其进行分析、检查和纠错;Autodesk 公司还专门为 3D 打印开发了简单方便的 Autodesk-123D 建模软件。另外国内也有一些简捷、容易上手的专用软件,如清华自行开发的 Neobox Design Center、上海的邀为数字技术有限公司专门为中小学生开发的 IME3D 等,都非常容易地构造简单的 3D 模型,如图 14-3 所示。

图 14-3　三维模型

14.3.2　三维模型的面型化(Tessallation)处理

目前一般 3D 打印支持的文件输入格式为 STL 模型,即通过专用的分层程序将三维实体模型分层,也就是对实体进行分层处理,即所谓面型化处理,是用平面近似构成模型,如图 14-4 所示。分层切片是在选定了制作(堆积)方向后,对 CAD 所建模型进行一维离散,获取每一薄层的截面轮廓信息。这样处理的优点是大大地简化了 CAD 模型的数据信息,更便于后续的分层制作。由于它在数据处理上比较简单,而且与 CAD 系统无关,所以 STL 数据模型已经发展为 3D 打印制造领域中 CAD 系统与 3D 打印机之间数据交换的准标准格式。

面型化处理,是通过一簇平行平面,沿制作方向将 CAD 模型相截,所得到的截面/交线就是薄层的轮廓信息,而填充信息是通过一些判别准则来获取的。平行平面之间的距离就是分层的厚度,也就是打印时堆积的单层厚度。切片分层的厚度直接影响零件的表面粗糙度和整个零件的型面精度。

图 14-4 模型分层离散

分层后所得到的模型轮廓线已经是近似的,而层层之间的轮廓信息已经丢失,层厚越大,丢失的信息越多,导致在打印成型过程中产生的型面误差越大。综上所述,为提高零件精度,应该考虑更小的切片层厚度。

14.3.3 层截面的制造与累加

根据切片处理的截面轮廓,单独分析处理每一层的轮廓信息,面是由一条条线构成的。编译一系列后续数控指令,扫描线成面。如图 14-5 所示,显示了在熔积打印成型中一个截面喷头的工作路径(可以任意方向)。在计算机控制下,3D 打印系统中的打印头(激光扫描头、喷头等)在 X-Y 平面内自动按截面轮廓进行层制造(如激光固化树脂、烧结粉末材料、喷射黏结剂、切割纸材等),得到一层层截面。每层截面打印成型后,下一层材料被送至已打印成型的层面上,进行后一层的打印成型,并与前一层相黏结,从而一层层的截面累加叠合在一起,形成三维零件。打印成型后的零件原型一般要经过打磨、涂挂或高温烧结处理(不同的工艺方法处理工艺也不同),进一步提高其强度和表面粗糙度。

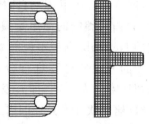

图 14-5 截面加工的路径

14.4 3D 打印的工艺方法

目前 3D 打印主要工艺方法及其分类如图 14-6 所示。3D 打印技术从产生以来,出现了十几种不同的方法,随着新的机器和材料的创新,打印的方法将会越来越多。此处仅介绍目前工业领域较为常用的典型工艺方法。目前占主导地位的 3D 打印技术共有以下几种:

(1)光固成型法;

(2)激光选区烧结法;

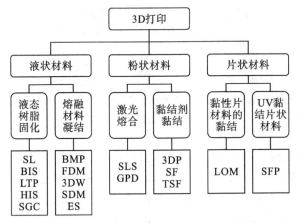

图 14-6 快速成型主要工艺方法及其分类

(3)熔丝沉积法；

(4)掩模固化法；

(5)薄材叠层法；

(6)三维印刷法；

(7)喷粒法或称粒子制造。

本书主要介绍 3D 打印的四种主流成型工艺：

(1)SLA(光固化技术)利用激光扫描,使液态光敏树脂固化。

(2)FDM 技术(熔融堆积法)将热塑性丝状材料加热从小孔挤出,将丝材熔化堆积成型。特别是低价的塑料材料。

(3)SLS(选择性激光烧结)是一种将非金属(或普通金属)粉末分层铺设,激光在程序控制下,选择区域扫描烧结成三维物体的工艺。SLM 是在送料中,实现激光融化和烧结。

(4)DLP(数字化面曝光技术)利用 DLP 投影仪直接整面曝光光敏树脂。

14.4.1 光固化成型法

光固化法是目前应用最为广泛的一种快速原型制造工艺,其成型的模型如图 14-7 所示。光固化采用的是将液态光敏树脂固化到特定形状的原理。以光敏树脂为原料,在计算机控制下的激光或紫外光束按预定零件各分层截面的轮廓为轨迹,对液态树脂逐点扫描,使被扫描区的树脂薄层产生光聚合反应,从而形成零件的一个薄层截面。

光固化法成型机构原理如图 14-8 所示,打印成型开始时工作台在它的最高位置液体表面下一个层厚,激光发生器产生的激光在计算机控制下聚焦到液面并

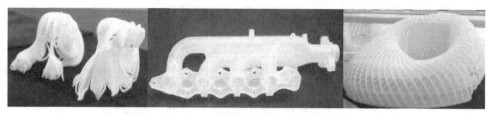

图 14 - 7　光固化法模型样件

按零件第一层的截面轮廓进行快速扫描,使扫描区域的液态光敏树脂固化,形成零件第一个截面的固化层。然后工作台下降一个层厚,在固化好的树脂表面再敷上一层新的液态树脂然后重复扫描固化,与此同时新固化的一层树脂牢固地黏结在前一层树脂上,该过程一直重复操作到完成零件制作,产生了一个有固定壁厚的实体模型。注意在零件上大下小时,光固化打印成型需要一个微弱的支撑材料,在光固化打印成型法中,这种支撑采用的是网状结构,如图 14 - 9 所示。零件就这样由下及上一层层产生。打印时周围的液态树脂仍然是可流动的,而没有光照的部分液态树脂可以在制造中被再次利用,达到无废料加工。零件制造结束后从工作台上取下,很容易去掉支撑结构,即可获得三维零件模型。

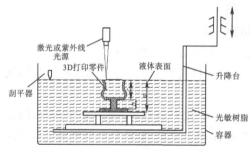

图 14 - 8　SLA 打印成型法原理图

图 14 - 9　光敏树脂产品及支撑

　　光固化打印成型所能达到的最小公差取决于激光的聚焦程度,通常是 0.125 mm。倾斜的表面也可以有很好的表面质量。光固化法是第一个投入商业应用的 RP 技术。SLA 工艺优点是精度较高,一般尺寸精度控制在 ±0.1 mm;表面质量好;原材料的利用率接近 100%;能制造形状特别复杂、精细的模型。相对而言,激光固化机器和材料成本较高,所以主要应用在工业机。

14.4.2　熔积打印成型法

　　熔积打印成型法的过程如图 14 - 10 所示,一般龙门架式的机械控制喷头可以在工作台的两个主要方向移动,工作台可以根据需要向上下移动。热塑性塑料或蜡制的熔丝(也可以是金属材料)从加热小口处挤出。最初的一层是按照预定的轨迹,以固定的速率将熔丝挤出在支撑的平台基体上形成。当第一层完成后,工作台下降一个层厚并开始迭加制造下一层。FDM 工艺的关键是保持半流动打印成型材料刚好在熔点之上(通常控制在比熔点高 1 ℃左右)。

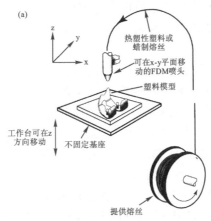

图 14-10　熔积打印成型法原理图

　　FDM 制作复杂的零件时,必须添加工艺支撑。因为一旦零件加工到了一定的高度,下一层熔丝可能将铺在没有材料支撑的空间。解决的方法是独立于模型材料单独挤出一个支撑材料如图 14-11 所示,支撑材料可以用低密度的熔丝,比模型材料强度低,在零件加工完成后可以容易地将它拆除。

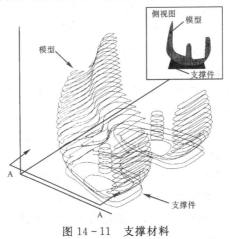

图 14-11　支撑材料

　　FDM 的优点是材料的韧性较好,设备成本较低,工艺干净、简单、易于操作且对环境的影响小。缺点是精度低,结构复杂的零件不易制造,表面质量差,打印成型效率低,不适合制造大型零件。该工艺适合于产品的概念建模以及它的形状和功能测试,中等复杂程度的中小原型。由于甲基丙烯酸 ABS 材料具有较好的化学稳定性,可采用伽马射线消毒,特别适用于医用。FDM 工艺样件如图 14 - 12 所示。

图 14 - 12　FDM 样件

　　ABS 塑料是 FDM 系列产品的主要材料,接近 90% 的 FDM 原型都是由这种材料制造的。ABS 的原型可以达到注塑 ABS 成型强度的 80%。而其他属性,例如耐热性与抗化学性,也是近似或是相当于注塑成型的工件,其耐热度为 93.3 ℃。这让 ABS 成为功能性测试应用的广泛使用材料。

　　除了 ABS 材料之外 FDM 技术还有其他的专用材料。如聚乳酸(PLA)是一种新型的生物降解的无毒材料,使用可再生的植物资源(如玉米)所提出的淀粉原料制成,如图 14 - 13 所示,机械性能及物理性能良好。PLA 的气味为棉花糖气味,不像 ABS 那样有刺鼻子的气味。PLA 加工温度是 200 ℃,ABS 在 220 ℃ 以上;PLA 具有较低的收缩率,即使打印较大尺寸的模型时也表现良好;PLA 具有较低的熔体强度,打印模型更容易塑形,表面光泽性优异,色彩艳丽。加热到 195 ℃,PLA 可以顺畅挤出,ABS 不可以。加热到 220 ℃,ABS 可以顺畅挤出,PLA 会出现鼓起的气泡,甚至被碳化从而堵住喷嘴。

图 14 - 13　FDM 工艺 ABS 材料

　　一般而言,FDM 技术所提供的准确性通常相等或是优于 SLA 技术以及 PolyJet 技术,且确定优于 SLS 技术。在 SLA、SLS 以及 PolyJet 技术中,影响成型件尺寸精度的因素有机器的校正,操作的技巧,工件的成型方向与位置,材料的年限以及收缩率等。相比之下,尺寸的稳定性是 FDM 原型的关键优势,如同 SLS 技术,时间与环境的曝晒都不会改变工件的尺寸或其他的特征。

　　国内方面,陕西恒通智能机器有限公司作为中国 3D 打印行业的领军企业,推出如图 14 - 14 所示多款 FDM 设备,目前已经在全国各地建立了很多 3D 打印体验中心,特别是在中小学开设了青少年培养中心。

图 14-14   FDM 工艺 3D 打印机

14.4.3   激光增材制造

激光增材制造（Laser Additive Manufacturing，LAM）技术是一种以激光为能量源的增材制造技术，激光具有能量密度高的特点，可实现难加工金属的制造，比如航空航天领域采用的钛合金、高温合金等，同时激光增材制造技术还具有不受零件结构限制的优点，可以用于结构复杂、难加工以及薄壁零件的加工制造。目前，激光增材制造技术所应用的材料已涵盖钛合金、高温合金、铁基合金、铝合金、难熔合金、非晶合金、陶瓷以及梯度材料等，在航空航天领域中的高性能复杂构件和生物制造领域中的多孔复杂结构制造具有显著优势。

激光增材制造技术按其成型原理进行分类，最具代表性的为以粉床铺粉为技术特征的激光选区熔化（Selective Laser Melting，SLM）和以同步送粉为技术特征的激光金属直接成型（Laser Metal Direct Forming，LMDF）技术。

激光选区融化技术是利用高能量的激光束，按照预定的扫描路径，扫描预先铺覆好的金属粉末将其完全熔化，再经冷却凝固后成型的一种技术。其技术原理如图 14-15 所示。

SLM 技术具有以下几个特点：

（1）成型原料一般为一种金属粉末，主要包括不锈钢、镍基高温合金、钛合金、钴-铬合金、高强铝合金以及贵重金属等；

（2）采用细微聚焦光斑的激光束成型金属零件，成型的零件精度较高，表面粗糙度稍经打磨、喷砂等简单后处理即可达到使用精度要求；

（3）成型零件的力学性能良好，可超过铸件，达到锻件水平；

（4）进给速度较慢，导致成型效率较低，零件尺寸会受到铺粉工作箱的限制，不

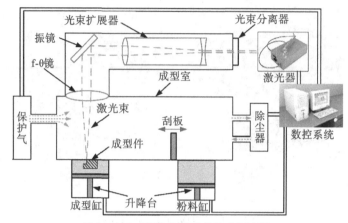

图 14-15　激光选区融化技术原理图

适合制造大型的整体零件。

　　SLM 技术实际上是在选区激光烧结技术的基础上发展起来的一种激光增材制造技术。SLS 技术最早由德克萨斯大学奥斯汀分校（University of Texas at Austin）的 Deckard 教授提出，但是在 SLS 成型过程中存在粉末连接强度较低的问题，为了解决这一问题，1995 年德国弗劳恩霍夫（Fraunhofer）激光技术研究所的 Meiners 提出了基于金属粉末熔凝的选区激光融化技术构思，并且在 1999 年与德国的 Fockle 和 Schwarze 一起研发了第一台基于不锈钢粉末的 SLM 成型设备，随后许多国家的研究人员都对 SLM 技术展开了大量的研究。目前，对 SLM 技术的研究主要集中在德国、美国、日本等国家，主要是针对 SLM 设备的制造和成型工艺两方面展开了大量的研究。在中国对 SLM 设备的研究主要集中在高校，华中科技大学、西北工业大学、西安交通大学和华南理工大学等高校在 SLM 设备生产研发方面做了大量的研究工作，并且成功地得到了应用。但是国内成熟的商业化设备在市场上依旧存在空白，目前国内的 SLM 设备主要还是以国外的产品为主，这将是今后中国 SLM 技术发展的一个重点方向。

　　美国的 GE 公司于 2012 年收购了 Morris Technologies 公司，并且利用 Morris 的 SLM 设备与工艺技术制造出了喷气式飞机专用的发动机组件，如图 14-16（a）、（b）所示，GE 公司明确地将激光增材制造技术认定为推动未来航空发动机发展的关键技术。同时 SLM 技术在医学领域也有重要的应用，西班牙的 Salamanca 大学利用澳大利亚科学协会研制的 Arcam 型 SLM 设备成功制造出了钛合金胸骨与肋骨，如图 14-16（c）所示，并成功植入了罹患胸廓癌的患者体内。西北工业大学、华中科技大学和华南理工大学是我国从事 SLM 技术研究较早较深入的科研单位，在 SLM 技术的研究中取得了许多可喜的成果，其分别应用 SLM 技术制造出了大量的具有复杂结构的金属零件，如图 14-16(d)~(f)所示。

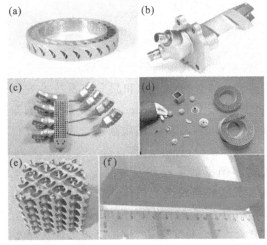

(a) 美国GE选区激光融化的飞机发动机叶轮

(b) 美国GE选区激光融化的燃料喷嘴

(c) 西班牙Salamanca大学钛合金胸骨与肋骨

(d) 西北工业大学的复杂结构零件

(e) 华中科技大学的蜂窝多孔金属零件

(f) 华中科技大学不锈钢复杂空间多孔零件

图 14-16　SLM 技术应用实例

　　激光金属直接成型技术是利用快速原型制造的基本原理，以金属粉末为原材料，采用高能量的激光作为能量源，按照预定的加工路径，将同步送给的金属粉末进行逐层熔化、快速凝固和逐层沉积，从而实现金属零件的直接制造。通常情况下，激光金属直接成型系统平台包括：激光器、CNC 数控工作台、同轴送粉喷嘴、高精度可调送粉器及其他辅助装置，其原理图如图 14-17 所示。

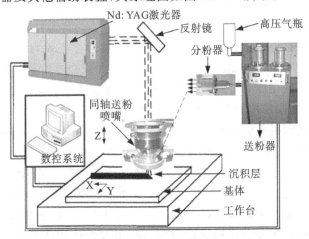

图 14-17　LMDF 系统原理图

　　激光金属直接成型技术集成了激光熔覆技术和快速成型技术的优点，具有以下特点：

(1)无需模具,可实现复杂结构的制造,但悬臂结构需要添加相应的支撑结构;

(2)成型尺寸不受限制,可实现大尺寸零件的制造;

(3)可实现不同材料的混合加工与制造梯度材料;

(4)可对损伤零件实现快速修复;

(5)成型组织均匀,具有良好的力学性能,可实现定向组织的制造。

LMDF 技术是在快速原型技术的基础上结合同步送粉和激光熔覆技术发展起来的一项激光增材制造技术。LMDF 技术起源于美国 Sandai 国家实验室的激光近净成型技术(Laser Engineered Net Shaping,LENS),随后在多个国际研究机构快速发展起来。

近年来,LMDF 技术同样也受到了许多国家的重视和大力发展,2013 年欧洲空间局(ESA)提出了"以实现高技术金属产品的高效生产与零浪费为目标的增材制造项目"(AMAZE)计划。美国的 Sandai 国家实验室、GE 公司、美国国家航空航天局(NASA),以及我国的北京航空航天大学、西安交通大学、西北工业大学等也在对 LMDF 展开深入的研究。

美国国家航空航天局喷气推进实验室开发出一种新的激光金属直接成型技术,可在一个部件上混合打印多种金属或合金,解决了长期以来飞行器尤其是航天器零部件制造中所面临的一大难题——在同一零件的不同部位具有不同性能,如图 14 - 18(a)所示。英国的罗尔斯罗伊斯(Rolls-Royce)公司计划利用激光金属直接成型技术,来生产 Trent XWB - 97(罗尔斯-罗伊斯研发的涡轮风扇系列发动机)由钛和铝的合金构成的前轴承座,其前轴承座包括 48 片机翼叶,直径为 1.5 m,长度为 0.5 m,如图 14 - 18(b)所示。北京航空航天大学的王华明团队也利用激光金属直接成型技术制造出了大型飞机钛合金主承力构件加强框,如图 14 - 18(c) 所示,并获得了国家技术发明一等奖。西安交通大学在国家"973 项目"的资助下,展开了利用激光金属直接成型技术制造空心涡轮叶片方面的研究,并成功制备出了具有复杂结构的空心涡轮叶片,如图 14 - 18(d)所示。

经济、高效的设备是激光增材制造技术能够广泛推广和发展的基础,随着目前大功率激光器的使用以及送粉效率的不断提高,激光增材制造的加工效率已经有显著的提高,但是对于大尺寸零件的制造其效率依然偏低,而且激光增材制造设备的价格也偏高,因此进一步提高设备的加工效率同时降低设备的成本有着重要的意义。此外,激光增材制造设备还可以与传统加工复合,例如德国 DMG Mori 旗下的 Lasertec 系列,就整合了激光增材制造技术与传统切削技术,不仅可以制造出传统工艺难以加工的复杂形状,还改善了激光金属增材制造过程中存在的表面粗糙问题,提高了零件的精度。

(a) 美国NASA多种金属混合激光成型；

(b) 英国Rolls-Royce激光金属直接成型引擎部件；

(c) 北京航空航天大学飞机钛合金主承力构件加强框；

(d) 西安交通大学高温合金空心涡轮叶片

图 14-18　LMDF 技术的应用实例

14.4.4　DLP 面曝光 3D 打印技术

面曝光 3D 打印（快速成型）技术是一种与 SLA 类似的快速制造工艺。相比之下，直接整面曝光的独特固化方式大大简化了该类 3D 打印设备的工艺过程和机械结构，并使其具备了获得更高成型速度的可能。近年来，随着配有精密光学器件 DMD（Digital Micromirror Device）芯片的 DLP（Digital Light Processing）投影仪日益发展成熟，可为面曝光快速成型提供更加精确的动态掩膜，使其成型件达到微米级的尺寸精度，在精密铸造、生物医疗等方面具有广阔的应用空间。

1. 面曝光快速成型工艺原理

与其他 3D 打印工艺类似，面曝光 3D 打印成型过程中首先利用常见切片软件将事先绘制好的三维模型进行切片，然后根据获得的切片数据制作动态掩膜，再利用紫外光源或普通可见光源照射掩膜，每一层模型的实体部分透过掩膜一次性投射在光敏树脂上并使其固化，切换掩膜进入下一层实体，继续曝光，如此反复进行直至整个模型固化完成。

由上可知，能否制作满足要求的掩膜是获得较高成型精度的关键。在整个发展过程中，面曝光工艺先后出现了基于静电复印、液晶显示、数字投影等多种掩膜生成方法，其中基于 DMD 芯片的数字投影技术直接利用较为成熟的 DLP 投影仪产生数字化图像，将其投射至光敏树脂表面即可实现固化，具有成像精确、操作简便、能量分布均匀、使用寿命长等优点，目前已逐渐成为当前面曝光工艺 3D 打印设备的首选掩膜生成方法。基于 DLP 投影仪的 3D 打印设备结构简图如图14-19所示。

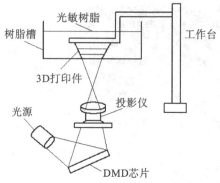

图 14 - 19　DLP 设备结构示意图

2. DLP 面曝光工艺应用

　　DLP 面曝光 3D 打印工艺由于其打印精度高、成型速度快等优点广泛应用于珠宝铸造、牙科医疗等方面,如图 14 - 20 所示。主要方式表现为:首先于电脑端完成成型件三维模型绘制,利用 3D 打印机完成实物模型制作,然后使用石膏将其包裹,最后进行浇铸,浇铸过程中树脂模型遇热气化,冷却后即可获得工件毛坯。

图 14 - 20　DLP 3D 打印应用实例

3. 基于 DLP 的面曝光工艺研究现状

　　2001 年 11 月,来自德国的 EnvisionTec 公司首次在 EuroMold 上展示了基于DLP 投影仪的 3D 打印设备 Perfactory,其所采用的类似图 14 - 21 所示工作台由下至上运动打印实体模型的成型方式成为后续 DLP 3D 打印机经典机械结构造型之一。另外还有 3D System 公司推出的 V-Flash、意大利 DWS LAB 公司推出的XFAB 等 DLP 面曝光设备,国内方面则主要由西安交通大学、华中科技大学等科研单位推出了部分机型。其中西安交通大学快速制造国家中心附属苏州秉创科技有限公司相继开发出如图 14 - 21 所示 DLP60、DLP300 等众多设备及产品,这些设备目前已广泛应用在珠宝、牙科、骨骼等相关行业,在国内处于领先地位。

图 14 - 21　DLP 面曝光 3D 打印设备

14.4.5　激光选区烧结法

随着粉体制备技术的不断提高,许多粉末材料已商品化,成本也逐渐降低,采用粉末材料直接成型零件或模具已成为当前的研究热点。用于粉末材料快速成型的主要工艺基于激光技术的选择性激光烧结(SLS)和基于微喷射黏结技术的三维打印(3DP)的原理如图 14 - 22 所示。其工艺无需专用夹具、工具或模具。高分子聚合物、金属、陶瓷、覆膜砂(树脂砂)、生物活性材料等粉末材料均可以使用,以及其中两种或两种以上的复合粉末也可以 3DP;调节成型过程的工艺参数(分层厚度、黏结剂饱和度等),可改变制件的致密度和强度。

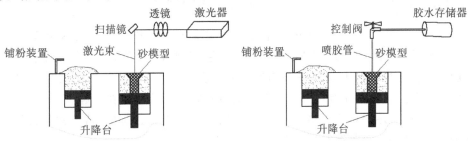

图 14 - 22　SLS 和 3DP 的原理示意图

新型陶瓷粉末材料由于具有高强度、高硬度、耐腐蚀、耐高温等优异性能而被广泛使用,但是其本身硬而脆的特性使其普通加工成型异常困难。3DP 工艺的出现使陶瓷和陶瓷基材料的直接快速成型成为可能,如图 14 - 23 所示为使用 SLS 方法打印的陶瓷、塑料和木材作品。

图 14 -24(a)所示的彩色石膏模型是美国 3D System 公司 2016 年 9 月在芝加哥国际机床展览会上展出的最新喷射黏滴设备打印的彩色石膏模型。图 14 - 24(b)所示的彩色石膏模型是陕西渭南鼎信创新智造科技有限公司使用美国 3D System 公司的设备打印的逼真模型。

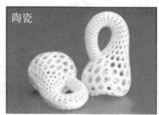

图 14 - 23　SLS 方法 3D 打印的作品

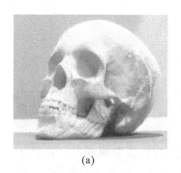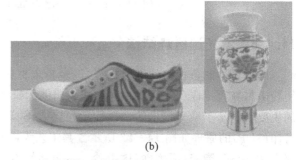

　　　　(a)　　　　　　　　　　　　　　　　　(b)

图 14 - 24　美国 3D System 公司设备喷胶打印的彩色石膏模型

14.4.6　纸叠 3D 层打印成型(LOM)技术简述

　　纸叠层制造技术是利用分层叠加原理制成原型或模型。其基本原理如图 14 - 25所示,位于上方的激光器按照 CAD 分层模型所获数据,用激光束将纸切割成所制零件的内外轮廓,然后滚轮带动新的一层纸再叠加在上面,通过热压装置和下面已切割层将单面涂有热溶胶的纸片通过加热辊加热粘接在一起,激光束再次切割,这样反复逐层切割—粘合—切割,直到整个零件模型制作完成。此方法只需切割轮廓,特别适合制造实心零件。

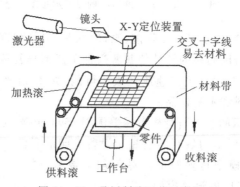

图 14 - 25　叠层制造工艺示意图

　　LOM 工艺优点是无需设计和构建支撑；激光束只是沿着物体的轮廓扫描，无需填充扫描，打印成型效率高；成型件的内应力和翘曲变形小；制造成本低。缺点是材料利用率低；表面质量差；后处理难度大，尤其是中空零件的内部残余废料不易去除；可以选择的材料种类有限，目前常用材料主要是纸。LOM 工艺适合制作大中型原型件，翘曲变形小和形状简单的实体类零件。通常用于产品设计的概念建模和功能测试零件，且由于制成的零件具有木质属性，特别适用于直接制作砂型铸造模。如图 14-26 所示是美国密歇根大学迪尔本分校使用该工艺成型的模型。

图 14-26　美国 LOM 成型件

　　为了降低激光器的成本，西安交通大学先进制造研究所的博士改进设计，使用刀片代替激光器切割纸成型，其作品如图 14-27 所示。

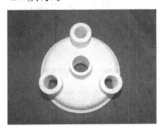

手机　　　　　　　　　　　　　　阀盖

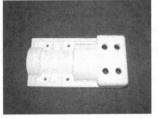

齿轮　　　　　　　　　　滑块　　　　　　　　　机械零件

图 14-27　刀割 LOM 成型件

14.5　3D 打印的研究和发展现状

3D 打印技术的研究主要集中在技术开发和技术应用两方面。在 3D 打印技术方面的研究主要有以下几个方面：CAD 数据处理的研究；3D 打印即提高快速原型的制作质量（包括原型精度、强度和制作效率等）的研究；开发新的 3D 打印工艺方法；3D 打印材料的研究与开发；3D 打印引深应用的软件开发。

1. CAD 数据处理的研究

CAD 数据处理的研究，主要工作是 STL 数据模型的数据错误分析和修正、分层计算、辅助工具的开发和新的接口数据格式。针对表达 CAD 模型的 STL 数据格式的不足，分析 STL 数据格式经常出现的问题和错误，对出现的错误和模型的缺陷进行修补处理研究。对新的数据传输接口和从 CAD 到 3D 打印的数据传输精度等问题进行研究。

2. 3D 打印的研究

为了改善 3D 打印原形制作质量，很多学者在扫描方式以及制作参数的设定上也进行了很多探索，为了加快 3D 打印原形的制作速度、制作效率和表面质量，提出了自适应分层处理、优化制作方向、多零件摆放优化和零件实体的偏置处理（Solid Offset）等技术措施。为了保证 3D 打印的制作质量，对 3D 打印的支撑技术也进行了研究。

3. 新的成型工艺方法研究

随着 3D 打印的火热发展，其新的成型工艺方法研究也迅速发展，体现如下三个特点：

（1）多种材料复合成型，即无需装配一次制造多种材料、复杂形状的零件和器件；

（2）直接金属成型，即直接用金属材料制造功能零件的成型方法；

（3）低成本、低价格的成型方法，其目的就是普及 3D 打印技术和扩大应用范围。

14.5.1　国外 3D 打印的研究和发展现状

对于 3D 打印技术的研究，国外起步较早，又以美国为代表。1986 年美国的 Charles 发明了 3D 打印技术中具有重要里程碑意义的光固化成型技术，并申请获得了专利。1988 年美国的 Deckard 发明了选择性激光烧结技术。1989 年美国的 Crump 提出了熔融沉积制造技术。美国的各研究机构和大学，如 Dayton 大学、斯坦福大学、麻省理工学院、德克萨斯大学、约翰霍普金斯大学、宾州大学、密歇根大学、俄亥俄州立大学国家实验室、Sandia 国家实验室等均针对 3D 打印技术开展了深入、广泛的研究。从 1990 年开始 Dayton 大学每年召开 RP 国际会议,德克萨斯大学也举办快速成型研讨会。美国 Sandia 国家实验室利用大功率 CO_2 激光熔融沉积技术,实现了对某卫星 TC4 钛合金零件毛坯的成型。

在美国,以 3D 打印技术为基础发展起来的公司也比比皆是,其中包括 3D 行业巨头美国 3D Systems 公司和 Stratasys 公司。前者以光固化成型技术为基础,开发了一系列多型号、多尺寸的 SL 成型机;后者以 FDM 工艺及其应用为主,于 1993 年发布了第一台 FDM 成型机。除此之外,还有提供 SLS 工艺 3D 打印设备的美国 DTM 公司,提供 LOM 工艺 3D 打印设备的美国 Helisys 公司,提供 3DP 工艺 3D 打印设备的美国的 Z 公司等。

在这一行业中,除了有提供 3D 打印系统设备的制造商外,还有提供 3D 打印服务 SB(Server Bureau)的服务商以及为 3D 打印技术支持的零部件供应商(如软件、材料、激光器等)。提供专业 3D 打印软件系统的主要有美国 Solid Concept 公司的 Bridgeworks 软件产品和软件工程师 B. Rooney 的 Brockware 软件等。在美国,GM、Ford、Chrysler 汽车公司,波音、麦道飞机公司,IBM、APPt 公司、德州仪器公司、Mortorola、丰田等都应用了 3D 打印技术来进行验证设计、沟通总装厂与零件供应商、制造功能零件、制造模具等工作。而从事专业 3D 打印服务的 SB 全世界多达 355 家,其中 200 多家在美国,约占总数的 57%。

除此之外,美国政府对 3D 打印给予重大关注,并加大相关投入。在 2012 年,美国总统奥巴马在国情咨文中多次提到,美国政府要投资建造包括 3D 打印在内的多个创新研究机构,希望可以将 3D 打印作为振兴美国制造业的关键产业之一。2012 年 8 月美国在俄亥俄州投资 3000 万美元成立了国家增材制造创新研究所(National Additive Manufacturing Innovation Institute,NAMII),针对 3D 打印材料、工艺、装备与集成、质量控制等多个方面进行全面、系统和深入的研究。在 2013—2014 年,该研究共对成员申请的 22 项研究项目进行了资助,总金额超过 2800 万美金。美国在 2017 年加入了由 14 个国家组成的"增材制造未来伙伴关系"(AMFPP)倡议,以促进国际合作和技术创新。2018 年,美国白宫发布了《美国就业计划》,其中包括多项涉及增材制造的举措,以满足该市场紧缺的劳动力需求。这些举措包括增材制造教学与培训发展计划和增材制造教育补助计划等,为中学生和教师提供 3D 打印技术的培训和教育资源。2022 年 5 月美国总统拜登宣布推出名为"增材制造推进"(AM Forward)的计划,旨在发动国家力量支持中小型企业发展增材制造及其相关技术,以及通过增材制造来强化制造业劳动力和美国本土供应链。该计划将提供高达 1 亿美元的资金支持,鼓励来自不同背景的申请者参加,以创建多元化的增材制造劳动力队伍。

日本是仅次于美国的 3D 打印技术研究大国。1980 年日本的小玉秀男提出了光造型法的 3D 打印概念。在日本国内,3D 打印的主要研究单位有:东京大学,其主要针对 SL 和 LOM 技术进行相关研究;SONY 公司属下的 D-MEC、Mitsubishi 公司属下的 CMET 和 Mitisui 公司属下的 MES,基于 SL 成型原理,分别推出了 SCS 型、SOUP 型和 COLAMM 型成型机。在亚洲,日本 3D 打印的市场份额超过了中国,约为 38.7%。日本政府为增强本国在 3D 打印领域的全球竞争力,2014 年新增 45 亿日元的财政预算,针对 3D 打印设备的研制、精密 3D 打印系统技术的开发、3D 打印零件的评价多个方面进行大力投入。另外,日本近畿地区与福井县的 30 多个商工会议所成立了探讨运用"3D 打印机"的研究会。一些日本大型企业开始积极布局 3D 打印领域,例如川崎重工和日本航空等企业开始研发和推广 3D 打印技术,用于制造零部件和产品。

在欧洲,众多的研究机构和生产厂商也将目光瞄准 3D 打印这一领域。德国弗朗霍夫研究所在 20 世纪 90 年代,提出了激光选区熔化(SLM)技术,并在 2002 年成功应用于金属材料的打印。德国亚琛工业大学以 SLM 技术为研究方向,获得了德国研究基金等机构的资助。另外,德国 Electro-Optical System GmbH 公司(即 EOS 公司)推出了 EOSINT M 系列的 SLM 成型设备,RENISHAW 公司和 MCP 公司成功开发了 AM250 和 MCPRealizer 系统。瑞典的 Chalmers 工业大学与 Arcam 公司共同研发,提出了一种叫电子束选区熔化成型(EBM)的金属材料 3D 打印技术,并在 2003 年由 Arcam 公司发布首台商用 EBM 成型机。近年来,EBM 工艺被广泛应用于航空航天及生物医疗方面。例如,通过 EBM 技术可以打印颅骨、股骨柄、髋臼杯等骨科植入物,而且在临床上得以应用;意大利 AVIO 公司利用 EBM 技术成功地打印出了 TiAl 基合金发动机叶片。瑞典 Sparx AB(Larson Brothers CO. AB)推出了 Hot Plot Rapid Prototyping 系统,该系统与 Helisys 的 LOM 类似。在英国,诸如利物浦大学、利兹大学、英国焊接研究所等多家高校和研究机构针对 3D 打印材料特性、精度和应力控制等基础问题开展了广泛的研究。2013 年 6 月,英国政府宣布对 18 个创新性 3D 打印项目进行 1～3 年不等时长的资助,资助金额超过 1450 万英镑。2019 年 2 月,德国政府发布了《国家工业战略 2030》草案,旨在推动制造业的发展,其中增材制造被视为一个关键技术领域。

14.5.2　国内 3D 打印的研究和发展现状

在我国,3D 打印技术研究起步于 20 世纪 90 年代初。"九五"期间,已经基本掌握了当时的几种主流技术,如 SLA、SLS、LOM、FDM 技术等,并掌握了其制造工艺和软硬件控制技术,开发了多种技术装备,并开展了推广应用。

目前,中国在 3D 打印方面的研究处于国际前列,国内有大量的高校和科研机构针对 3D 打印工艺、设备和应用进行研究,发表论文和申请专利的数量处于世界第二。

西安交通大学是国内最早在 3D 打印领域开展研究的高校之一。在国家“九五”重点攻关项目的资助下,西安交通大学于 2001 年 1 月成立了快速成型制造技术教育部工程中心,2005 年 11 月成立了快速制造国家工程研究中心,对 SL 设备和材料进行了深入研究,成功将 SLA 激光成型技术与开发的数字化建模、软模具及快速模具等技术集成,开发了多种性价比高的成型机,如 LPS600、LPS250 和 CPS250 成型机等。20 年来,在全国各地帮助下建设了 50 多个 3D 打印示范中心,将 3D 打印技术和产品推广到珠三角、长三角甚至全国各地,使机电、汽车零部件、轻工等产品的开发周期与费用降为传统技术的 1/5～1/3。西安交通大学开发的新型光敏树脂成本低(150～200 元/kg,相当于国外同类树脂价格的 1/10)、性能好,已取得广泛应用。在生物医学方面,西安交通大学在 2000 年完成了首例骨科 3D 打印个性化修复的临床案例。除此之外,西安交通大学在金属材料的激光熔融沉积成型方面进行了大量研究,利用 3D 打印技术制备了发动机叶片原型,该原型具有定向晶组织结构,其最薄处仅为 0.8 mm。在卢秉恒院士的支持下,机械学院李涤尘、田小永教授在 2014 年就创新性地提出了基于连续纤维增强复合材料的 3D 打印技术,于 2020 年 5 月 5 日实现我国首次太空 3D 打印实验。

20 世纪 90 年代末,北京航空航天大学、西北工业大学等单位开始了金属材料增材制造研究,可以制造与锻件性能媲美的大型构件。华中科技大学针对金属材料及高分子材料,主要开展了激光选区熔化技术、激光选区烧结技术方面的研究工作,并自主开发了 HRPM 系列粉末熔化 SLM 成型机。清华大学开发出了类似于美国 LOM 的分层实体制造工艺(Slicing Solid Manufacturing,SSM),并对电子束选区熔化(EBM)技术进行了大量研究。在“十一五”期间,北京航空航天大学采用激光熔融沉积方法成功打印出了大型钛合金主承力结构件尺寸钛合金零件。近年来,西北工业大学针对多种金属材料开展了激光快速成型的研究,其 3D 打印的飞机钛合金左上缘条最大尺寸为 3 m、重量高达 196 kg。

2023 年,重庆市科技局公示“2022 年度国家科技计划项目拟兑现奖励清单”,哈尔滨工业大学重庆研究院项目“基于 3D 打印技术的精密陶瓷部件研制及应用示范”(国家科技计划课题名称:3D 打印精密陶瓷部件全链条评价体系研究)入选“课题奖励”。其中,“基于 3D 打印技术的精密陶瓷部件研制及应用示范”聚焦半导体、清洁能源、精细化工与先进制造等重点行业对精密陶瓷部件的重大战略需求,研制开发基于 3D 打印成型技术的系列产品,实现 3D 打印典型精密陶瓷部件工程化稳定制备及产业示范,为国家重大工程、重点行业发展提供坚实的支撑和保障。

　　除上述高校外,华中理工大学、南京理工大学、南京航空航天大学、上海交通大学、重庆工业大学、天津大学、香港大学、香港理工学院、香港城市理工学院等院校也在 3D 打印成型工艺、成型设备、成型材料等多领域开展了大量的相关研究工作。为推动 3D 打印技术的研究,我国前后分别在清华大学、西安交通大学、南京航空航天大学召开了四届全国 3D 打印技术应用学术会议。

　　在应用和设备方面,目前我国依靠自己开发的大型金属 3D 打印设备,在飞机大型承力件应用方面处于国际领先,在军机、大飞机研发中,充当了急救队的作用,3D 打印钛合金大型结构件已经率先应用于飞机起落架及 C919 的研发。我国工业级设备装机量居全世界第四,但金属打印的商业化设备还主要依靠进口。非金属工业型打印机,我国 60% 以上立足国内。小型 FDM 打印机已批量出口,销量跻身世界前列。但国产工业级装备的关键器件,如激光器、光学振镜、动态聚焦镜、打印头等主要依靠进口。工业级 3D 打印材料的研究刚刚起步,除了个别研发能力强的公司研发了少量材料外,3D 打印的材料基本依靠进口。

　　从产业的发展来看,我们发展得太慢。现在进口设备大举进攻中国市场,尤其是金属打印装备,国外实行材料、软件、设备、工艺一体化捆绑销售。因此,我们必须研发核心技术与原创技术,打造自己的创新链与产业链。现在国内已经有若干 3D 打印公司上市,科技开始与资金结合,这是一个良好的开端。

　　由于 3D 打印技术设备成本较高、人员技术水平要求高,一般的中小企业很难自己投资建立本企业的快速开发系统,国家科技部资助建立的五家快速成型(3D 打印)生产力促进中心,为这些企业的新产品快速开发提供了场地与技术资源。企业与中心的地域差别,也就决定了国内企业大部分的新产品快速开发是通过异地完成的,传统的异地开发模式(人员流动、图纸流动、产品流动)会使新产品快速开发技术不具有快速、低成本的优点,而网络技术的发展,使 3D 打印异地分散网络化制造成为可能,将传统的异地开发模式转变为异地协同开发制造模式(信息流动),使各个生产力促进中心能快速为全国范围内的企业全方位服务成为可能。

　　依托于中国 3D 打印信息服务网站,西安交通大学最先主持开发了 3D 打印异地网络化制造示范系统,当时同陕西生产力促进中心、西安生产力促进中心进行了网上合作,建立了包含西北快速成型生产力促进中心、重庆快速成型生产力促进中心、广西生产力促进中心、上海快速成型打印中心、西安工业技术交流站、深圳快速成型生产力促进中心的专业中心联盟,实现了协作网站-虚拟中心-专业中心联盟-INTERNET-用户的快速成型分散网络化制造模式,为全国范围内推行异地分散网络化开发制造提供了必要的技术资源。据不完全统计,国内专业从事 3D 打印的中心为企业进行新产品快速开发订单的 60% 来自异地,其直接或间接地通过网络化制造方式完成。可见 3D 打印技术已成为企业经济效益的发动机和效益放大器,网络支持的 3D 打印远程服务更使这一技术如虎添翼,3D 打印网络化制造技术的应用将极大加快我国企业的新产品快速开发速度,为企业带来巨大的经济效益。

另外,我们应该抓紧标准的研究和制定,3D 打印的数据标准可能影响到装备和应用两个方面。特别在航空件和高端医疗器械领域,要积极研究和制定面对 3D 打印个性化制造产品准入的标准,以有利于新技术的应用和规范。

3D 打印将从质和量两方面对我国的国家战略地位和今后的科技发展产生重大影响。目前,3D 打印技术正处于一个技术的井喷期、产业的起步期、企业的跑马圈地期。因此我们需要加强基础研究,发展原创技术,加快 3D 打印新材料研发,努力在提升打印件的质量和打印效率等方面取得创新性成果;要建立创新体系,为企业提供核心技术和共性技术;要攻克关键核心器件,打造产业链;要引导金融资本,助推 3D 打印企业做大做强,形成若干个具备国际竞争规模的企业。

2015 年 2 月,为落实国务院关于发展战略性新兴产业的决策部署,抢抓新一轮科技革命和产业变革的重大机遇,加快推进我国增材制造(3D 打印)产业健康有序发展,工业和信息化部、发展改革委、财政部研究制定了《国家增材制造产业发展推进计划(2015—2016 年)》。国家对 3D 打印的发展目标主要有:到 2017 年初步建立增材制造技术创新体系,培育 5 至 10 家年产值超过 5 亿元、具有较强研发和应用能力的增材制造企业,并在全国形成一批研发及产业化示范基地,等等。在政策措施上,国家将加强组织领导,加强财政支持力度,并支持 3D 打印企业境内外上市、发行非金融企业债等融资工具。其重点发展方向主要有:金属材料增材制造,非金属材料增材制造,医用材料增材制造,设计及工艺软件,增材制造装备关键零部件。到 2022 年,我国立足国情、对接国际的增材制造新型标准体系基本建立,推动 2～3 项我国优势增材制造技术和标准制定为国际标准,增材制造国际标准转化率达到 90%。

2020 年 11 月 2 日,由工业和信息化部工业文化发展中心牵头主持的《2020 中国设计产业发展报告》(工业设计篇)在第八届深圳国际工业设计大展启动仪式首发。中心主任出席启动仪式并致辞,指出要坚持"设计＋产业"的融合,主动适应新一轮产业革命的新形势,积极推动设计赋能中小企业,赋能制造业;推动设计与科技的融合,在更高层次和更深领域发挥创新链、价值链的源头作用,促进设计上下游更加敏捷、高效、智能和开放;推进设计与文化的融合,不断提升设计产品的文化内涵和文化价值,承载并弘扬深圳精神和深圳文化,进一步形成深圳设计的文化内核;坚持开放融合的发展方向,促进国际交流与合作,让世界看见中国设计之美,让世界共享中国创新成果。

目前,我国 3D 打印技术与国际先进水平的竞争,更主要的还是在如何以应用为导向的技术开发和成果转化方面,特别是在工业领域,即如何充分发挥增材制造3D 打印的优势,制造出高性能、高附加值的高端装备。新材料和制造业密切结合,是装备制造业的基础,其对未来的影响会越来越大。高性能金属构件的增材制造,例如国家大飞机科技重大专项的实施,也为增材制造技术在航空工业的应用提供了发展机会。3D 打印技术的高性能金属材料制造飞机钛合金构件,其核心就在于控制增材制造过程,获得高性能高品质材料的构件。增材制造的目标是获得高性能构件,其制造过程必须是快速的,性能是优良的,成本是低的,将为我国航空航天装备制造业带来比较大的价值。我们把增材制造的方向定位于高性能材料,其领域要比钛合金大得多。在这方面我国既有优势又有潜力,我国高度重视发展 3D打印技术,我国拥有广阔的市场,我国拥有一支庞大的高水平 3D 打印研发队伍。

3D 打印技术不但在工业制造方面前景无限,在生物医学领域,3D 打印已经不是一个陌生的词了,在骨科、口腔科等临床科室,3D 打印技术已经得到了广泛的应用。为促进 3D 打印在生物医学领域的推广,国家卫生和计划生育委员会医管中心成立了"3D 打印医学应用专家委员会",委员会将成为 3D 打印医疗应用领域的技术指导和咨询机构,其所涵盖的 3D 打印精英团队,将成为这项事业的技术核心和智库,为 3D 打印医疗应用作出重大贡献。2016 年 5 月 22 日,"布局 2025·第二届 3D 打印医疗应用高峰论坛"在长沙召开,湖南省副省长在会上表示:"湖南要以应用为导向,借助机制创新与市场培育两种手段,加快 3D 打印和生物医疗等领域的应用推进工作,打造世界级 3D 打印生物医学产业基地。"3D 打印在个性化精准医疗技术的临床应用方面取得了突破和诸多亮点。不久的未来,以活性细胞为原料,通过 3D 打印技术,可以制造替代的人工器官,创造不可思议的奇迹。

14.5.3　中国制造与 3D 打印

2015 年 5 月 8 日,国务院正式印发了《中国制造 2025》,它是我国实施制造强国、实现中华民族伟大复兴中国梦的重要行动纲领。2015 年 10 月,党的十八届五中全会通过《中共中央关于制定国民经济和社会发展第十三个五年规划的建议》明确指出,加快建设制造强国,实施《中国制造 2025》。这是中央站在增强综合国力和国际竞争力、保障国家安全和民族复兴的战略高度作出的重大战略决策。如今,中国版"工业 4.0"蓝图出炉,力争 2045 年建成工业强国。中国制造 2025 的主攻方向和带动性技术是发展智能制造。智能制造是我国制造业创新发展的主要抓手,是我国制造业转型升级的主要路径,是加快建设制造强国的主攻方向,是推进制造强国战略的主要技术路线。

中国共产党第二十次全国代表大会报告强调坚持把发展经济的着力点放在实

体经济上,推进新型工业化,加快建设制造强国、质量强国、航天强国、交通强国、网络强国、数字中国,为我国今后 30 年的经济发展道路指明了前进方向。立足国情,立足现实,我国确定了"三步走"的制造强国战略部署:第一步,到 2025 年,中国制造业进入制造强国第二方阵,迈入制造强国行列;第二步,到 2035 年,基本实现新型工业化,建设成为国际先进的工业强国;第三步,到 2045 年,全面实现新型工业化,建设成为世界领先的工业强国,为在 2050 年建成综合国力和国际影响力领先的社会主义现代化强国作出主导性、基础性、根本性贡献。

　　智能制造源于人工智能的研究,它代表了知识和智力的总和,以及获取和运用知识求解的能力。智能制造应当包含智能制造技术和智能制造系统,智能制造系统不仅能够在实践中不断地充实知识库,而且还具有自学习功能,还有搜集与理解环境信息和自身的信息,并进行分析判断和规划自身行为的能力。智能制造是一种由智能机器和人类专家共同组成的人机一体化智能系统,它在制造过程中能进行智能活动,诸如分析、推理、判断、构思和决策等。通过人与智能机器的合作共事,去扩大、延伸和部分地取代人类专家在制造过程中的脑力劳动。它把制造自动化的概念更新,扩展到柔性化、智能化和高度集成化。智能制造主要包括工业互联网和底层智能化两部分。

1. 工业互联网

　　为了实现智能制造,就要形成一个万众创客网、CAD/CAE/CAM 数字化制造服务网、3D 打印及性能测试服务网,由众包完成产品的开发和数字化制造。数字化、网络化、智能化技术需要与制造领域技术进行深度融合,汇聚与升华制造领域知识成为智能制造技术。用工业互联网构成一个高技术的服务业,构建新机制的创新体系,驱动知识信息的流动。企业的资源是有限的,我们用互联网把全国的、全社会的,乃至全球的人才、资源都集中到一块,达到社会资源的优化组合,这就是智能制造的精华。走出工厂的围墙,让知识流动起来,补足中国制造业开发能力弱的短板。这就是互联网带动制造业发展的真谛,也是最大的效益所在。"互联网+制造"的实质有效解决了"联接"这个重大问题:在数字化制造的基础上,深入应用先进的通信技术和网络技术,用网络将人、流程、数据和事物连接起来,联通企业内部和企业间的"信息孤岛",通过企业内、企业间的协同和各种社会资源的共享与集成,实现产业链的优化,快速、高质量、低成本地为市场提供所需的产品和服务。先进制造技术和数字化网络化技术的融合,使得企业对市场变化具有更快的适应性,能够更好地收集用户对使用产品和对产品质量的评价信息,在制造柔性化、管理信息化方面达到更高的水平。

2. 底层智能化

　　底层智能化主要包括机器人、智能制造装备和 3D 打印。

（1）机器人：机器人是提高生产柔性、提高效率、降低成本的工具。

（2）智能机床：相比数控机床，智能机床是聪明的工具。智能机床的关键就是信息获取、工艺优化软件加上过程的质量控制。智能机床能够监控加工的状态并对被加工件所达到的精度做出判断和控制，它能成倍地提高加工质量和加工效率。

（3）数字化设计和 3D 打印：设计是形成产品创新价值的关键。高端服务业提供设计工具、设计师和产品结构的 CAE 分析，而 3D 打印是验证设计的快速手段。3D 打印可以大大降低产品的开发周期与费用，并且支持定制化生产模式。尤其重要的是，3D 打印使设计师摆脱了许多可制造性的约束，极大地释放了设计创新空间，如果说机器人是今天的技术，那么 3D 打印则是更加深刻影响今天和明天乃至后天的技术。

14.6　逆向工程

14.6.1　逆向工程简介

传统的产品开发过程通常是从收集市场信息入手，按照"产品功能描述—产品概念设计—产品总体设计及零部件详细设计—制定生产工艺流程—设计工装—零部件加工及装配—产品检验及性能测试"的步骤，是从未知到已知、从抽象到具体的过程，被称之为正向工程（或顺向工程）。而逆向工程则是按照产品引进、消化、吸收与创新的思路，根据零件（或原型）生成图样，再制造产品。其最主要的任务是将原始物理模型转化为工程设计概念或产品数字化模型，即从一个存在的零件或原型入手，首先对其进行数字化处理（将整个零件或原型用一个庞大的三维点的数据集合来表示），然后是构造 CAD 模型，CAD 模型经创新设计后输入数控机床或3D 打印设备，最后制造产品。一方面，为提高工程设计、加工与分析的质量和效率提供充足的信息；另一方面，为充分利用先进的 CAD/CAE/CAM 等技术对已有的产品进行再创新设计服务。从发展的角度看，只有支持进一步的创新功能的逆向工程技术才具有更加广阔的应用前景，包含了"逆向测量数据的三维重构"与"基于原型或重建数字化模型的再设计"的逆向工程，才真正体现了逆向工程的核心和实质。正向工程和逆向工程的工作过程示意图如图 14-28 所示。从中可以看出，正向工程中从抽象的概念到产品数字化模型建立是一个计算机辅助的产品"物化"过程；而逆向工程是对一个"物化"的产品再设计，强调数字化模型建立的快捷性和效率，以满足产品更新换代和快速响应市场的要求。逆向工程中，由离散的数字化点或点云到产品数字化模型的建立是一个复杂的设计意图理解、数据加工和编辑的过程。

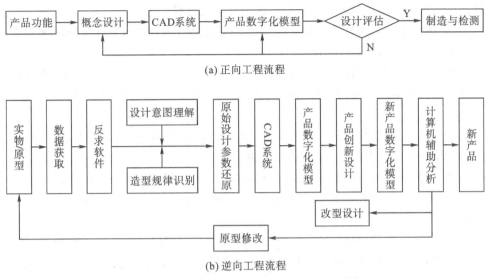

(a) 正向工程流程

(b) 逆向工程流程

图 14-28　正向工程和逆向工程的流程示意图

广义的逆向工程研究内容十分广泛,概括起来主要包括产品设计意图与原理的逆向、美学审视和外观逆向、几何形状与结构逆向、材料逆向、制造工艺逆向和管理逆向等,是一个复杂的系统工程。本章所指的"逆向工程"是指"实物逆向工程",即狭义的逆向工程。

逆向工程作为掌握技术的一种手段,可使产品研制周期缩短百分之四十以上,极大提高了生产率。逆向工程的应用领域大致可分为以下五种情况。

(1)在没有设计图纸或者设计图纸不完整以及没有 CAD 模型的情况下,在对零件原形进行测量的基础上形成零件的设计图纸或 CAD 模型,并以此为依据利用 3D 打印技术复制出一个相同的零件原型。

(2)当要设计需要通过实验测试才能定型的工件模型时,通常采用逆向工程的方法。比如航天航空领域,为了满足产品对空气动力学等要求,首先要求在初始设计模型的基础上经过各种性能测试(如风洞实验等)建立符合要求的产品模型,这类零件一般具有复杂的自由曲面外型,最终的实验模型将成为设计这类零件及反求其模具的依据。

(3)在美学设计特别重要的领域,例如汽车外型设计广泛采用真实比例的木制或泥塑模型来评估设计的美学效果,而不采用在计算机屏幕上缩小比例的物体投视图的方法,此时需用逆向工程的设计方法。

(4)修复破损的艺术品、古董或缺乏供应的损坏零件等,此时不需要对整个零件原型进行复制,而是借助逆向工程技术抽取零件原型的设计思想,指导新的设计。这是由实物逆向推理出设计思想的一种渐近过程。

（5）在医学上人体骨骼的测量制作中，完成替代骨的制作，个性化的准确测量可为患者改善生活提供必需品。

逆向工程具有与传统设计制造过程截然不同的设计流程。通过对现有零件原型数字化后再形成 CAD 模型的逆向工程是一个推理、逼近的过程，一般可分为四个阶段。

（1）零件原型的数字化。通常采用三坐标测量机（CMM）或激光扫描仪等测量装置来获取零件原型表面点的三维坐标值。

（2）从测量数据中提取零件原形的几何特征。按测量数据的几何属性对其进行分割，采用几何特征匹配与识别的方法来获取零件原型所具有的设计与加工特征。

（3）零件原型 CAD 模型的重建。将分割后的三维数据在 CAD 系统中分别做表面模型的拟合，并通过各表面片的求交与拼接获取零件原形表面的 CAD 模型。

（4）重建 CAD 模型的检验并修正。采用根据获得的 CAD 模型重新测量和加工出样品的方法来检验重建的 CAD 模型是否满足精度或其他试验性能指标的要求，对不满足要求者重复以上过程，直至达到零件的设计要求。

14.6.2　逆向工程常用的测量方法

逆向工程常用的测量方法可分成两类：接触式与非接触式。

1.接触式测量方法

（1）坐标测量机。坐标测量机是一种大型精密的三坐标测量仪器，可以对具有复杂形状的工件的空间尺寸进行逆向工程测量或者检测。坐标测量机一般采用触发式接触测量头，一次采样只能获取一个点的三维坐标值。20 世纪 90 年代初，英国 Renishaw 公司研制出一种三维力位移传感的扫描测量头，该测量头可以在工件上滑动测量，连续获取表面的坐标信息，扫描速度可达 8 m/s，数字化速度最高可达 500 点/秒，精度约为 0.03 mm。这种测头价格昂贵，目前尚未在坐标测量机上广泛采用。坐标测量机主要优点是测量精度高，适应性强，但一般接触式测头测量效率低，而且对一些软质表面无法进行逆向工程测量。图 14-29 所示为美国 FCA 公司的车身测量仪。

（2）层析法。层析法是近年发展起来的一种逆向工程测量技术，将研究的零件

图 14-29　美国 FCA 公司车身测量仪

原型填充后,采用逐层铣削和逐层光扫描相结合的方法,获取零件原型不同位置截面的内外轮廓数据,并将其组合起来获得零件的三维数据。层析法的优点在于可以对任意形状、任意结构零件的内外轮廓进行测量,但测量方式是破坏性的。图 14－30 所示为西安交通大学自己改装的测量机及其测量和建模的图片。

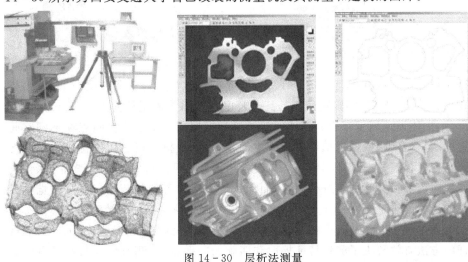

图 14－30　层析法测量

2. 非接触式测量方法

非接触式测量根据测量原理的不同,大致有光学测量、超声波测量、电磁测量等方式。以下仅对在逆向工程中最为常用与较为成熟的光学测量方法(包含数字图像处理方法)作简要说明。

(1)基于光学三角形原理的逆向工程扫描法。该测量方法根据光学三角形测量原理,以激光作为光源,其结构模式可以分为光点、单线条、多光条等,将其投射到被测物体表面,并采用光电敏感元件在另一位置接收激光的反射能量,根据光点或光条在物体上成像的偏移,通过被测物体基平面、像点、像距等之间的关系计算物体的深度信息。图 14－31 所示为激光线扫描三维轮廓测量设备,此测量系统是基于激光三角测量法,采取线扫描测量方式。

(2)基于相位偏移测量原理的莫尔条纹法。这种测量方法将如图 14－32 所示的光栅条纹投射到被测物体表面,光栅条纹受物体表面形状的调制,其条纹间的相位关系会发生变化,用数字图像处理的方法解析出光栅条纹图像的相位变化量来获取被测物体表面的三维信息。

(3)基于工业 CT 断层扫描图像逆向工程法。该测量方法对被测物体进行断层截面扫描,以 X 射线的衰减系数为依据,经处理重建断层截面图像,根据不同位置的断层图像可建立物体的三维信息。该方法可以对被测物体内部的结构和形状

图 14-31　激光线扫描三维轮廓测量仪

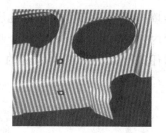

图 14-32　光栅条纹

进行无损测量。该方法造价高,测量系统的空间分辨率低,获取数据时间长,设备体积大。美国 LLNL 实验室研制的高分辨率 ICT 系统测量精度为 0.01 mm。

(4)立体视觉测量方法。立体视觉测量是根据同一个三维空间点在不同空间位置的两个(多个)摄像机拍摄的图像中的视差,以及摄像机之间位置的空间几何关系来获取该点的三维坐标值。立体视觉测量方法可以对处于两个(多个)摄像机共同视野内的目标特征点进行测量,而无须伺服机构等扫描装置。立体视觉测量面临的最大困难是空间特征点在多幅数字图像中提取与匹配的精度与准确性等问题。近来出现了以将具有空间编码的特征的结构光投射到被测物体表面制造测量特征的方法有效解决了测量特征提取和匹配的问题,但在测量精度与测量点的数量选取上仍需改进。

14.7　快速模具制造技术

14.7.1　快速模具制造技术简介

随着全球经济的一体化发展,制造业竞争显得越发激烈。如何缩短生产周期并降低成本,已成为制造商首要考虑的问题。3D 打印(快速成型)与制造(Rapid Prototyping & Manufacturing,RPM)堪称 20 世纪后半期制造技术最重大的进展之一。RPM 技术诞生以来已在汽车、家电、航空、医疗等行业中得到广泛应用。

快速制造金属模具(Rapid Metal Tooling,RMT)是 3D 打印技术进一步发展并取得更大经济效益所面临的关键课题。世界先进工业化国家的 RPM 技术在经历了模型与零件试制、快速软模制造阶段后,正朝着 RMT 方向发展。RMT 已成为 RPM 技术研究的国际前沿,该技术被美国汽车工程杂志评为全球 15 项重大技术之首,受到全球制造业的广泛关注。

14.7.2　基于 3D 打印的快速模具技术

目前已提出的众多 RMT 方法,可分为由 CAD 数据及 3D 打印系统制作的快速原型或其他实物模型复制金属模具的间接法和根据 CAD 数据直接由 3D 打印系统制造模具的直接法两大类,如图 14-33 所示。直接法虽然受到关注,但由于尺寸范围及精度、表面质量、综合机械性能等方面存在问题,离实用化尚有相当差距,目前最成熟的 RMT 法是间接法。

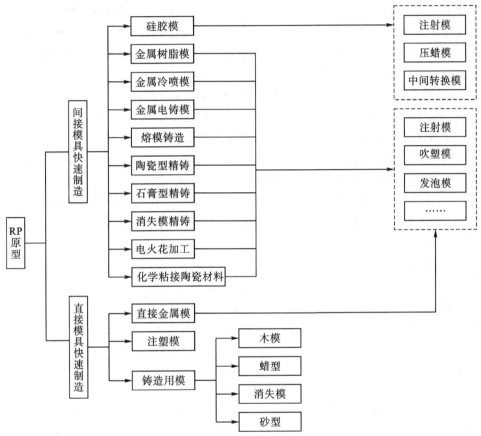

图 14-33　基于 3D 打印的快速模具制造方法的分类及应用流程框图

1. 直接制模法

直接法尤其是直接快速制造金属模具(Direct Rapid Metal Tooling,DRMT)方法在缩短制造周期、节能省资源、发挥材料性能、提高精度、降低成本方面具有很大潜力,从而受到高度关注。目前的 DRMT 技术研究和应用的关键在于如何提高模具的表面精度和制造效率以及保证其综合性能质量,从而直接快速制造耐久、高精度和表面质量能满足工业化批量生产条件的金属模具。目前已出现的 DRMT 方法主要有:以激光为热源的选择性激光烧结法和激光生成法(Laser Generating,

LG）；以等离子电弧等为热源的熔积法（Plasma Detmsition Method，PDM 或 Plas-ma Powder Welding，PPW）；喷射成型的三维打印法（Three-Dimensional Print-ing，3DP）。

（1）SLS 选择性激光烧结。SLS 选择性激光粉末烧结法的工艺大致为：先在基底上铺上一层粉末，用压辊压实后，按照由 CAD 数据得到的层面信息，用激光对薄层粉末有选择地烧结。然后将新的一层粉末通过铺粉装置铺在上面，进行新一层烧结。反复进行逐层烧结和层间烧结，最终将未被烧结的支撑部分去除就得到与 CAD 形体相对应的三维实体。

（2）激光熔敷。激光生成法中有代表性的 Sandia National Lab 的 LMF（Laser Metal Formina）工艺是在激光熔敷基础上开发的直接制模工艺，该工艺采用高功率激光器在基底或前一层金属上生成一个移动的金属熔池，然后用喷枪将金属粉末喷入其中，使其熔化并与前一层金属实现紧密的冶金结合。在制造过程中，激光器不动，计算机控制基底的运动，直到生成最终的零件形状。

（3）三维打印。3DP 工艺类似喷墨打印机，铺粉装置将一层粉末铺在基底或前一层粉末上面，通过喷头在粉末上喷射固化结合剂，层层堆积形成三维实体，经过烧结、浸渗，得到最终的模具。

2. 间接制模法

直接制模法根据要求，能够在不同部位采用不同材料。然而，直接制模法受到工艺本身限制，制造的模具在表面及尺寸精度、大小规格、形状自由度等方面尚不能满足高精度金属模具的要求。具有竞争力的快速制模方法主要是将 3D 打印与铸造、喷涂、电镀、粉末成型等传统成型工艺相结合的间接制模法。间接制模法主要有以下几种方法。

1）铸造用快速模

传统的使用 3D 打印模型的金属零件铸造通常不被认为是 RT，而是快速加工或者快速铸造。然而，它是 3D 打印与模具有关的最普遍的应用，它直接导致了 RT 的产生。除去那些铸造方法，铸造工业有一个核心工序，就是利用物理模型生产可用来铸造金属的模具。铸造模型产生过程中使用 3D 打印技术，使得铸造厂在生产少量金属零件时可以不使用模具。

（1）陶瓷型精密铸造法。在单件生产或小批量生产钢模时，可采用此法。如图 14-34 所示为空心涡轮叶片 SLA 模具，其工艺过程为：3D 打印原型作母模→浸挂陶瓷沙浆→在烤炉里固化模壳→烧去母模→预热模壳→烧铸钢（铁）型腔→抛光→加入烧注、冷却系统→制成生产用注塑模。其优点在于工艺装备简单，所得铸型具有极好的复印性和极好的表面光洁度以及较高的尺寸精度。工程塑料可以高温气化，没有残渣，适用于熔模制造。

（2）砂型铸造法。用 3D 打印原型作模型来制作砂型，再铸钢而得到模具的工作部分，可以使浇钢的性能得到大幅提高，用此法几乎可以制造各种模具，且模具寿命不会有大的降低。ABS 材料的高强度特性，适合制造大的坚固实心模型。

（3）石蜡精密铸造法。在批量生产金属模具时一般可采用此法。先利用 3D 打印原型或根据翻制的硅橡胶、金属树脂复合材料或聚氨脂制成蜡模的成型模（见图 14-35），然后利用该成型模生产蜡模，再用石蜡精铸工艺制成钢（铁）模具。另外，在单件生产复杂模具时，亦可直接用 3D 打印原型代替蜡模。若用 SL 法，可将原型制成疏松多孔的蜂窝状结构以便快速浇铸，在氧气充足的条件下，树脂原型可在 980 ℃ 左右分解成水气和 CO_2。

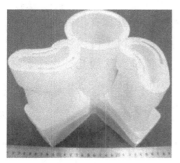 

图 14-34　空心涡轮叶片 SLA 模具　　　　图 14-35　石蜡模具

2）软模

软模（soft tooling）基于模具的刚性和耐久性，相对于比较硬的金属模具讲，一般把聚合模具当作软模。

（1）硅胶模。由于硅橡胶具有良好的柔性和弹性，能够克隆结构复杂、花纹精细和具有一定倒拔模斜度的零件。而且硅橡胶快速模具制作周期短，制件质量高，可在短期内获得多个零件。因此，硅胶模应用非常广泛，它是玻璃工艺品、树脂工艺品、灯饰、蜡烛工艺品等复模的最佳精密模具（图 14-36）。

美产 T4、日产 1201、国产 107 等是常用的硅橡胶模的材料。硅橡胶拉力、弹力好，撕裂度好，不仅让产品漂亮，而且能使做出来的产品不变形。硅胶耐高温 200 ℃，在 -50 ℃ 模具硅胶仍然不脆，依然很柔软，仿真效果非常好。

（2）环氧树脂模。环氧树脂模经常是完成注射模生产的功能件的最快方法，制作过程类似硅胶模生产过程，只是将硅胶换成了掺有铝粉的环氧树脂。整个模具需分两次浇铸制成，因为环氧树脂不能像硅胶那样用刀切分型。环氧树脂在固化过程中伴有少量收缩，因此母模常会损坏。环氧树脂的导热性极差，用纯环氧树脂制作的模具进行注塑成型时的热量难以散出，解决的办法就是使用环氧树脂制作

图 14-36　硅胶模具及塑料件

模具特征表面,背后充填导热性好的材料。这样制作的模具具有很好的抗压强度,完全可以用于注塑成型一类的压力成型,具有研磨性的材料也可以注塑,寿命达数千件。环氧树脂模具与传统注塑模具相比,成本只有传统方法的几分之一,生产周期也大大减少。模具寿命不及钢模,但比硅胶模高,可达 500~5000 件,基本可满足中小批量生产的需要。

3)硬模

硬模(hard tooling)通常指的就是钢质模具,即用间接方式制造金属模具和用 3D 打印直接加工金属模具。

(1)金属喷涂模。用高速隋性气体将熔化的金属液体雾化,喷射在石蜡、塑料或陶瓷原型(通过 SLA、SLS 或 LOM 方法制造)上,生成一薄层金属,补强背衬并除去原型后得到模具。受喷涂设备和母模受温度限制,通常所用金属材料是低熔点金属,如铅锡合金、锌合金和镍等,常用的喷涂方法是电弧喷涂。如果母模能够耐受高温,也可以喷涂高熔点金属,如不锈钢。此法可制作注塑模具和冲压模具,但是为了提高制件的表面质量和机械性能需要进行时效处理,增加了制模时间。

(2)镍和陶瓷混合物模具制造技术。利用塑料 3D 打印模型作为母型,在母型上用电镀的方法镀上一层镍金属,制造出一个镍金属薄壳,这个薄壳与母型接触的表面完全反映了待注射成型零件的表面形状及尺寸特征。由于薄壳的强度低,因此在薄壳的非成型面以高强度陶瓷粉充填,要求陶瓷材料具有很小的收缩系数和合适的热物理性能。